中国：世界园林之母

一位博物学家在华西的旅行笔记

［英］E. H. 威尔逊——著
胡启明——译

北京大学出版社
PEKING UNIVERSITY PRESS

图书在版编目（CIP）数据

中国：世界园林之母：一位博物学家在华西的旅行笔记 /（英）E. H. 威尔逊著；胡启明译 . — 北京：北京大学出版社，2022.6

ISBN 978-7-301-32870-5

Ⅰ . ①中…　Ⅱ . ① E…②胡…　Ⅲ . ①博物学—中国Ⅳ . ① N912

中国版本图书馆 CIP 数据核字（2022）第 025866 号

China—Mother of Gardens

By E. H. Wilson

Boston: The Stratford Company, 1929

书　　名　中国：世界园林之母
一位博物学家在华西的旅行笔记
ZHONGGUO: SHIJIE YUANLIN ZHI MU
YIWEI BOWU XUEJIA ZAI HUAXI DE LÜXING BIJI

著作责任者　[英]E. H. 威尔逊 著　胡启明 译

责 任 编 辑　陈　静

标 准 书 号　ISBN 978-7-301-32870-5

出 版 发 行　北京大学出版社

地　　址　北京市海淀区成府路 205 号　100871

网　　址　http: //www.pup.cn　　新浪微博：@北京大学出版社

微信公众号　通识书苑（微信号：sartspku）

电 子 信 箱　zyl@pup.pku.edu.cn

电　　话　邮购部 010-62752015　　发行部 010-62750672
编辑部 010-62707542

印 刷 者　北京九天鸿程印刷有限责任公司

经 销 者　新华书店

880 毫米 × 1230 毫米　A5　12.75 印张　351 千字

2022 年 6 月第 1 版　2022 年 6 月第 1 次印刷

定　　价　75.00 元（精装版）

目　录

CONTENTS

导　读

胡启明

（华南植物研究所　研究员）

威尔逊著《中国：世界园林之母》是20世纪30年代的一本畅销书。它之所以受到广大读者喜爱，在于它把文学形式与科学内容融为一体，既有学术性，亦有趣味性。一般读者可把它当作游记或探险故事来阅读，增长见识；而专业人士则把它视为博物学家的科考报告，可从中获得有关中国西部的自然资源、农业生产、经济贸易，以及社会结构、宗教、民俗等方面的许多信息。

一

在前言中，威尔逊开宗明义提出了“中国乃世界园林之母”的观点，强调中国植物对世界园林的贡献，简略回顾了前人在中国开展植物采集引种的工作和自己所取得的成绩，并坦然承认，能取得如此巨大成果，“特权和机遇都很重要，我只是充分利用了这两方面”。

这里有必要特别指出的是，所谓“特权与机遇”均源自西方列强对中国的入侵，与中国近代史密切相关。

16世纪初，葡萄牙人从海路到达中国，1545年第一次把中国的甜橙引种到欧洲。17世纪初，荷兰和英国的商人来到中国南部沿海，逐渐有了正常贸易来往。他们开始将一些中国庭园常见的栽培花卉，如菊花、茶花、牡丹、芍药等带回欧洲栽培。1700—1702年，英国“东印度公司”的外科医生肯宁汉（J. Cunningham）到厦门、舟山采得植物标本

600种，并带回两个重瓣小菊花品种。1751年，林奈（Carl Linnaeus）的学生奥斯贝克（J. Osbeck）在广州等地采到植物标本242种，其中有37种载入林奈1753年出版的《植物种志》（*Species Plantarum*）第一卷。这一切都使西方植物学界和园艺学界感到兴奋。到18世纪末，西方通过各种途径从我国引进的植物除上述常见的几种名花外，还有石竹、角蒿、翠菊、月季、射干、枸杞、迎春，以及银杏、苏铁、侧柏、臭椿、栾树等。

但随后清朝政府控制十分严格，规定所有对外贸易只限于广州一处，并规定只能与官方批准的十三家商行交易；外商不能与官员直接联系，须经商行买办转达；外国人的活动范围仅限于市内和近郊，不准雇用中国仆人（官方批准的翻译和买办除外），经商、传教和其他活动都受到限制。为了改变这种局面，英国政府曾先后两次派遣正式外交使团，携带重礼，分别于1793年到达热河行宫和1815年到北京觐见中国皇帝，但均无功而返。[①]

这种状态到1842年发生了巨大改变。由于鸦片战争失利，清廷被迫与英国签订了《南京条约》，开放广州、上海、厦门、宁波、福州五口通商，准许英国派领事居住，英国人可携带家属，自由来往。[②]

《南京条约》于1842年8月签字生效，当年12月，伦敦园艺学会即开会决定派福琼（Robert Fortune）来中国执行采集引种任务。在福琼临行前，园艺学会秘书林德利（Lindley）给他的指示[③]汇集了当时英国顶尖级园艺学家和植物学家的意见。

从这份指示中可见，他们作了充分的准备。他们收集一切可得到的资料，甚至连带回去的泥块都给予关注。指示中所提及的坚硬泥块（hard lumps of mud），实际上就是广州和珠三角地区盆栽花卉用的“花

① Cox, E. H. M. *The plant hunting in China*. London. Collins Clear-Type Press, 1945.

② 陈致平. 中华通史. 广州：花城出版社，1996.

③ 见书末附录一。

泥”，取自“桑基鱼塘”（非河床），晒干后敲碎成块状，肥沃且排水性好，不易板结，特别适合南方多雨地区使用。

但同时也可看出，当时他们对中国的情况知之甚少，信息多来自广州地区，指示中所提及的植物名称都是粤语译音，离广州较远地方的内容多不准确。在指示中的 22 条注意事项里，第 2 条即为：不同品质的制茶植物。当时西方普遍认为红茶和绿茶产自两种不同的植物，甚至植物分类的老祖宗林奈也被弄糊涂了。他在 1753 年出版的《植物种志》（*Species Plantarum*）第 1 卷发表了茶（*Thea sinensis*），然后又在 1762 年该书的第 2 卷发表了绿茶（*T. viridis*）和红茶（*T. bohea*）两个种，显然是受到当时社会上流行观点的影响。这个问题直到福琼深入福建产茶区才得到澄清，原来两种茶均出自同一种植物，只是加工方法不同而已。

福琼不愧是一位训练有素的园艺学家，他先后受聘于伦敦园艺学会和英国东印度公司，于 1843 年至 1861 年间先后四次来华，活动于中国香港、广州、上海、嘉兴、舟山、宁波、杭州、绍兴、福州等地，遍访各地园林和苗圃，甚至穿上汉服，戴假发，扎辫子，潜入福建武夷山和安徽产茶区。在此期间，他成功地将中国城市栽培的许多观赏植物引入英国，共达 190 种之多。1851 年他还亲自把 2000 株茶苗、17000 粒刚发芽的茶树种子，还有 6 名中国制茶专家送到印度。自此印度兴起了茶叶生产事业。①

由于福琼的出色工作，以致有一段时间造成西方园艺界产生了“中国植物资源已再无新内容可收集”的错误认识。

第二次鸦片战争中国战败，1860 年清廷与英、法、美、俄四国分别签订了四国《天津条约》，情况发生了更大的变化。从此中国门户大开，西方各国竞相派出商人、传教士、探险家、外交官和专业人员深入

① Cox，E. H. M. *The plant hunting in China*. London. Collins Clear-Type Press, 1945.

内地，从事各类活动。自1842年《南京条约》签订至1911年清朝结束，曾在中国采集植物的，据《中国植物志》记载，其中较重要者就有180余人。威尔逊在本书中提到了最著名的几位：

戴维（Pere Armand David），法国传教士，也是一位知识面很广的博物学家，先后数次（1863—1864年，1866年，1868—1870年，1872—1874年）来华，在华北、西北、华东、华中和华西采集了大量的动植物标本，在四川发现了大熊猫和珙桐。他采集的植物经法国植物学家弗朗谢（A. R. Franchet）研究，于1883至1888年出版了《戴维中国采集植物志》（*Plantae Davidanae*），共2卷。

亨利（Augustine Henry），英国外交官。自1882年至1900年，先后任职于湖北宜昌、海南、台湾、云南蒙自和思茅[①]海关。每到一处，他除利用业余时间自己采集植物标本外，还雇用当地人大量采集。据统计，仅他在湖北宜昌及周边地区所采的植物就有2500种，其中新属25个，新种近500种，并在湖北西部也发现了珙桐的分布。

德拉维（Pere J. M. Delavay），法国传教士。1882年来华，在广东惠州短期逗留后转往云南，直至1895年。在大理和周边地区共采得标本约20万号，共4000余种植物，其中有1500种为新种。此外他还寄回法国240余号植物种子。他所采集的标本也经弗朗谢研究，出版了《德拉维采集植物志》（*Plantae Delavayanae*），共3卷。

法格斯（Pere P. Farges），法国传教士。1867年进入中国，1891年受弗朗谢委托前往四川东部大巴山区域采集。之后的9年中共采得植物约4000种，并有少量种子寄回法国。

他们的工作虽然偏重于纯植物学方面，未能有目的地采收种子和活植物进行引种栽培，但正是他们许多有价值的新发现重新燃起了西方植物学和园艺学界对中国植物的强烈兴趣。精明的商人更看到了其中潜在

① 今云南省普洱市。

的巨大经济价值，把目光对准了中国西部这块神奇的土地。也正是在这样特殊的历史条件下，威尔逊有幸四次来到中国。在前人的基础上，加上威尔逊自己的专业知识和不屈不挠的探索精神，成就了他这位“打开中国西部花园的人”。

二

下面简要梳理一下本书各章的主要内容。

第一章简略地介绍了中国西部的山岳和水系，但实际上书中所涉及的地域仅限于现在四川省的西部和青海省的一小部分，没有包括西藏和新疆。这是由于作者使用了“中国本部（China proper）”这一错误概念——一个西方列强杜撰出来的称谓，即把纯汉族人聚居区视为“中国本部”，而有意把少数民族地区排出中国的范畴。对此，译文没有直译，而用了另一种表达方式。

第二章和第七章分别介绍了湖北西部和四川盆地的地貌、地质和矿物资源。那个时期中国的地质资料非常少，威尔逊除亲自调查过一些矿区外，还多次提到李希霍芬（Richthofen），一位德国著名的地理学家和地质学家，也是近代中国地学研究开创者之一。1868—1872 年，李希霍芬先后在中国进行了 7 次野外考察，历时近 4 年，走遍了大半个中国。1871 年 9 月—1872 年 5 月的一次考察，从陕西越过五丁山，进入四川广元、梓潼，经绵阳到成都，然后转入嘉定，顺长江返上海，途中对三峡地区考察甚详。1877—1912 年出版了《中国：亲身旅行和据此所作研究的成果》（*China: The Results of My Travels and Studies Based There On*），共 5 卷，另有地理和地质图册 2 集，是一部系统阐述中国地质基础和地理特征的重要著作，中国近代地理学和地质学可以说是在此基础上建立起来的。

第三章特别描绘了三峡地区的道路、交通和住宿条件。以自身的经历介绍来这一地区旅行在思想上和物质上应作的准备，并提供切实可行的方案。还特别告诫西方游客，在三峡水域航行千万不可有傲慢思想，要尊重当地船工，相信他们的驾驭能力。如果不切实际地以西方的方式行事、瞎指挥，往往导致灾难性后果。

第四章和第五章叙述了从宜昌开始，以现在神农架林区为中心的湖北西部的调查采集。那时的神农架还处于未开发的原始状态，方圆数百里，崇山峻岭，人迹罕至，传闻内有野人野马，深入其中无异于探险。

从第六章至第十章叙述从湖北西部横穿四川东部到成都平原的旅行。

第十一章至第十七章是对整个四川西部的采集描述。

第十八章至二十章则分别对峨眉山、瓦屋山和瓦山作了较详细的描述。

这里要稍加说明的是，威尔逊先后来华四次，[①]书中各章节的顺序和其中记载的地点、内容和每次行程的先后，并不完全吻合。有些地方他曾去过多次，可能是多次经历的综述；还有些地方被省略，书中并未提及，如湖北的保康、长阳、五峰、建始等地。

从上述各章中我们可以看到，与以前所有的采集者比较，威尔逊来华已不是一般普查性的泛泛采集，而是目的十分明确，要求非常具体，就是来“淘宝”的，不仅要采标本，还要采收种子、插条、接穗、鳞茎、苗木等活体，将这些植物引种到西方，进一步开发利用。

威尔逊前两次来华受英国维奇公司（Veitchian Nurseries）派遣，主要目的为采集新发现的珙桐种子和美丽的绿绒蒿，均如愿以偿，并获得许多其他有价值的观赏植物，轰动了整个西方园艺界。后两次受美国哈佛大学阿诺德树木园（Arnold Arboretum）派遣，把目标对准了那些具有观赏和经济价值的乔木和灌木种类，特别是耐寒、可能适应北美环境的种类。其要求较仅考虑商业价值的维奇公司更为全面和严格，更

① 具体的时间、行程和地点可见书末附录三。

注重科学性和在科研方面的价值。具体要求在阿诺德树木园主任萨金特（C. S. Sargent）给威尔逊的信中有充分表达。[①]

在前后四次共历时 11 年的采集中，威尔逊共采得植物标本 65000 号，含 5000 种植物，寄回 1500 种植物的种子，还有许多鳞茎、接穗和插条，最后有 1000 余种植物引种成功，在西方落地生根。根据威尔逊采集的大量标本，萨金特主编，由多位专家执笔，编写了《威尔逊采集植物志》，共 3 册，于 1911 年至 1917 年先后由阿诺德树木园出版，为研究我国中部和西部植物极重要的参考书。

第二十一章是对中国西部植物区系的概述。威尔逊惊叹“中国中部和西部遥远僻静的山区简直就是植物学家的天堂，乔木、灌木和草本聚集在一起，复杂得令人茫然失措”。他认为中国西部之植物是全球最丰富的温带植物区系，估计中国的植物有 15000 种。这个论断不仅被学术界公认，而且随着工作的不断深入，中国植物丰富程度还在不断提高。据最新资料统计，中国现有维管植物共 314 科，3246 属（其中石松类和蕨类 39 科，162 属，裸子植物 10 科 44 属，被子植物 265 科，3040 属）[②]，共 35000 余种，占全世界植物总数的 10%，是美国和加拿大植物总数的 1.5 倍，而其中约 50% 为中国特有。特别是一些古老的裸子植物，现在北美和欧洲只有化石记录，但仍然存活于中国。著名的活化石“水杉”的发现地就在四川省万县，距威尔逊曾经到过的地方不远。

中国植物种类远较其他温带地区丰富多样，原因有三：首先是国土辽阔，从北温带一直延伸到热带，欧洲、美国和其他温带地区都不具备这一条件；其次是中国有 40% 的地方在海拔 2000 米以上，包括许多隔离的山系，提供了多样的生态环境，孕育了不同的植物种类；再次，自新生代中新世（Miocene）以来，当北半球气候渐渐变得不适合植物生

---

① 具体的信件内容见书末附录二。

② 李德铢．中国维管植物科属词典．北京：科学出版社，2018.

长，特别是在第四纪冰川时，中国没有直接受到北方大陆冰盖的破坏，只受到山岳冰川和气候波动的影响，基本上保持了第三纪古热带区比较稳定的气候，其连贯的陆地，使北方的植物可向南方迁移，找到避难所，免于灭绝。①

东亚与北美植物区系亲缘关系的研究也在不断深入，现已知具有东亚—北美间断分布的属已多达 111 个，其中现代分布中心在东亚的属和种都远比在北美的多。这些植物的分布式样不仅说明两地植物区系的亲缘关系，还可追溯到与热带和冈瓦纳古陆植物区系的联系。②

从二十二章到三十章介绍了中国的植物资源，包括各类野生和栽培的经济植物及其产物。书中收集到的资料已相当丰富，甚至深入到生漆、桐油、乌桕籽油、不同的纸张和茶叶等主要产品的深加工过程，以及白蜡虫的繁殖、饲养和白蜡的生产。

三

我们还可以进一步了解，中国是个古老的农业大国，根据苏联植物学家和遗传学家瓦维诺夫（Vavilov）的研究，中国是世界上栽培作物八大起源地之一。③栽培植物种类多，品种资源丰富，当今世界上主要栽培的 1500 余种作物中，有近 1/5 起源于中国。大豆、绿豆、赤豆、水稻、大麦、莜麦、荞麦、粟、稷、茶叶、油桐、漆树、大白菜、榨菜、小芹、茭白等均起源于中国。属于中国原产的果树有 50 余种，如桃、李、杏、枣、柿、板栗、榛子、柑橘、柚子、金橘、荔枝、龙眼、

① Hong, D. Y. and S. Blackmore. *Plants of China.* Beijing: Science Press. 2013.

② Peng, H. and Z. Y. Wu. Floristic Elements of the Chinese flora. In Hong, D. Y and S. Blackmore. *Plants of China.* Beijing: Science Press. 2013: 156-175.

③ Zeven, A. C. and P. M. Zhukovsky. *Dictionary of cultivated plants, and their centres of diversity*. Centre for Agricultural Publishing and Documentation. Wageningen. 1975.

黄皮、中华猕猴桃等，而且每种都有大量的栽培品种。

虽然瓦维诺夫的“栽培作物起源中心”不包括观赏植物，但许多世界著名的观赏植物，包括乔木、灌木和草本花卉同样也是原产于中国或以中国为分布中心。如山茶属（*Camellia*）共 280 种，中国有 238 种；杜鹃花属（*Rhododendron*）共 960 种，中国有 540 余种；报春花属（*Primula*）共 450 余种，中国有 300 种；丁香属（*Syringa*）共 19 种，中国有 15 种；含笑属（*Michelia*）共 50 种，中国有 41 种；木兰属（*Magnolia*）共 90 余种，中国有 30 余种；蔷薇属（*Rosa*）共 200 余种，中国有 80 余种；牡丹属（*Paeonia*）共 35 种，中国有 11 种。像这样的例子还有许多。[①]

中国民间有利用植物保健、治病的悠久历史，中草药更是一个宝库。据较保守的统计，中国可供药用的植物多达 10000 余种。其中许多种类和方剂，利用现代科技手段深入研究后，其成分和疗效得到科学论证，并不断有新发现。“青蒿素”就是一个突出的例子。

许多中国植物现已引种到世界各地，不仅栽培成功，还取得进一步发展，有些还成了当地国民经济的支柱产业，为改善当地人民生活，加速经济发展起到显著作用，因此被称为“影响世界的中国植物”。

如茶（*Camellia sinensis*），现在印度、斯里兰卡、印度尼西亚和非洲肯尼亚都有大面积种植，茶叶年总产值甚至超过中国。

甜橙引种到美国后，在那里育出了著名的华盛顿甜脐橙，畅销全世界。

直接与威尔逊有关的是中华猕猴桃。他早在 1900 年就在宜昌栽培这种植物，很快受到外国居民的欢迎，称之为“宜昌醋栗”，同时他也将种子寄回英国皇家园艺学会和美国农业部引种站。1904 年，新西兰女教师伊莎贝尔探访她在宜昌从事传教工作的妹妹时，从威尔逊栽培的

---

① Zhu, T. P. Plant Resouces in China, In Wu, Z. Y. and X. Q. Chen (eds), *Flora Reipublicae Popularis Sinicae.* vol. 1: 584-656. Beijing, Science Press. 2004.

猕猴桃获得少许种子带回新西兰。[①②] 正是这些种子将猕猴桃发展成为今日新西兰的支柱产业，成为一种新型水果，风行全世界。

粮油植物如大豆，1898 年美国农业部有计划地派人来中国采集引种大豆，并开始选种和育种工作。现在美国已成为世界上最大的大豆生产国，而中国是世界上最大的大豆消费国，但国内长期生产不足，需向美国大量进口。

油桐原产中国，出产一种速干性的工业用油。当时西方制造商对桐油的价值才开始有所认识，威尔逊即向美国农业部提出建议，引种发展油桐（见第二十七章）。1905 年美国农业部从中国输入了第一批油桐树种子，在加利尼福尼亚植物园、佛罗里达、阿拉巴马、佐治亚、路易斯安那等地试种，取得成功。至 1946 年，美国桐油年产量已达 1500 万磅。[③]

观赏植物更是多得不胜枚举。正如威尔逊所说："在美国或欧洲找不到一处园林没有来自中国的植物，其中有最美丽的乔木、灌木、草本和藤本"，亦即：没有中国植物不成为庭园。由雷德（A. Rehder）编写、1927 年出版的《北美栽培乔灌木手册》（*Manual of Cultivated Trees and Shrubs*）和贝利（L. H. Bailey）编写、1924 出版的《栽培植物手册》（*Manual of Cultivated Plants*）两部著作中就收录了大量从中国引种，成功应用于园林布置的植物。据报道，北美引种中国的乔木和灌木在 1500 种以上；美国加州的树木花草有 70% 以上来自中国。[④]

除了直接引种成功，转化为商品推广应用的种类外，还有许多种类被用作选种、育种的原始材料，培育出了许多新奇美丽的新类型、新品种。例如以中国引进的月季花（Rosa chinensis）、香水月季（R. odorata）

---

① 黄宏文等. 猕猴桃属 分类 资源 驯化 栽培. 北京：科学出版社，2013.

② Hong, D. Y. and S. Blackmore, *Plants of China*. Beijing: Science Press. 2013.

③ 俞德浚. 中国植物对世界园艺的贡献. 园艺学报. 1962.1（2）：99–108.

④ 陈俊愉，程绪珂. 中国花经. 上海：上海文化出版社，1990.

和野蔷薇（R. multiflora）为亲本与欧洲品种杂交，选育出了繁花似锦、香气浓郁、四季开花、姿态万千的现代杂种——香水月季和多花攀缘月季。[①] 又如鄂报春（Primula obconica），原本是一种不起眼的杂草，广布于我国中南和西南部。1879 年由宜昌引种到英国，经多年选育，现在已成为冷温室冬季和早春盆花的主要花卉，广泛栽培于世界各地。现有品种多达数十个，花有红、白、紫、橙、蓝等色，重瓣和大花类型，花期长，故又称为“四季报春”。威尔逊在本书第二十五章末段指出：“诚然，我们使这些种类得到进一步的改进，几乎改变了它们原来的面貌，以至于现在中国要从我们这儿得到新的变型和变种。然而，如果没有这些原始材料，我们今日之庭园和温室花卉会是何等的贫乏。”

威尔逊此书不仅向全世界揭示了中国是“全球花卉王国”“世界园林之母”，西方的园林深受中国的恩泽，而这种恩泽还将与日俱增，同时也简要地介绍了中国丰富的植物资源和它对世界文明发展各个方面的重大贡献。

---

① 陈俊愉，程绪珂．中国花经．上海：上海文化出版社，1990.

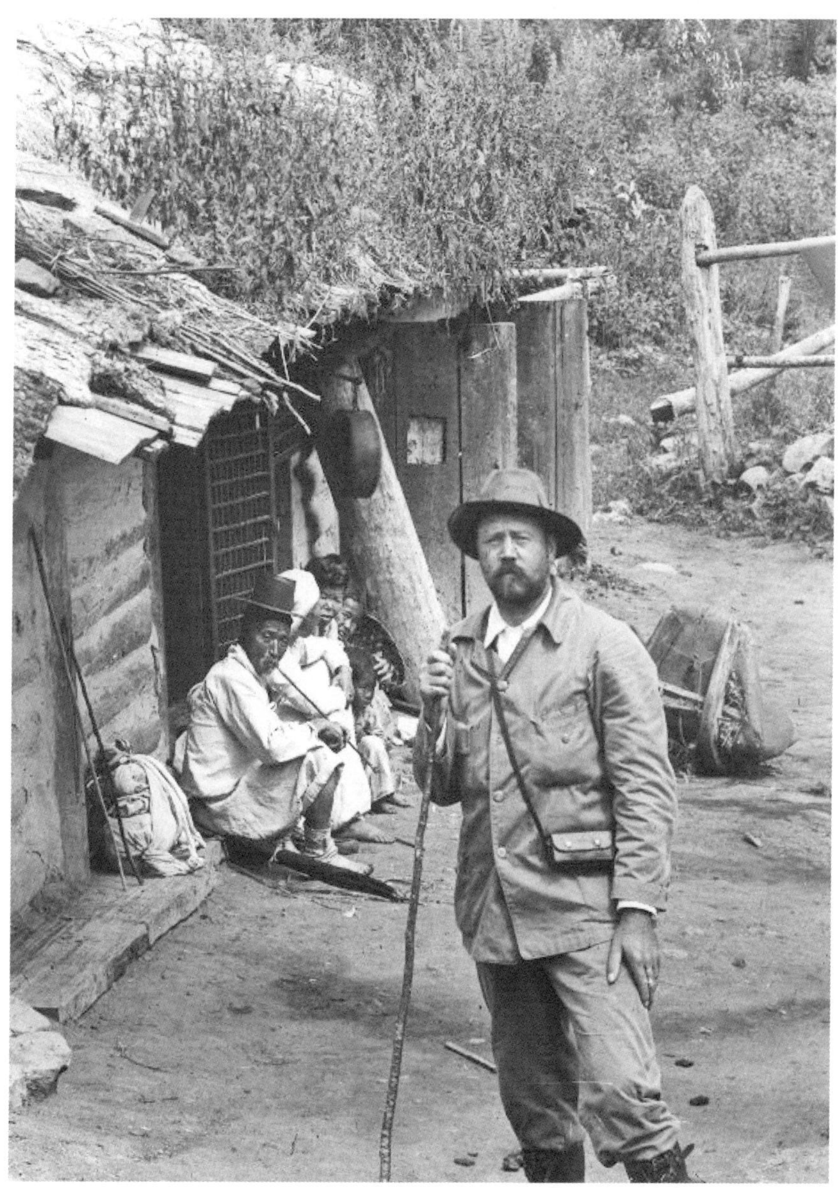

威尔逊

前　言

中国是世界园林之母，千真万确，在对我们的园林贡献很大的那些国家中，中国位居榜首。从早春的连翘和玉兰破蕾绽放开始，到夏季的牡丹和蔷薇，秋季的菊花，中国对世界园林资源的贡献有目共睹。花卉爱好者从中国获得今日玫瑰的亲本，包括茶玫瑰①或茶玫瑰的杂交种（攀缘或多花类型），还有温室的杜鹃和报春花；果树种植者获得桃、橙、柠檬和葡萄柚。可以确定地说，在美国或欧洲找不到一处园林没有来自中国的植物，其中有最美丽的乔木、灌木、草本和藤本。

很少有国家像中国一样长期受到全世界的关注，也没有任何其他国家保持有如此长久无中断的历史。中国人什么时期来到，或者说他们什么时候在现在这块叫中国的土地定居下来，那是学者讨论的事情，但他们在这里生活有 4000 多年是公认的事实。当欧洲还处于野蛮时代，尚不知有美洲时，他们已是一个有文化的民族。

有关中国和印度财富的传闻传入欧洲，激起了欧洲国家与这些国度进行贸易并分享其财富的愿望。这也是航海家亨利王子②1418 年开创航行时代的主要动力，哥伦布发现美洲是其中的一项成果。葡萄牙人于 1516 年从海路抵达中国，把柑橘带回他们在印度的驻地，后来再引种到葡萄牙。据我所知，这是最早带回欧洲的植物，但很快其他种类接踵而来。自英国和荷兰的东印度公司分别于 1600 年和 1602 年成立之后，

① 即香水月季（Rosa odorata）。

② Prince Henry the Navigator（1394—1460），葡萄牙亲王，为开拓殖民地、掠夺资源，大力推进远航探险、建造船队、改进测绘技术和推动海路贸易，同时也开创了伟大的地理发现时代。

关于中国栽培的经济作物和观赏植物的交易得以正规进行。通过这种方法，一些我们最熟悉的植物被引到欧洲。

在 18 世纪末至 19 世纪初，专业的植物采集人员被派往中国。这类探访以福琼在 1843—1861 年间的工作为顶峰。这位最成功的采集者运回了约 190 种观赏植物，其中有许多是今日我们庭园中最重要、最熟悉的种类。福琼搜集到的几乎所有种类都来自庭园。自福琼之后，在中国庭园中几乎再也找不到新种类了。由此可见，他和他的前辈们的收集工作是何等深入彻底。1879 年马里斯（Charles Maries）受雇于英国维奇公司，溯长江而上，直达宜昌。在那里他采得鄂报春（Primula obconica），但因发现当地人怀有敌意，景色也不漂亮，就转身回上海了。途中在庐山牯岭逗留，采得檵（jì）木（Loropetalum chinense）和与其近缘的金缕梅（Hamamelis mollis）（金缕梅是金缕梅科中最漂亮的种类）。有一段时间里，园艺界被一种错误的印象所困惑，认为中国的植物资源已再无新内容可搜集。这是马里斯所作的陈述，按照现有的知识，几乎不可相信这种观点竟会被接受。

早在 1869 年戴维闯进了四川西部的森林，并寄回巴黎标本馆很多特别的植物；1882 年德拉维开始在云南西部采集，一直持续到 1895 年；1885—1889 年亨利开始调查湖北西部的植物；①1890—1907 年法格斯在四川东北部采集。这项工作中还有几个俄国旅行者。采集的结果是使巴黎、圣彼得堡和伦敦的标本馆装满了新奇的观赏植物。这些采集者对中国植物的兴趣仅在纯植物学方面，极少采种子。实际上只有德拉维和法格斯寄种子给维尔莫兰（M. Maurice de Vilmorin）②，称得上曾将他们发现的植物进行引种。但他们的工作重新唤起了采集者对中国植物的兴趣，我亦因此获得机会，有幸来到中国采集。

1899 年我第一次踏上中国土地，直到 1911 年最后离开。在 1905

① 他 1882 年来华是外交官，1885 年后才开始大量采集。

② 法国著名园艺家。

年之前我都是为英国著名的维奇公司采集，1906—1911 年为哈佛大学阿诺德树木园工作。作为我在中国工作的成果，现有 1000 多种新植物已在美国和欧洲的庭园落户。特权和机遇都很重要，我只是充分利用了这两个方面。

我的中国之行是幸运的。中国人待我温和有礼，并且彼此尊重。当义和团运动和日俄战争爆发时，我正在中国。在反洋教运动之前或过后我访问各处，并没有受到任何粗暴言行的对待。开展采集之前，我培训了几个中国农民，在我的全部行程中，他们忠诚为我服务，最后与他们离别时，真是令我感到惋惜。作为我采集工作的序曲，我前往云南西南最边远的思茅（今普洱市）拜访亨利先生，他给予我许多忠告。我在中国工作所取得的成果很大程度上是由于我的中国工人的努力，也得益于这位绅士。

在下面的章节里，可见到我在这花的王国里 11 年游历和观察的部分记述。我尽量对中国西部的植物和景观，以及居住在四川 — 西藏边境的少数民族的风俗和习惯给予全面的描述。我用一个自然爱好者和对自然历史各个方面都有兴趣的植物学家的眼睛观察中国。

一个立国已数千年、有稠密的农业人口的国家，他们依靠土地维持生活，在 20 世纪竟然以最丰富的温带植物区系炫耀于全世界，这本身就很不平常。人们感到惊奇，这里的植物在受到农业破坏之前究竟是什么样子。一个外国访问者到过北京、上海，甚至沿长江航行上千英里，都难以想象中国的植物是如此之丰富。当然，不可以在耕作区寻找乔木、灌木和草本，而是要到山区，那里耕作困难或不可行。所以，我所游历的中国和我所谈及的中国不是游客和居民所熟悉的中国，也不是城市充满了居民或到处是水稻田的中国，而是一个有森林、有蛮荒的沟谷和群山，高峰上终年积雪的中国。

威尔逊
哈佛大学阿诺德树木园
1929 年 2 月 15 日

CHINA
MOTHER OF GARDENS
By
ERNEST H. WILSON, M.A., V.M.H.
Keeper of the Arnold Arboretum of Harvard University
Author of
Plant Hunting, America's Greatest Garden
Aristocrats of the Garden, More
Aristocrats of the Garden, etc.
威理森
WITH MAP AND
SIXTY-ONE ILLUSTRATIONS FROM
PHOTOGRAPHS TAKEN BY THE AUTHOR
THE STRATFORD COMPANY
BOSTON, MASSACHUSETTS

本书英文版扉页（1929 年）

第一章

中国西部

——山岳与水系

中国疆土辽阔，其中心部分大体上是一个跨越 22 个经度和 20 个纬度、近方形的地域，北以干旱的蒙古戈壁沙漠为界，西面由终年积雪的大山与西藏高原隔离，其南部刚进入热带边缘，而北方却具有非常寒冷的冬季。气候基本上是大陆性的。年降水量变化从北方的 30 英寸至南方的 100 英寸以上。全境可分为陡峭的山地、肥沃的谷地和冲积平原，还有网状河流组成的水系，其中长江、黄河在世界长河之列。

本书所提及的中国西部地区是由一系列平行且几乎北一南走向的山脉和深切的河谷与西藏高原分开的地区。它的大部分由一个紧接一个被峡谷深切分割、具有锋利山脊的山体构成，较高的山峰远在雪线以上，其蛮荒壮阔和绮丽的景色堪与喜马拉雅高山媲美。由于全境实际上从来未经勘测，作者坚信有些山峰的海拔可与喜马拉雅高峰匹敌。

约在北纬 33° 松潘（Sungpan）附近，有一巨大支脉从这些终年积雪的山脉伸出，向东稍偏南穿越约 10 个经度，止于湖北省东北部近安陆县（Anluh Hsien）的低山地区，从这一山系又生出无数侧支，而使这一地区，特别是本书所涉及的部分，地貌非常破碎。贵州省以及湖北西部和四川东部均为山区。在上述三个地区，次一级山脉伸向不同方

重峦叠嶂（大炮山），海拔约 21000 英尺

向，而且达到相当高度，形成错综复杂的山系。整个地区最明显的特点是：在东经 112° 以西，除去成都平原外，完全没有平原或任何称得上是平原的地方。关于这一点我将在适当的地方讲述。在东经 112° 以东，长江流经一个冲积平原，其间有孤立或多少有连接的山脉和支脉，但不属本书讨论范围。

在上述东经 112° 以西山系中的最重要地区，为由李希霍芬[①]命名的四川红盆地。这一地区包括了岷江以东至靠近湖北边界的四川全境，是一个具有巨大农业资源、壮丽的河流、密布的城市和村镇、分布众多人口的富庶地区。除棉花一项需从沿海地区输入外，其他一切均可自给并有剩余输出外地。食盐有数处大量出产，煤、铁和其他有重要经济价值的矿产丰富。总之，四川盆地是中国最富庶、最美好的地区。

---

① 李希霍芬（Richthofen，1833—1905），德国地理学家，1866—1872 年前后 7 次来中国进行地理、地质考察。

据现有的地理学资料，长江源头几乎在加尔各答（Calcutta）的正北方，约北纬35°处，在中亚大草原之东南缘。长江的准确长度还不清楚，但估计超过3000英里。从源头开始的1000英里，河道曲折，几乎向正南方穿越荒野和部分尚不知名的地区，然后突然转向东方，流经中国的心脏地带约2000英里，最后紧靠上海的北面入海。

从入海口至宜昌的1000英里，汽轮全年可通航，有时冬季可能遇到浅滩和沙洲的阻碍。汉口至宜昌段最为困难，由一些特制的吃水浅的汽轮营运。上海至汉口有定期航班，而且豪华舒适。除枯水季外，吃水深的海轮可直达汉口。夏季河水漫过两边的大量低地，此时航行的困难则是保持正确的航道。在宜昌江面宽为1100码，冬季和夏季的水深平均差40英尺，而在宜昌以上5英里开始的峡区，江面窄缩到通常的三分之一，冬季和夏季的水深平均差超过100英尺。

宜昌以上河道有急流险滩、礁石和其他障碍物，只有当地特制的船只才可航行，其排水量可达80吨。屏山县（Pingshan Hsien）以上只有当地的小舢板在某些短而不连续的河段航行。江水大部分在峡谷或陡山之间穿流，河道中经常出现的险滩和瀑布，形成充满泡沫的漩涡。1911年秋，一位富有冒险精神的法国海军军官乘当地为其特制的小船从长江上游旅行至宜宾，并写了一篇激动人心的报道。

长江中游最艰险的是宜昌至万县[①]（Wan Hsien）段，世界闻名的长江峡谷即在其中。共有5个峡谷，这些峡谷从宜昌城西近郊开始一直延伸到夔州府[②]（Kuichou Fu），距离约150英里。全程江水从两岸近乎直立的石壁中奔流而下，江面的宽度仅有（或不足）原来的三分之一，因此江水很深。1900年英国炮艇用声呐测量了2个点，其深度为63.5英尺，而这时在宜昌水深不足6英尺。两岸的石壁主要由坚硬的石灰岩组

① 今重庆市万州区。

② 今重庆市奉节县。

成，高 500 ～ 2000 英尺，个别地方或更高，但通常在 500 ～ 1000 英尺。景色壮丽，令人敬畏。

自宜昌溯江而上至重庆，细心观察的人都会察觉到一些支流的明显特点。在右岸，唯一重要的是从涪州[①]（Fu Chou）汇入的黔江[②]（Kienkiang），它起源于贵州西部，流经该省的心脏地带。自河口至思南府[③]（Szenan Fu）可通航，再往上只有当地特制的小船航行。除此之外，直至重庆再无重要的支流。然而几乎每一个村镇都坐落在一些河流与长江的汇合处，不时可见有人将底部坚实的小船拉过溪口的石滩。翻开地图一看即可知道，在左岸有许多支流汇入长江。湖北西部境内全是大山，溪流全都很湍急。四川东部山稍少些，河流的特点有所不同，但为何不能行船，从地图上看不明白。一个被接受的观点是：由于这些溪流把大量的碎石冲刷堆积于出口处。这一理论无疑适用于一般的山溪激流，但是我们所说的这些溪流大多数到达溪口之前的 50 英里（或更远一些）河道都相对比较平缓，即使在夏季洪水期，其流量和流速都不足以将大量的碎石带下堵塞溪口。据我个人的观察，其原因在于长江主河道。每年夏季洪水期，江水带下的大量淤泥和沙石必将在凡可提供机会的地方沉积。长江流经处，两岸多陡峭，而当流经溪口时，水流稍缓，其流量和流速都是支流的数倍，江水可轻易将溪水顶回去，同时把杂物淤积于溪口。与此同时，由于流速减缓，溪流本身带下的少量杂物也会沉积下来，结果造成溪口坝状堵塞。

在重庆被称为小河的嘉陵江从左岸流入长江。从地图上明显可见，嘉陵江由三个大支流在合州[④]（Ho Chou）汇合而成。在长江北岸，整个排水区呈扇形，占四川盆地全部面积的一半以上。嘉陵江及其支流的

---

① 今重庆市涪陵区。

② 即乌江。

③ 今贵州省思南县。

④ 今重庆市合川区。

重要性在于东面的大支流，小船可通航至东乡县[1]（Tunghsiang Hsien）以北 40 英里，另一小支流可通航达通江县（Tungchiang Hsien），还有一小支流向北可达巴州[2]（Pa Chou）。位于中间的保宁河（Paoning River），较大的船只可直达广元县（Kuangyuan Hsien），同时有小船满载药材和其他土特产从甘肃碧口（Pikou）运入这座城市。最西面的一大支流可通航至中坝[3]（Chungpa）以北数英里的白石铺（Pai-shih-pu），并有其最西边的支流进入成都平原的东北角。

岷江发源于松潘以北约 35 英里，约在北纬 33°，四川西北部与安多[4]（Amdo）藏区的边境。除枯水期外，从灌县[5]（Kuan Hsien）去成都可行船。从灌县通向成都平原的这一分支是人工开凿的运河。在江口（Chiangkou），灌县河与其支流汇合。一支流从新津县[6]（Hsinhsin Hsien）汇入岷江，有小船航行至成都平原西南最偏远一角的邛（qióng）州[7]（Kiung Chou）。

实际上，岷江只是铜河[8]（Tung River）的一个支流，二者在嘉定府[9]（Kiating Fu）汇合，但由于岷江能提供航运，更具有实用价值，因此中国人更重视它一些。虽然木筏可自西部更高的上游顺流而下，但是铜河仅在嘉定府往上游数英里可行船。在嘉定府西面不远处汇入铜河的

① 今四川省宣汉县。

② 今四川省巴中市。

③ 今四川省江油市。

④ 今安多藏区，位于青海、甘肃、四川接壤的高山峡谷地带，包括青海的果洛州、海西州、海南州、海北州、海东市、黄南区州，甘肃的甘南州、天祝县和四川的阿坝藏族羌族自治州。

⑤ 今四川省都江堰市。

⑥ 今四川省成都市新津区。

⑦ 今四川省邛崃市。

⑧ 铜河为大渡河俗称。

⑨ 今四川省乐山市。

还有另一个支流青衣江，它更具有经济意义，从雅州[①]（Ya Chou）往上或往下都有相当数量的木筏运输。雅州是四川西部重要的砖茶产业中心。

铜河是四川境内最长的河流之一，发源于西藏的东北角约北纬33°处，流经西部边境民族地区，在该处称为大金河（Great Gold River），最后奔向瓦斯沟（Wassu-kou），一个成都至拉萨大路边的小村落，位于打箭炉[②]（Tachienlu）以东 18 英里。自瓦斯沟直至嘉定府与岷江汇合，被称为铜河，虽然富林[③]（Fulin）以上又称为大渡河。由于不能行船，其商业价值很小，但不能因此就断定地理学家对它不够重视。

雅砻江是一条流量几乎与长江相等的河流，在屏山县西面相当远的地方汇入长江。它发源于西藏高原的东北缘，与长江源头在同一地区，但更靠东南，其流向近乎由北向南。与长江相比，其流经的地区人们知道得更少。由于其上游流经 Niarung 族地区，故称尼雅曲（Niachu）。雅砻一名可能亦自 Niarung 音译而来。

长江的右岸汇入了不少发源于云南北部和贵州的河流，但没有一条像这些从左岸流入的重要。尽管在地理学上相对并不重要，但它们对当地商品的分布都有重要影响。关于我们所提到的这些水系，需要强调的是：长江是中国，特别是中国西部的主动脉。四川具有得天独厚的农业资源，其他资源也很丰富，这主要得益于嘉陵江和岷江提供了可以通航的河网及运河。在叙府[④]（Sui Fu）以西，这些河流流经荒野、人烟稀少的地区，河道受阻，不能行船，连渡口都稀少。

---

① 今四川省雅安市。

② 今四川康定市。

③ 今四川省汉源县。

④ 今四川省宜宾市。

开凿石岩而修成的通往打箭炉的大路

湖北西北部之典型景观

第二章

湖北西部

——地貌与地质

本书所涉及的湖北西部位于东经 112° 以西。长江边的宜昌市即在这一经度以西，距长江入海口约 1000 英里，是考察鄂西地区的便利起点。这座城市是一重要的贸易港口，1877 年向外国开放。全市人口大约 30000 人，同时还有少量的外国人，如英国领事馆人员、海关职员、商人、罗马天主教和基督教的传教士。本地区的贸易量不大，但由于其地理位置处于长江轮船航运的起点，因而是极重要的转运港口。除了有定期汽轮航班外，还有数以千计的本地船只排成长列来往于宜昌和汉口之间，足以证明其作为货物集散地贸易港口的重要性。在不久的将来它还将成为汉口至四川铁路最重要的一个枢纽。宜昌现在闻名遐迩，来访附近著名长江峡区的外国人与日俱增。从汉口乘汽轮溯江而上，离宜昌大约 40 英里始有小山。初见山时甚低矮，随江而上逐渐增高，抵达宜昌时，人已置身于群山之中了。宜昌城附近的小山外形多呈金字塔状，近看有明显的峭壁。城周边地区的北、南、西三面经侵蚀切割，形成了许多高 2000 ～ 4000 英尺的山峰，如群岛状，而这些小山有的又是远在数天行程外的海拔 7000 ～ 9000 英尺大山的支脉。宜昌四周的金字塔形小山非常有趣，颇受游人的青睐。山的下层由卵石砾岩组成，其上是薄而水平的海积石灰岩、红页岩和砂岩岩层，上面覆盖着沙质黏土，堆积层次排列有序。当各个方向的侵蚀力度相等时，就形成并可保持其金字塔形特征。这种构造从大平原的边缘至宜昌很普遍，偶尔还有薄的煤层。其形成年代比较晚，在中生代初期。主要的化石有苏铁类。宜昌北部、南部和西部的峭壁和凸露的山峰主要由古生代石灰岩及少量的中生代页岩和砂岩构成，最年轻的岩石可能属于鲕（ér）状岩系。地层皱褶明显一致，没有变形。在四川东部，这些岩石伸入盆地之下。长江右转穿越此处，形成了一连串的大断层，使不同的地层结构美妙地展现出来。

在宜昌以西 30 英里的黄陵庙（Hwangling Miao）附近，以及再往西 10 英里的崆岭滩（Tungling Rapid），有花岗岩状片麻岩露头，为这一地区最古老的岩石，也是长江中游唯一已知的早寒武纪构造。长江的这一段被称为大石河（Tashih Ho），真是名副其实。

其次年代稍晚、具有重要意义的古老岩层当数莲沱（Nanto）对面的峭壁。牛肝峡（Niukan Gorge）和巫峡（Wushan Gorge）的东半部为一巨大构造，厚 4000 ～ 5000 英尺，主要由暗灰色或肝脏颜色的石灰岩组成，没有燧石，有寒武纪和奥陶纪的化石，实际上是巨大的各期海积石灰岩。岩体被风化成绮丽的悬崖，壁立千仞，高 1000 ～ 2000 英尺，顶部稍突起，并常延伸数英里。江右岸则以从莲沱延伸近达黄陵庙的峭壁最为典型。在宜昌以西 45 英里处，有一大浅滩急流，名为青滩（Hsintan），该处页岩地层完好露出，厚约 1800 英尺，主要由橄榄绿色的厚层泥岩和当地的黑色页岩和石英组成，形成于中古生代。

沉积在这一系列页岩上的明显一致而巨大的是上石炭纪的石灰岩，厚达 4000 英尺或过之。这种构造是整个宜昌峡（Ichang Gorge）和米仓峡（Mitan Gorge）[①] 的特点，也出现于巫峡的西端，延伸至夔州府或风

① 宜昌峡，又名黄猫峡，为西陵峡东段；米仓峡，为西陵峡西段的一部分。

箱峡（Wind-box Gorge）以上。岩石以暗灰色或带黑色的石灰岩最多，其中多海洋生物化石，常风化成绮丽的悬崖，但通常大体呈圆形，而山体较小。在鄂西境内的长江两岸，这种构造最为普遍，北岸较南岸尤甚；南岸的寒武—奥陶纪构造占绝对优势。相继出现的岩层是二叠纪红页岩和砂岩，有薄层的石灰岩和煤，这在前面有关宜昌的文字中已提及。自米仓峡直到巫峡的入口，特别是在左岸，这些岩层是这种特点。在这一江段中，特别是靠近巴东县，有数处煤矿资源。

冰川堆积物和冰川作用遗迹在鄂西许多地方明显可见，但是各处面积都不是很大。其中最易到达处即在长江边莲沱的对面。莲沱为一小村落，位于宜昌峡的最西端，距宜昌城 20 英里处。该处可见有冰川堆积物，厚约 120 英尺，为寒武—奥陶纪海相石灰岩所覆盖。所有冰川作用的痕迹完全暴露于外，全部堆积物都展现出来，很能说明问题。由于这些不同时期的沉积产生过区域性的大干扰，岩层通常从很深处上拱。鄂西一些最高山峰的顶部通常由志留纪页岩组成。

鄂西没有蕴藏量丰富到足以开采的有价值矿藏。煤分散于全境，但每处蕴藏量都不大，质量也不高。有些地方产铁矿砂，并有一两处质量很好，但通常都是贫矿。有两个县（建始和兴山）产铜，但开采量都不大。在四川盆地很丰富的盐，并不见于鄂西。沙质黏土和灰泥被用于制砖瓦，不少地方将石灰石烧制成石灰用于建筑。这些黏土和石灰石属二叠纪—中生代。石炭纪的石灰岩也被开采供各类建筑用。

在峡区两侧有许多溪流汇入长江干流，并有次一级小溪蜿蜒于绮丽的幽谷间。这些小溪通常水满峡谷，两岸岩石壁立，高 300 ～ 1000 英尺。瀑布甚多，植物可生长处植被都极繁茂。悬崖的顶部常风化成奇特的形状。洞穴很多，其中有钟乳石和石笋。地下泉甚普遍，有些是小溪的源头，它们从洞穴或岩壁表面流出，兴山河即是这种起源的例子。中国人给这些洞穴和山泉附加了许多传奇故事，并在这些地方建了漂亮的庙宇。

三游洞峡谷——石灰岩峭壁

靠近长江的主要山峰和岩壁上多建有寺庙，多属道教，而且通常建于看上去无法到达的地方，所需建材是怎样搬运上去的，令人感到惊奇。只要有可能，寺庙旁都种植有少数树木，最常见的是柞木、冬青、皂荚、柏树、银杏和松树，为整个景观增色不少。这些寺庙建筑精良，但可惜里面通常很暗、肮脏，凑近一看，所有的华丽都荡然无存。但从远处看却美丽如画，建筑风格与周围环境十分和谐，不禁令人赞美设计者的审美能力和文化修养。维护城镇、村庄和社团的福祉，驱逐邪恶，在中国是头等大事，而寺庙与这一美好愿望紧密相关。宝塔在中国到处可见，也是为此目的而建。风水论深入道家思想，在中国人思想中占有重要地位，实际上左右着很多人的日常生活。

由于过于蛮荒，不能大力发展农业，又缺乏有用的矿藏，湖北西部是中国最贫穷、人口最稀少和最不为人所知的地区之一。正因如此，其植被受到的人为干扰较中国其他地区少，所以受到植物学家的特别关注。然而即使在这样的地方，连小块可利用的土地都被开垦种植作物。

从长江边向上到 3000 或 4000 英尺，所有的山坡、小山头和谷地，只要有可能，都已开垦为耕地。但这一地区大部分是由峭壁悬崖构成，能种庄稼的地方通常也多石头，作物产量低，收成很少，付出大量的劳动而收到的回报甚少。在 6000 英尺以上的坡地和山地，纵有中国人的技巧和耐性也无法耕作。因此在这些地方还有小片的原始森林和较多林木保存。较高的山上中草药种类丰富，人们以采药为生。在此高处，不少地点曾被开垦种植马铃薯，但毁灭性的病害使马铃薯全无收成，农民不得不迁移到更低的地方。坍塌的房屋和无数的坟墓遗留在杂草中，只有荆棘、灌丛诉说着这里曾经有人居住。但今日，行进在这些较高海拔的地方，可能从早到晚见不到一处有人居住的地方或者一个活人。在山谷中，任何地方只要有足够的可耕地，足以维持生活，溪岸上就有小村庄。小村落、农舍和茅棚至海拔 4500 英尺处还常见。再往高处就很少再有农业生产，人口极其稀少。

第三章

旅行方略

——道路与住宿

汽轮航运进入长江中上游，把重庆这个中国西部的经济大都会与海岸和西方文明之间的距离缩短了三周的行程，欲来此处的旅游者无疑亦将受益匪浅。然而，这只不过将艰辛的时间向后推延了一小点，不可避免的困难还在后头。在这一地区，旅行者迟早都得告别舒适豪华的现代旅行方式，必须适应更原始、更困难的现实。在我们所涉及的这一地区，除了成都平原有原始的独轮车外，再也没有带轮子的交通工具，没有骡车，连一匹可骑的小马也难见到。在陆地上旅行，只有当地的轿子和自己的双腿；在河上行走，则只有当地的小船。耐心、机智和充足的时间缺一不可，旅行者如果缺少上述任何一点，应当去找别的地方，而不是这么原始的地方。具备了上述条件，自己又有充足的时间可自由掌握，你就可以安全地去到中国的任何地方，而每一处都会使你相当愉快并获得不少知识。那里具有千百万辛勤劳动的人们和绮丽的景色。中国令所有长时间逗留在那里的人们陶醉、着迷，也会令人陷入失望。没有任何国家像中国这样长期使全世界感兴趣，不断变化而又永远保持原样。中国是连接20世纪与公元前文化启蒙的重要链环。从容地游览这个幅员辽阔的国家是一种学习，有这种经历是非常幸运的，也会给人留下难忘的印象。中国人的时间观念与西方不同，这一点极为重要，旅行者应始终牢记在头脑中。

目前大多数的旅行者从宜昌上行还是乘当地的帆船。由汽轮船队替代当地的船只定期航行于这一危险的水域，可能还要一段较长的时间。由宜昌至重庆及更上游地区，前人已有很多论述，我不再重复。关于这一命题已有好几部著作，可能有朝一日会有作者给予全面的、准确的描述。

我曾在这段航线旅行，上下数次，峡区壮丽的景色给我留下的印象一次比一次深刻。此等天堑地缝之景色，远非笔墨所能形容，只有亲临其境，才能充分理解和鉴赏。一个旅行者上下这段河道次数越多，对众多险滩、急流和航道中的无数艰难险阻的敬畏之心越深。

当地的船只十分适合在此种危险水域中航行，它们是很多代人经验的产物。平衡舵和塔式结构在这些船只上的应用远早于西方国家。以驾船为生的船夫，驾船技术相当熟练。有为数不少出自轻率旅游者的文章，报道这些船夫的缺点、无能，那是不真实的、不应当的。这些中国船夫细心，绝对有能力驾驭他们的船只。对他们及他们的工作观察越多，你就会越佩服他们。东方的方法与西方的方法不同，但同样能取得成功。当一个西方人在船上，应当使自己很好地适应东方的方法。任何强制使用西方成规的尝试多导致灾难性后果。长江上曾发生的多次事故，均由于外国人对当地情况和危险的无知，强迫船老大改变他们基于正确判断的操作而致。欲游览这一江段，当通过有信誉的中国商家租船，建议旅行者先签下一纸协议，落实条款，规定由船主按自己的方式行船，这是唯一保证安全的方法。在文本上无人会提出反对，但实际上不信任中国船夫的违约情况时有发生，其结果多是给违约者带来危险。

关于陆路旅行我们将有很多话要讲，似乎先将道路介绍一二很有必要。在不了解情况的人看来这只是小事一桩，但有经验者的看法却不同。中国的道路给所有旅行者留下的难忘印象，一般人都没有足够的词

长江峡谷之险滩湍流

汇来充分表达。道路有铺石板的和不铺石板的两类。我现在必须和那些心中已有定见，知道哪一类路更差、更困难的旅行者讨论。有位机敏的作者曾写道："在中国，皇家大路并非由皇帝管理、维护，而是为了皇帝而维护。"[①] 每当政府大员有任务远道而来，当地官员即将他所要经过的路段作一些表面上的修补，通常都是强迫民众仓促完成。在多山地区，一场大雨就破坏殆尽。

保养道路与任何人无关，无专人管理。道路用地是无偿征收的。在农田区，农民珍惜耕地，尽量把道路保持在最小的宽度内。因此，道路经常逐年收窄，直到有重要官员将要从此经过，迫使当地官员再来修复，才恢复到原有的宽度。

中国境内纵横方向都有国道，为数确实不多，但极为重要，因为它们联系着京城和省城。这些道路多是早期为军事目的而修筑，当时帝王

① Arthur H. Smith. *Village Life in China*. p. 35.——作者注

们忙于征伐，扩张领土，因此都具有重要战略意义。最初路面全铺有石板，有些路段则是由坚实的岩体通过爆破、开凿而成。道路的宽度根据当地的地形和所承受的运输量而异。在北方，陆上旅行通常用马车，道路也与此种交通工具相适应。在本书所涉及的这一地区，由于地形太崎岖，不能使用车辆，唯一可行的交通工具是轿子。国道的宽度原本是足够两顶轿子来往通行的。在这些地区，大路的宽度为 10 ～ 12 英尺。必须承认，这一宽度是够用的，不幸的是很少有稍长的路段能保持这一宽度。这些老路的坡度处理得很好，整个工程充分体现了古时匠人的才智和能力。和中国的其他许多地方相似，这些道路曾经一度是很壮观的，但今非昔比，道路严重缺少维护。不少地方被洪水摧毁，路面的石板被盗去建房屋或作其他用途，遇上雨天，没有石面的路段成为泥淖，常无法通过。有许多道路还保持着原貌，激起人们对工程人员技巧和远见的赞美，使旅行者产生对旧时太平盛世的羡慕。

在中国富庶地区，有大道连通所有的城市和村镇。这些道路通常宽 8 ～ 10 英尺，原本都铺石板，现今情况稍差，多少有些年久失修。在中国西部几乎所有的村镇都坐落在溪畔，理由很简单，溪流提供了出入的方便。即使这些溪流不能行船，进入内地也较山地和林区便利。一般情况下，所有古时的道路都尽可能靠近溪流修筑，只在自然条件不许可或有分水岭阻隔时才不得不与之分开。

小路和狭窄的小道深入全国各地，即使是人烟稀少的山区。有人精辟地指出，食盐的交换是人类商业行为的开始。盐自古至今一直是中国政府的专利，但食盐走私不知何时早已开始。极有可能，大多数的山间小道都是这些食盐走私者的步履开辟出来的。今日中国的许多重要贸易路线确实起源于此种方式。四川省盛产食盐，同时山间小道也极多。经过长时间的思考，我认为这些网状偏僻小道应是食盐贸易，尤其是非法食盐贸易的产物。至今还有许多这样的小径遍布于湖北—四川边境，实际上除了运盐以外别无他用。现在，通过这些小径食盐仍然被非法运至某些地区。旅行者要找到这些小径不容易，但用处很大。没有这些小径，不可能在中国中部和西部穿越一些蛮荒而极有趣的地区。

在中国作陆地旅行不能使用帐篷，只能使用当地提供的住所。中国人不懂用帐篷，要在一个人们特别好奇的地方试用这种新玩意儿也是不明智的。旅游者行事最好尽量避开公众的注意。在所有的主要道路上都有各种类型的客栈，通常很脏，众多的蚊子、跳蚤、虱子、臭虫按季节出现，特别是臭虫无处不有。沿小路，特别是在山里，连最差劲的住处也难找到。然而，当人已困倦，任何能挡风雨处都能熬过一夜。遇上雨天，或因洪水、急流等原因受阻，没有适当的住所令人痛苦难熬。在中国的荒郊野岭旅行会令人向往印度和克什米尔为旅客提供的平顶小木屋（dák bungalows）或类似的住所。

在中国，旅行者应有一套随身装备，包括行军床、寝具、食物、炊具、随身小工具和杀虫粉。这一清单似乎令人难以接受，但劳动力便宜，稍有经验就可把出行装备控制在合理范围之内。所需搬运工应通过可靠的代办雇用，并签订书面协议，落实所有细节。搬运工中要指定一“领头人”负责。

在部分对外国人出入已经习以为常的地方，可免除使用奢侈的轿子，但必须牢记，轿子是出行者威严和地位的象征。它已成为公认的媒介，与真正的用途无关，但必须有，它能使你受到尊重。在一些偏远的地方，旅行者有顶轿子，哪怕是拆散了抬着，办起事来也比护照更管用。按协议，所有外国人在中国旅行都必须办理护照并出示之接受检查。这一点相当重要，不可忽略。

在旅行队伍充分装备妥当之前，还要找一好厨师。除非旅行者自己会说中国话，否则必须找一个能讲几句英语的仆人。好的随行仆人很难找到，但一般旅行者应尽量设法雇一名翻译。一个好的家仆非常必要。

第四章

宜昌的植物

我们的行程从宜昌开始，首先对产于宜昌附近的植物作一些说明，可能会是有趣的。就已进行的植物采集数量而言，宜昌及其周边地区在中国植物考察史上占有重要地位。宜昌及其周边海拔 2000 英尺地区的植物基本上属暖温带性质，并含有不少亚热带成分，然而我们也发现一些寒温带植物，总而言之，是以暖温带成分占优势的以上三种区系的融合。下面 13 种有代表性的植物可以说明这一点：油桐（*Aleurites fordii*）、枫香树（Liquidambar formosana）、女贞（Ligustrum lucidum）、云实（*Caesalpinia sepiaria*）、飞龙掌血（Toddalia asiatica）、紫藤（Wisteria sinensis）、映山红（*Azalea simsii*）、细圆齿火棘（Pyracantha crenulata）、巴蜀报春（*Primula calciphila*）、打破碗花花（*Anemone japonica*）、蜘蛛抱蛋（*Aspidistra punctata*）、石海椒（*Linum trigynum*）和顶芽狗脊（*Woodwardia radicans*）。

宜昌周围的低山看上去非常荒芜，多由黄茅（Heteropogon contortus）覆盖，到处散布有少数灌木和草本植物，或是小片的马尾松（Pinus massoniana）和柏木（Cupressus funebris）林，偶尔还有几丛毛竹（*Phyllostachys pubescens*）。然而我们并非在这些低丘寻找宜昌的植物宝藏，而是要到石灰岩峡谷中的崖壁上去寻找。这里的变化令人吃惊，一个显著的特点是有很多著名的开花美丽的灌木。

早春最先开花的两种灌木是芫花（Daphne genkwa）和马桑（*Coriaria sinica*）。极可惜的是，芫花这一瑞香属中最漂亮的植物迄今没有引种成功。在宜昌，它在裸露的山丘、砾石和石灰岩缝、坟地和耕地边的石堆中到处生长，有时生长在部分遮阴处，但通常是全暴露在强烈的阳光之下。这种植物平均高约 2 英尺，很少有分枝，想一想梅树每年发出的根出条就可知道这种瑞香属植物的模样：茎三分之二的高度被密集的花朵覆盖，看上去好像是一个巨大的聚伞圆锥花序。花通常为深蓝紫色，但亦常有开白花者。由于外貌与丁香有些相像，故被居住在宜昌的外国人称作丁香。

马桑不像芫花那么诱人。马桑的花是杂性的，当结实后才有点好看，中国人认为其茎、叶对牲畜有毒。

紫藤很多，常高攀在树上，但长成半灌木状的也很常见，花开得很多，颜色的深浅多变异，开白花的类型较少见。

另一种很知名的灌木为檵木，此地很多，在山崖顶上，在砾岩和石灰岩石块的缝隙中常形成高而难以穿过的矮树丛。此种植物高很少超过 3 英尺，多分枝，盛花时远看如积雪一片。在美国加利福尼亚州，如果像英国的德文郡（Devon）和康沃尔郡（Cornwall）那样，种在多石处，定能繁茂生长。

蔷薇属灌木各处都很多，到了 4 月，各种类争奇斗艳。金樱子（Rosa laevigata）、小果蔷薇（*R. microcarpa*）在无遮阴处极常见；野蔷薇（R. multiflora）、卵果蔷薇（R. helenae）、木香花（R. banksiae）在山沟、峡谷的崖壁缝中特别多，虽然绝非局限于这些地方。

木香花常攀附于大树上，枝条围绕树冠，点缀着花朵，煞是好看。每当清晨或一阵小雨之后，漫步于山谷间，空气中浮动着无数蔷薇花的幽香，真如置身于人间仙境。

三四月，白刺花（*Sophora viciifolia*）在山沟和峡谷中开满了成团的蓝白色花，非常漂亮。这种植物分布很广，常见于云南和西藏边境的温暖河谷中。生长于云南和四川西部的植株比生长于宜昌的多刺，可能与分布于印度的 *S. moorcroftianum* 是同一种。

枇杷（Eriobotrya japonica）和蜡梅（*Meratia praecox*）是两种常见于崖壁和峡谷的植物，二者都在圣诞节时开花，与不少种类一样，过去被错误地认为原产于日本。

兰香草（Caryopteris incana）常见生长于砾岩石隙中，但生长不如在更西部的地区良好。细圆齿火棘和黄荆（Vitex negundo）均极常见。云实作为一种半藤本的有刺灌木同样很多，与人们较熟悉的日本云实（*Caesapinia japonica*）很相似，它清秀的叶子和鲜黄色花组成的聚伞总状花序十分引人注目。

白檀（Symplocos paniculata）很多，花白色，果实蓝色，是一种既有经济用途又漂亮的灌木，值得广为人知。长江溲疏（Deutzia schneideriana）、紫薇（Lagerstroemia indica）、映山红、探春花（*Jasminum floridum*）、南天竹（Nandina domestica）、枸骨（Ilex cornuta）、烟管荚蒾（Viburnum utile）、密蒙花（Buddleja officinalis）都极常见。其他常见种类有些已熟知，有些还不甚了解，可列举的有：糯米条（Abelia chinensis）、蓪梗花（A. parvifolia）、黄栌（*Rhus cotinus*）、白背枫（Buddleja asiatica）、具柄冬青（*Ilex pedunculosa*）、珊瑚冬青（I. corallina）、异色溲疏（Deutzia discolor）、饿蚂蝗（*Desmodium floribundum*）、胡颓子（Elaeagnus pungens）、蔓胡颓子（E. glabra）、中华绣线菊（Spiraea chinensis）、柃木（Eurya japonica）、金丝桃（*Hypericum chinense*）、蜡莲绣球（Hydrangea strigosa）、铁包金（Berchemia lineata）、卫矛（Euonymus alatus）、长毛籽远志（*Polygala mariesii*）、短序荚蒾（Viburnum brachybotryum）、球核荚蒾（V. propinquum）、尖连蕊茶（*Thea cuspidata*）、茅莓（Rubus parvifolius）等。开红花

的木瓜（Chaenomeles sinensis）和开白花和粉白色花的毛叶木瓜（C. cathayensis）栽培甚广。在此名单中不可遗漏鼠刺（Itea ilicifolia），这种植物看起来有点像冬青，花白色，组成长而下垂的筒形总状花序，是宜昌最漂亮的灌木种类之一。最常见生长于河畔、水边的灌木有：中华蚊母树（Distylium chinense）、秋华柳（Salix variegata）、爬藤榕（**Ficus adpressa*①）、冻绿（Rhamnus utilis）、水团花（*Adina globiflora*）、疏花水柏枝（*Myricaria germanica②）和一种很奇特的狭叶黄杨（Buxus stenophylla）。藤本植物很多，包括下面这些美丽的植物：忍冬（Lonicera japonica）、络石（Trachelospermum jasminoides）、葛（*Pueraria thunbergiana*）、单叶铁线莲（Clematis henryi）、巴山铁线莲（*C. benthamiana*）、小木通（C. armandii）、柱果铁线莲（C. uncinata）、葛藟（lěi）葡萄（Vitis flexuosa）、花叶地锦（Parthenocissus henryana）、俞藤（*P. thomsonii*）和常春油麻藤（Mucuna sempervirens）。

上面列举的最后一种是一种颇引人关注的植物。宜昌上行2英里，长江右岸边有一被外国人称为大爬藤（big creeper）的硕大植株，攀缘于数株松树和竹丛之上，覆盖面积达数百平方英尺，其基干粗如人体；花有异味，深巧克力色，总状花序，着生于老干之上；荚果长2～2.5英尺，内有黑色、豆状大粒种子；花期5月。

宜昌树木的数量不是很多，但其种类之丰富却令人吃惊。春季，白花泡桐（*Paulownia duclouxii*）和楝（Melia azedarach）巨大的圆锥花序引人注目。到了秋季，乌桕（*Sapium sebiferum*）满树红叶，非常显眼。冬季常绿的女贞、柞木（*Xylosma racemosa* var. *pubescens*）非常明显。柞木多用作路边祠、社的遮阴树。最常见的树种有：皂荚（Gleditsia sinensis）、盐肤木（*Rhus semialata*）、化香树（Platycarya strobilacea）、枹栎（Quercus

① 原著有误，正确的是Ficus impressa。

② 原著有误，Myricaria germanica产于欧洲，分布于湖北西部的应是疏花水柏枝（M. laxiflora）。

冬季长江宜昌段

serrata)、香椿(*Cedrela sinensis*)、枫杨(Pterocarya stenoptera)。槲寄生常寄生于枫杨上。较上述种类稍少的其他树种有:梧桐(*Sterculia platanifolia*)、响叶杨(Populus adenopoda)、湖北山楂(Crataegus hupehensis)、朴树(Celtis sinensis)、黄檀(Dalbergia hupeana)、飞蛾槭(Acer oblongum)、杉木(Cunninghamia lanceolata)、臭椿(*Ailanthus glandulosa*)、构树(Broussonetia papyrifera)、榔榆(Ulmus parvifolia)、北枳椇(Hovenia dulcis)、无患子(*Sapindus mukorossi*)、垂柳(Salix babylonica)、槐(Sophora japonica)。槐有一很奇特的变种,其叶和嫩枝被有厚厚的白色绒毛。

同样还有草本植物,虽然数量比美丽的灌木稍少一点,宜昌仍然是许多受人钟爱的园林花卉的原产地。其中最为人们熟知的是鄂报春。这种娇媚的草本植物各处都能见到,特别以长江岸边和峡谷中的湿润草地为多。在适合的条件下，其高度、花的大小及叶片的繁茂均接近栽培类型，因为小而不被人注意，通常被当作杂草。其他常见并为人们喜爱的种类有：石生黄堇（*Corydalis thalictrifolia*）、打破碗花花、垂盆草（Sedum sarmentosum）、虎耳草（*Saxifraga sarmentosa*）、蝴蝶花（Iris japonica）、忽地笑（Lycoris aurea）、石蒜（L. radiata）、裂叶地黄（*Rehmannia angulata*）、萱草（Hemerocallis fulva）、北黄花菜（*H. flava*）。其他有特色的草本植物有：沙参（**Adenophora polymorpha*[①]）、白及（*Bletia hyacinthina*）、大叶马蹄香（Asarum maximum）、广州蛇根草（Ophiorrhiza cantonensis）、白花地丁（Viola patrinii）、翠雀（*Delphinium chinense*）、宜昌过路黄（Lysimachia henryi）、矮桃（L. clethroides）、委陵菜（Potentilla chinensis）、翻白草（P. discolor）、蛇莓（*Fragaria indica*）、亚欧唐松草（Thalictrum minus）、美丽通泉草（Mazus pulchellus）、马鞭草（Verbena officinalis）、桔梗（Platycodon grandiflorus），还有许多菊科、豆科和伞形科植物。

宜昌闻名于园林界，可能因它是湖北百合（Lilium henryi）的故乡。这一受到公众宠爱的植物生长于石灰岩和砾岩的山石中，但现在已为数不多。野百合（Lilium brownii）及其变种百合（var. *colchesteri*）极常见；渥丹（L. concolor）可见到，但很少。

蕨类种类不多，但顶芽狗脊、紫萁（*Osmunda regalis*）、蜈蚣草（*Pteris longifolia）[②]、井栏边草（*P. serrulata*）、齿牙毛蕨（*Nephrodium molle*）、平羽碎米蕨（Cheilanthes patula）和芒萁（*Gleichenia linearis*）极多。铁线蕨（Adiantum capillus-veneris）的一个变种常见生长于峡谷石灰岩石笋上。附有蕨类植物的这种石块采下来被运往中国各地，很有名气，被称为“宜昌蕨石”。

---

① 据《中国植物志》，国内无此种，产于宜昌附近的为多毛沙参（A. rupincola）。

② 原著鉴定有误，应是Pteris Vittata。

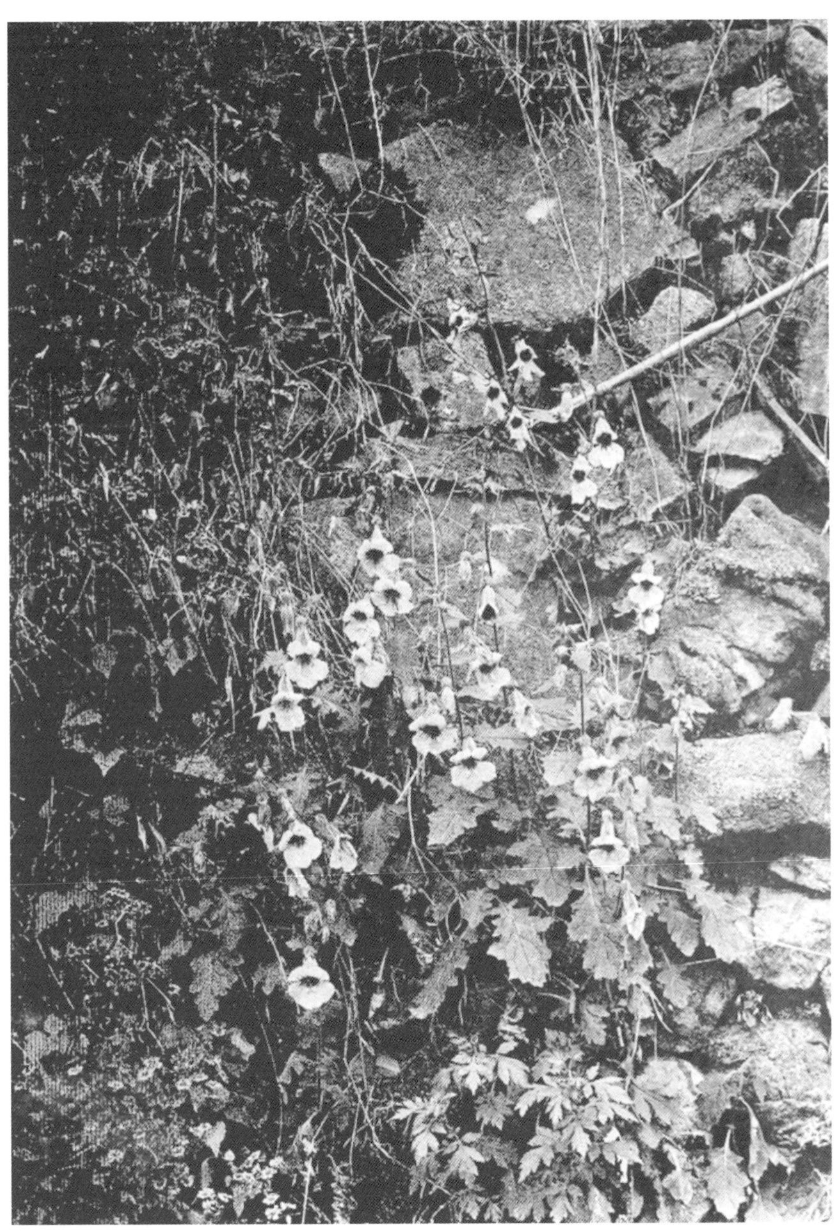

裂叶地黄（*Rehmannia angulata*）

作为本章的结尾，必须对宜昌周围池塘、沟渠中的水生植物作一简要介绍。叶子很漂亮的芡实（Euryale ferox）很多，莲（*Nelumbium speciosum*）当然是栽培的。其他常见的水生植物有：荇菜（*Limnanthemum nymphoides*）、水龙（*Jussiaea repens*）、槐叶苹（Salvinia natans）、欧菱（Trapa natans）、细叶满江红（Azolla filiculoides）、苹（Marsilea quadrifolia）、鸭舌草（Monochoria vaginalis）、谷精草（Eriocaulon buergerianum），还有数种眼子菜（Potamogeton）和狸藻（Utricularia）。晚秋季节，当满江红转成深红色，池塘看上去很美丽。在宜昌附近的水稻田中，亨利发现了一种很特殊的植物——茶菱（Trapella sinensis），是一新属，这个种也就是这个新属的模式种，它的系统位置被置于胡麻目内，但还存在疑问。

第五章

湖北西北部的一次寻花之旅

1910 年 6 月 4 日我离开宜昌，选取一条新路，经过湖北西北部蛮荒地区前往成都。面对 600 英里旱路行程，采集队按我的要求进行全面的装备，并有一股热情激励着我们。我觉得困难虽多，但并非不可克服的。几乎所有队员都在以前类似的任务中跟随我工作过。

我们从一条较小的路，经三游洞（San-yu-tung）前往兴山县，因为大路挤满了修筑汉口至四川铁路的民工。采集队由 20 个搬运工，数名采集和杂务人员，我和男仆各人一顶轿子组成。我的行程刚开始不很顺利，我坐的轿子还没有出外国人居住区就断了一根轿杠，本来在当地换一根新杠子是很容易的事情，结果却耽误了 1 小时。要做到第一天一早动身绝非易事，通常要有延误的思想准备。下午 1: 00 我们才赶上大队伍，到达三游洞口，距宜昌约 5 英里。天气非常炎热，再前行 15 华里[①]，到达下牢溪（Sha-lao-che），全天总共约走 35 华里。这一小茅村只有分散的几间屋子，我们选了最大的一间落脚，那里原来是蒸酒的作坊，陈留的酒味甚浓。

① 10 华里≈3 英里。

我的采集队

沿三游洞峡谷而上的路程非常有趣，地势崎岖，风景壮丽。坚硬的石灰岩峭壁常高达 500 英尺或还要高些，是羚羊等动物和许多岩生植物的家园。在岩石缝隙和凹穴中，有著名的巴蜀报春，但花期已过，花茎都弯向岩壁，以便使种子落入石缝中。每当 2 月至 3 月初，岩壁被这种报春花覆盖，为一团团淡紫红色的花丛，呈现出一幅美妙的图画。凡石壁不是很陡峭的地方，植物都生长得很茂盛。马尾松长在山脊上，小果蔷薇（*Rosa microcarpa*）盛开，其他开花植物则少见。多数早春开花的灌木已进入幼果期。

次日早上启程又延误相当长时间。解雇了 2 个民工，须要寻找新的替补。路况很差，我们用了 10.5 个小时，走了 45 华里。头 10 华里在峡谷中一直向上攀登。峡谷越来越窄，景色更美于昨日。我们路过一个极好的天然岩洞，里面满布石笋，有水滴在铁线蕨上形成的石头。这种石头在长江下游各地被称为“宜昌蕨石”，很畅销。

生长于三游洞峡谷的巴蜀报春（*Primula calciphila*）

峡谷内花叶地锦很多，其叶片在幼年阶段有明显的白色脉纹，非常好看，但成年后脉纹消失，就变得很一般了。

不久峡谷变得无法通过，我们攀上石岩，终于得以俯视周围的景色。梯田很多，每一寸可用土地都被开垦耕种。小麦、大麦、豆类为主要作物，都已成熟，它们黄色的茎秆使景色更为鲜明。我们见到一两小块罂粟地隐藏在树下，长势很差。桃、李在此地普遍栽培。竹丛和柏树很多。白尾天堂鸟（Tchitrea incei）偶尔可见。有野鸡鸣叫，声音类似英国的杜鹃。

牛坪（Niu-Ping）是当天的目的地，附近多种水稻。农民正忙于插秧。此处背靠寒武—奥陶纪石灰岩峭壁，所有的地方都开成了良好的梯田。离牛坪不远，我们路过一株漂亮的银杏树，枝上有奇异的根状凸起。在路边多石处，特别是梯田壁上石缝中，裂叶地黄极多。此植物高1.5～2英尺，开6～12朵类似毛地黄（foxglove）的大花，当地土名为蜂糖花。

牛坪是个很小的地方，约有12栋房屋，距莲沱30华里，有路相通。我们的住处虽然狭小，但是很舒适。这里的人们也很友善。当1901年我第一次来此时，从到达的那一刻直到离开，我都被视为大怪物。此后我来过数次，现在已成老相识了。

这儿到了晚上非常凉爽，需要盖毯子，而在宜昌只要一想起毯子就会使你浑身出汗。次日我们早上6: 00动身，经过多次的上山下山，最后来到一小河边，它从莲沱汇入长江。沿此河上行数英里后，开始了一段陡峭的上坡路。坡度时缓时陡，道路蜿蜒于山间，直到下午6: 30，我们才赶到当天的宿营地，最后一个民工晚1小时才到达。全部路程据说只有60华里，但我们全都认为足有70华里。无论距离如何，作为一天的行程的确很辛苦。

这里的山坡都很陡，具有锋利的山脊。到处都开有梯田，在低处种水稻，坡上种玉米，偶尔可见小块马铃薯地。凡坡度太陡或因其他原因不能耕种的山边都有灌丛或树木覆盖，主要是栎属和普通的松树矮林。光皮梾木（Cornus wilsoniana）为小乔木，到处可见，正在开花。四照花（*C. kousa* var. *chinensis*）也在盛花期，在林缘非常显眼。这种小乔木开花特多；枝条水平展开，形成平顶树冠；花直立，高出叶片之上，其白色苞片直径常超过5英寸，后渐变成微染红晕；果大，橙红色，可食；喜阳光充足、排水良好的环境。这一中国类型在栽培条件下可能优于园林工作者已熟悉的日本类型。然而今天展示的主角当数各种野蔷薇。沿溪有很多的野蔷薇（Rosa multiflora），花有白色和粉红色。在较高的林地有卵果蔷薇（R. helenae），空气中幽香弥漫。到处可见中华猕猴桃（Actinidia chinensis）攀爬于大树间，白色和乳黄色的香花环绕树枝。中午前见到裂叶地黄，特别是在陡峭多石的向阳处非常多。

我们在老姆峡（Lao-mu-chia）稍事休息，此处海拔约3500英尺，有6间房屋和一个砖瓦厂。这一带颇多木炭出产，销往莲沱及其下游地区。途中我们遇见数人背运大捆的湖北海棠（*Malus theifera*）树叶。这些树叶通常用作茶叶的代替品，有相当数量从这一带销往沙市（Shasi）。

离开老姆峡即开始上陡峭的香龙山（Hsan-lung shan），爬了1000英尺到达山顶，山上有一残破的小庙。近垂直急下数百英尺后，小路蜿蜒于由易风化的花岗岩构成的小山，最后下到一山沟谷底，与宜昌通往兴山县的大路会合。

香龙山近山顶处由寒武—奥陶纪石灰岩构成。鹅掌楸（Liriodendron chinense）在林间常见，同时还有蝴蝶戏珠花（*Viburnum tomentosum*）正开着雪白的花朵。老鸹（guā）铃（Styrax hemsleyanus）、唐棣（*Amelanchier asiatica* var. *sinica*）是另一些开美丽白花的树木。在较开阔的山坡上，白檀、金银忍冬（*Lonicera maackii* f. *podocarpa*）、半边月（*Diervilla japonica*）、野山楂（Crataegus cuneata）大展风采。还有

马尾松和板栗（Castanea mollissima）疏林。松树树干被切割，使树脂外溢，然后用作引火柴。在空旷处，山莓（Rubus corchorifolius）很多，其红色的、覆盆子状的果实有葡萄酒香味，甚为可口。下山时见有金钱槭（Dipteronia sinensis），为小灌木，开白色小花，成束直立。中华猕猴桃亦常见。此种藤本植物有两性花和雄花植株，花大，白色，很快变为乳黄色，芳香宜人，单一的雌花植株未曾见过。下到山脚我们到达宜昌通往兴山县的大路。沿此路而行，下午 5: 00 到达水月寺（Shui-yueh-tsze），一个约有 100 户的村子，周围有一小片水田环绕。这里的人们非常好客，我有如参加了一个即兴的招待会，直至就寝。

上大路后，我们见到汉口—四川铁路测量的标志。计划中的道路用竹竿标出，在岩石上有由罗马字母起头的阿拉伯数字标记。这条路在到水月寺之前开始沿一溪流下坡至两河口（liang-ho-kou），然后继续沿兴山河而下，到达此河与长江汇合的香溪口。即便是在这一路段，亦可想象筑路任务之艰巨。它要求工程人员有很强的能力，必须大量爆破，修很多隧道。但与往后的路段相比，汉口至此地的路段还是比较容易的。即使在一个劳动力很廉价的国度，所需经费仍将很巨大。那些强烈反对利用外国资金进行修路的乡绅们不可能认识到该任务和耗费的巨大程度。

次日的行程有趣，但艰辛。经过一段起伏的小路，我们来到椴树垭（T’an-shu-ya）。此处因有一棵巨大椴树而得名。此树为毛糯米椴（Tilia henryana），高约 80 英尺，干围 27 英尺。虽然树干已中空，但看起来还很健康，其嫩叶银灰色，因其高大，成为周围数英里一个明显地标。

下坡穿过一片耕地，我们进入一峡谷，深入约 20 华里，近谷底景色壮丽，坚硬的石灰岩峭壁近于垂直矗立，高达 2000 英尺或更高。在峡谷的上半段，常见湖北枫杨（Pterocarya hupehensis）沿小溪生长；较稀少的青檀（Pteroceltis tatarinowii）在此处亦能见到一两株。整个峡谷内木香花（Rosa banksiae）特别多，数千株沿溪边（特别是在乱石中）生长，植株成丛，高 10 ～ 20 英尺，上面开满了芳香的白花。云实附近也很多，其花黄色，有芳香，组成直立的圆锥花序。还值得提到的是红茴香（Illicium henryi），开暗红色花，生长于峭壁石缝中。走出峡谷，我们转入一条水浅、多石但相当宽的溪流。沿溪而上一小段，接着又上 2000 余英尺近垂直的陡坡。翻过一道山梁和一片平地，一路下坡到达石槽溪（Shih-tsao-che）时已暮色苍茫。此小村约有十来户人家，散布在狭窄的山沟内。

这一天我们采到的标本有 30 种不同的木本植物。在下午的行程中，唐棣和双盾木（Dipelta floribunda）都花开成丛，令人喜爱。核桃（Juglans regia）、漆树在海拔 3000 英尺以上很多。山顶和山坡都覆盖着栎树和松树林，尤其以栎林为多，柳树和臭椿也不少。在海拔 2000 英尺以上的地方，鄂报春、异花珍珠菜（Lysimachia crispidens）和一种开蓝花的鼠尾草（Salvia）极常见。靠近小客栈有几株灰楸（Catalpa fargesii），但还未开花。这一带芫花很多，但在这一高度几乎不开花。

清晨下了点小雨，全天都有间歇的阵雨。因为不太热，此种天气还是很适合出行。大多数的行程都是下山。早上出发不久我们经过一两道不高的山梁和其间狭窄的台地，大约在中午开始到达兴山县。下坡路有些地段很陡，路两边山坡多为耕地。下到约一半时见有煤窑，但煤的质量低劣。石灰有少量出产。临近兴山县城有造纸作坊。

兴山县（Hsingshan Hsien）是这片蛮荒地区的唯一县城，堪称中国最小、最贫穷的县城。它坐落在一条溪流的左岸，不足一百栋房屋，多处于破败状态；临河的城墙高 4 ～ 12 英尺；有一条路，显然是主干道，沿城墙顶端而行。东门被阴沟污物所堵死，北门很低，以至于人通过时必须低头。商业萧条，整座城镇显得灰暗，没有生气。但像中国其他地方一样，小孩很多。县城背靠陡山，两侧筑起城墙。城墙内的山坡地都已开成梯田。河较宽，河水清澈见底，有厚底小船往来于响滩（Hsiang-t'an）与香溪（Hsiang-che）之间。香溪是位于长江边的米仓峡口的一个村落。无人愿在兴山县城逗留，我们继续前行至响滩。此地名意为芳香的急流，[①] 水可能是香甜的，但这村子却脏臭！因为当地很贫困，加上有一个不合用的民工要在晚上安顿之前辞退，我们费了点力气才找到住地。

这一天所见开花植物不多。我们经过一棵巨大的铁坚油杉（Keteleeria davidiana），树高达 80 英尺，干围达 16 英尺。树下有些坟墓，据此推断此树可能种植于很久以前。下山时，我们经过一个果园，种植的湖北山楂正值盛花期，此种是中国栽培的数种食用山楂之一。有趣的角叶鞘柄木（Torricellia angulata）星散分布。多处可见常春油麻藤覆盖于大树上。梓树（Catalpa ovata）在平地上常见。小叶杨（Populus simonii）偶见于农舍旁，但很少。

由于与长江有水上交通联系，响滩有相当多的商业活动，这里主要出产药材。周边地区出产的核桃木枪托半成品由此运往汉阳（Hangyang），产量逐年增加，当地每件价值 300 铜钱（约 15 美分）。村子坐落在河左岸，有一个鸦片厘金局 [②] 和一间总督的钱庄。此地我前后 4 次经过，给我的印象好像猪比人还要多。响滩海拔比宜昌仅高 300 英尺，气候显得干热。

离开响滩我们立即摆渡过河，沿一狭窄山沟而上，很快进入深谷，最后到达一蛮荒而迷人的峡谷。在峡谷的尽头，我们沿一条山间小道从谷底艰难地攀登到山顶。在上攀途中，麝香蔷薇呈现出一道绮丽的景色。檵木也很多，但花期已过。上到山顶，一条蜿蜒起伏的小路通往白羊寨（Peh-yang-tsai），在这里我们入住了一漂亮而干净的

---

① 作者将中文“响”误作“香”。

② 相当于现今的税务所。

农舍。

在峡谷内，我们采到了湖北地黄（Rehmannia henryi），一种草本植物，高不及 1 英尺，开白色、类似毛地黄的大花。在这一带，人们采收木香花（Lady Banks's Rose）[①] 的根皮，晒干后扎成捆运往沙市。这种根皮用于染渔网，能增强渔网牢固性，据称还能使鱼见不到网。复羽叶栾树（Koelreuteria bipinnata）见于山谷中，但很少。总体来说，谷中植物与三游洞峡谷中的种类相似。

山上的林木以栎林（多为灌木状）、马尾松和柏树林居多，油杉和枫香很少。响叶杨树皮淡灰色，这一带很多。油桐极多，是一道美丽的风景。在谷底它们已长满了叶子，果实已膨大，而海拔 1500 ～ 3000 英尺的植株尚未发芽，满树是花。在海拔低处的溪边，攀缘的野蔷薇（Rosa multiflora）开白色和淡红色花，甚为好看，然而具香味的蔷薇［包括卵果蔷薇（R. helenae）、软条七蔷薇（*R. gentiliana*）和悬钩子蔷薇（R. rubus）］才是今天的主角，灌丛高 20 英尺，直径亦近相等，上面全是成簇的白色香花。在一些古墓边我发现了一株木香花（R. banksiae），为开黄绿色花的类型，我想一定是人为种植的。蔷薇灌丛是这一带的特色，是最常见的灌木。在我们住处周围栽培有杜仲（Eucommia ulmoides），其树皮为有价值的滋补药。

白羊寨是一个分散的小村子，坐落在一狭窄的山谷内，海拔约 2500 英尺。我们住处对面是一座名为万朝山（Wan-tiao shan）的大山峰，其正面是坚硬石灰岩峭壁，山顶和远处山坡森林茂密。村里的人们和这一地区各处的乡民一样，极为善良且谦和。和他们相处我感到很愉快。

万朝山看上去太诱人了，不能轻易放过。因此我们用了一天时间上去再下来，的确是很艰苦的一天。早上 8: 00 离开住处，用了好几个小

---

① 学名 Rosa banksiae。

时绕行于山脚，穿越山体下面的耕地和灌木丛。在海拔 6000 英尺处出现矮竹丛。穿过竹丛有一大片土地开垦种植药用大黄和党参，党参的数量特别多。于海拔 6500 英尺时我们进入森林。在林缘，路左边是大面积的黄连（Coptis chinensis）种植地。这种有趣的植物生长在高于地面 3 ～ 4 英尺的木框中。此物为滋补药和清血药。

沿小路蜿蜒而上，开始时树较小，矮竹很多。但这一条带很窄，很快被大树林取代。森林带向上延伸到距山顶 500 英尺处，再向上又是讨厌的矮竹丛。凡海拔 5000 英尺以上处，树木稀疏、阳光易透射林下，竹子即侵入，使人行动困难，除非用刀开路，否则无法通过。在密林下，竹子则不能蔓延。

林子虽然很漂亮，有很多好木材，但树种并不多。米心水青冈（Fagus engleriana）是其中最多的一种。此树通常有多条树干，高 60 ～ 70 英尺，干围 3 ～ 6 英尺者居多。有趣的水青树（Tetracentron sinense）也非常多，树高 60 ～ 70 英尺，干围 8 ～ 10 英尺的植株居多，叶子质地很薄，很有特点。白桦和数种槭树的高大植株散布于林中。光叶珙桐（Davidia involucrata var. vilmoriniana）有零星分布。常见的有多种樱桃、白蜡树、野生的桃子，都相当高大。多花勾儿茶（*Berchemia giraldiana*）爬在大树顶上。杜鹃花属植物有数种，其中的四川杜鹃（Rhododendron sutchuenense）可长成高 30 英尺、干围 5 英尺的大树。其他灌木种类很多。在林间空地，蝴蝶戏珠花银装素裹，开满了雪白的花朵。在更空旷的地方，数种芳香的蔷薇生长茂盛。近山顶处峨眉蔷薇（Rosa omeiensis）很多。

山顶是一稍有坡度和起伏的台地，面积约 1 英亩，长满了禾本科草本和少数灌木。顶上有一小庙，现已部分坍塌。一条锋利的岩石山脊从山顶延伸与北面的山脉连接。山脊的两面都是垂直的悬崖，高达 2000 英尺。在山顶（海拔 7850 英尺），周围的景色一览无余，但无一例外，朝任何方向看都是大山。在北方和西北方，层峦叠嶂，一望无际，只有狭窄山谷将它们分开，谷底就是咆哮的急流。眼看此景，前路艰险，但探索未知的欲望也很强烈。我们从原路迂回下山，因为别无选择，回到住处时已天黑。一天的劳动回报是 40 多种不同植物的标本，其中有数种是新见到的和很有趣的。在山顶黄杨是一常见灌木，同时我发现了丁香属一新种——光萼巧铃花（*Syringa julianae*）和它们生长在一起。

次日我们向北方继续我们的行程。刚过白羊寨，途经一小片栓皮栎萌生林，有人在此种植木耳。其种植方法如下：砍下粗约 6 英寸的栎木幼树，剔除枝条，每 8 ～ 10 英尺切成一段，置之地下数月，使菌丝体进入栎木；然后将这些栎木段倾斜堆放，每堆 20 根左右，让菌的子实体（木耳）长出来。这种菌形状像耳朵，带胶质。中国人认为是一种美食。我尝试过，但不觉得很可口，还导致一次严重的胃痛！

离开木耳种植场，沿一条蜿蜒的小路前行一两英里，下到一山涧。山涧内许多灌木正值花期。其中有我采到的一个新属。此属与八月瓜属（Holboellia）为近亲，花黄色，芳香，定名为 Sargentodoxa cuneata（大血藤）。后来我采得其种子，成功引种到美国。在山涧的尽头，经一陡坡，通过栎树和桦树林，来到一片耕地。此处散落着两三栋房屋和许多茶树灌丛。在一房屋旁见有肥皂荚（Gymnocladus chinensis），西方人称为“中国咖啡树”，其荚果含皂素，可用于洗涤衣物。

经茶园，路入松林，有时好走，有时难行，但多为上坡路。当我们到达目的地新店子（Hsin-tientsze）时，大家都很高兴。此处附近有片很好的老树林。落叶乔木、灌木种类很丰富。我注意到一种七叶树［天师栗（*Aesculus wilsonii*）］、两种桦树、老鸹铃、暖木（Meliosma veitchiorum）、珙桐、多种槭树和栎树，全是高大乔木。在林缘，宜昌荚蒾（*Viburnum ichangense*）特别漂亮。常见的还有几种樱桃，开粉红色或白色花。林下阴湿处，卵叶报春（Primula ovalifolia）成英里覆盖地面。开黄花的荷青花（*Stylophorum japonicum*），一种淫羊藿和各种各样的紫堇（Corydalis）在林内及林缘遍地生长。

新店子村子很小，海拔5600英尺，只有一栋稍大的房子，建筑在山脊下数百英尺的山坡上。站在屋子的前面，周围的美丽景色一览无余。放眼望去，目之所及，除大山外，别无他物，连20平方码的平地也见不到！我们的住处虽然狭窄，但从各方面考虑，还是非常舒适的。我们最好的期待也不过如此。

新店子村距茅岵岭（Mao-fu-lien）60华里。为了赶路，第二天我们一早就动身。一开始我们就穿过一片老林，其中槭树种类特别丰富。珙桐、桦树也常见，有趣的川鄂山茱萸（Cornus chinensis）高可达40英尺，稀疏分布。华山松（Pinus armandii）有见，但总的来说，裸子植物在这一特殊地点很稀少。

我们沿曲折的小路绕山而上，到达一山脊隘口。通过隘口是一段约2000英尺极危险的下坡路。新见到一种嫩叶红褐色的杨树，在各处路边很多。下山时，我采到灰绿报春（*Primula violodora*）、毛肋杜鹃（Rhododendron augustinii）、血皮槭（Acer griseum）和开粉红色花的膀胱果（Staphylea holocarpa），后两种均为小乔木。最使人兴奋的发现是一种新绣球花——紫彩绣球（Hydrangea sargentiana），灌木，高5～6英尺，茎密被短刚毛，叶大，有天鹅绒般的色泽，仅凭叶子就已经是一种极漂亮的植物。

下到谷底我们遇到一小片巴山松（*Pinus sinensis*）林。这种松树平均高60英尺，树冠多少呈塔形，树皮通常粗糙，黑色或有时上部红色；松果大小差异很大，可留在树上数年不落。在山谷松林附近，有不少耕地。核桃树常见，杉树也很多。

走出山谷，经过一段长而稍平缓的上坡路，我们来到一山脊，又一段险峻的下坡路把我们带到一狭窄的山谷。这样的一上一下令人疲乏，而且每天都要重复数次，其频率之高令人生畏。最后又攀登了2000英尺，我们到达了当天的目的地，在一客栈住下。客栈原本是一大药仓，为一来自江西的富人所有。此客栈为一不规则的两层楼结构，有数个偏舍和一个大院子。由于没有足够的平地安置整座建筑，房子的前面一部分得用柱子支撑。它是周围众多乡村的杂货店，也是名副其实的陈列馆。各式各样的污垢覆盖了所有的东西，还有附近猪圈散发的臭气与各种具芳香的药草味混合在一起。我为购买一只山羊而找店家兑换银子，正是从这件事，我发现这家人做生意的能力很强。祭祀祖先的仪式每天早晨和晚上都严格执行，所做的每一件事都是为了财富的不断增加。烧香、点蜡烛和神秘的跪拜动作可能有助于生意，但稍微注意点清洁卫生便能对外国人有更大的吸引力。至少这是我在此停留 36 小时后得出的结论。

第二天好些时候都在下雨，但我们原本计划在此休息一天，故未造成不便。中午前我出去了几小时，去考察茅岵岭周围的森林。此处有不少檫木（Sassafras tzumu）大树，最大的一株高近 100 英尺，干围 12 英尺。中国的这种檫木没有药用价值，木材用于制作木箱和作薪炭用。栎树和板栗很多，常小片成林。锥栗（Castanea henryi）是一很奇特的种类，其有刺的果实中只有一颗卵圆形的坚果，花有一种难闻的特殊气味。客栈周围种了不少杜仲和厚朴（*Magnolia officinalis*）。核桃、漆树也很多。屋子的后面有一株漂亮的麦吊云杉（Picea brachytyla）。山顶上到处是禾草、荆棘、栎树矮林、粉红色的满山红（Rhododendron mariesii）和鲜红色的映山红（R. simsii）灌丛。

在客栈往前眺望，能见到的只有被深沟、峡谷切割的陡峭山脊和大山。这真是一个迷人的地域，但要徒步穿越，这使人筋疲力尽。

昨天下雨，接下来是一个晴朗的早晨。原野焕然一新，四周无数的鲜花使空气中充满了芳香。民工们因为客栈过高的收费而大声争吵，费了几个小时才使他们重新高兴起来。当天的行程一开始就是一直上坡，到达山脊后又是陡峭的下坡。膀胱果在这一带很多，是一种小乔木，开花很多，有白色和淡红色，非常漂亮。另一种有趣的植物是川鄂柳（Salix fargesii），一种很矮的柳树，具有大而墨绿色的叶子。下坡路的尽头是一条湍急的河流，然后又是几个小时筋疲力尽的攀登，上到另一个山脊，最后越过海拔 7300 英尺。上山时，发现一种新的云杉——青杄（Picea wilsonii），叶短，四棱形，球果小，同时也见到不少铁杉（Tsuga chinensis）的小树。近山脊顶部的岩壁上常见有黄杨（*Buxus microphylla* var. *sinica*），草地中一种开红花的报春花很多。在山脊风口，矮竹形成密集的灌丛。

下坡路很快进入一片桦树萌生林，然后是一片很好的落叶树杂木林，有少数裸子植物。在这些林子里我们用了相当多的时间采集，一共采集了 50 种不同种类的木本植物。我们见到一两株珙桐大树，还有几株水青树。樱桃种类很多，满树都是粉红色或白色的花簇，非常美丽。杜鹃共有 6 种，我们采了 3 种。不同种类的槭树很多。一株血皮槭大树，树皮栗红色，像桦树皮一样剥落，是所有种类中最宝贵的。多种苹果亚科植物及一两种樟科植物占了小乔木的很大比例。数种荚蒾、忍冬、锦带花、溲疏、山梅花和中华绣线梅（Neillia sinensis）各处都很多。在更开阔、多石处，叶子长且厚、有皱纹的皱叶荚蒾（Viburnum rhytidophyllum）看上去特别喜人。在向阳处，湖北海棠开着粉红色和白色花，宛若仙境。在湿润、有腐殖质堆集的石上，独蒜兰（*Pleione henryi*）生长健壮。还有数不尽的各种草本植物，覆盖着任何一点可供生长的地方。无数的小溪汇集成一条美丽的急流，从狭窄的峡谷中奔流而下，常形成一连串数百英尺高的瀑布。唯有奔腾下泻的水声打破这森林深处的寂静。

由于当地人胆小，我们克服了一些困难才在温漕（Wen-tsao）一农民的茅屋中找到住处。此小村海拔 6150 英尺，只有 4 栋小屋散落在陡峭的山坡上，四周都是险峻的群山，有森林覆盖。房屋周围的小片土地被清理出来，种植麦子、少量玉米和豆类。

这一地区的森林树木特别丰富，为了使读者对其有更多的了解，我将在此插入我其他时间在此调查的记录摘要。

5月30日——温漕。在朝向我们住处的一陡坡上有20余株珙桐（Davidia involucrata），成一团白色，当暮色将近时，最为明显。2株高大的白辛树（*Pterostyrax hispidus*）夹在珙桐之中，开着成串下垂的乳白色花。

5月31日。前往观察珙桐树和森林。越过一狭窄的山隘，沿着伐木工人的迂回小道通过一片荫蔽的树林，下到一狭窄的峡谷，排除困难，攀上一悬崖，很快就到达了珙桐树边。此处珙桐共有20余株，生长于坡度很大的多石斜面上，高35～60英尺，最大的一株干围达6英尺。由于生于密林中，树的下半部都没有枝条，但从它散落地面的许多白色苞片很容易找到它。树被砍后可从下部萌发，树老后也会自然生出小枝干。树皮带黑色，呈不规则小片状剥落。通过爬上一株生长于岩边的水青树，砍去一些枝条，清除视野障碍，我设法拍摄了数张珙桐上部花盛开的快照。这是一项艰巨而又高度危险的任务。我们共3人爬上树，分别在不同高度，用绳索绑住斧头和相机传递上去。我知道水青树的木材很脆，当横跨坐在一根粗约4英寸的枝条上，悬空距地面200多英尺，更不能使思想平静下来。然而，一切都进行得很顺利，我们陶醉于这一特殊树种的美丽。珙桐特别漂亮之处在于它那两片承托花序的雪白苞片。苞片不等大，较大的一片通常长6英寸，宽3英寸；小的一片长3.5英寸，宽2.5英寸。其变化的幅度分别为8英寸×4英寸和5英寸×3英寸，初时带绿色，发育成熟时变为纯白色，最后变为褐色。花序及其苞片下垂于一相当长的柄上，每当微风吹过，就像一群小鸽子飞翔于大树间。苞片略呈船形，质地薄，常被树叶遮蔽一部分，但从近处看，它们完全显露出来，树上犹如满布积雪。每当阴天、清晨和傍晚，苞片最为明显。珙桐的果实外形像小核桃，但内核是绝对打不开的。在我看来，珙桐是北温带植物中最有趣、最美丽的树种。

与珙桐长在一起的是一株很大的天师栗，高 50 英尺，干围 4 英尺。高一点的地方，鹅耳枥、水青树很多，白桦、红桦和香桦生长茂盛。

槭树有数种，是这些林子的特色。它们都是乔木，但不是很粗。不巧的是很少开花。其实，今年一般森林树种也是如此。

可能在这些森林中最多的树种是山毛榉，有部分成为纯林。这种树对阳光的需求特强，以致不能容许有别的竞争者，甚至是在林下。这是第一次我能认定这一地区存在两种不同的山毛榉。一类为乔木，单干；另一类通常有好几个树干。前者叶无毛，亮绿色，树冠大而密，多分枝，树高 40 ～ 50 英尺，干围 5 ～ 10 英尺；除了体形较小外，极似欧洲山毛榉，此为光叶水青冈（Fagus lucida）。后者被认为是米心水青冈（F. engleriana），长得更高，但干围不及前一种，因其通常有6～12个树干，在相近的地方同时发出，然后叉开生长；干围平均2～5英尺，树皮淡灰色；叶片下面带苍白色，有毛；枝略上升，但新发小枝细瘦，下垂。当地的土名叫"白栎子"。小树很多，但未见有开花。[①]

在树荫下长序茶藨（biāo）子（*Ribes longeracemosum* var. *wilsonii*）是一种值得注意的黑醋栗，总状花序长 1 ～ 1.5 英尺，很常见。七叶鬼灯檠（qíng）（Rodgersia aesculifolia）花白色，组成大而直立的聚伞圆锥花序，生长茂盛。

栎属有 5 种，其中 3 种落叶、2 种常绿。暖木和多种苹果亚科及樱桃属植物很多，漆树处处都有。在浓荫下，有多种常绿小檗、中华绣线梅在开阔处形成密灌丛。

至于松柏类植物，华山松和巴山松（*Pinus henryi*）散布于山崖上。青杆和麦吊云杉（P. brachytyla）少见，而铁杉在山崖上极常见，树不

① 1910 年我从这一地区成功地将上述两种和另一种水青冈（Fagus longipetiolata）的幼苗引回栽培。——作者注

是很大，树冠整齐，枝叶稠密，幼叶刚展开，宿存老球果很多。山较高处华山松更多，其松针长，很优美，树皮淡灰色，非常漂亮；球果下垂，着生于光滑的枝端；木材多树脂，当地用作火把照明，燃烧时火焰明亮。

第六章

森林与巉（chán）崖

——穿越湖北—四川边界

离开温澧，经过 2 小时陡峭的下坡路，我们来到兴山河的上游，几天前我们才离开它。从一条廊桥越过此河便到了女儿沟（Li-erh-kou）小村。村子周围种植了杜仲和厚朴，人们剥取其树皮入药。从女儿沟一路上坡，偶尔经过栎林和桦木林，间有耕地，人们正在犁地，播种玉米，我们中午到达青天袍（Chin-tien-po）小村吃午饭。近此处有一株漂亮的珂楠树（*Meliosma beaniana*），高达 60 英尺，尚未出叶，已开出大量乳白色的花，组成下垂的圆锥花序。在此树附近我发现了一小株垂丝紫荆（Cercis racemosa）。此前我只知道在宜昌西南约 15 天行程的地方有 2 株这种树。新发现的这株树高约 25 英尺，茎干有一半已烂到基部，有一拖把状的树冠。此树尽管部分已腐烂，但看上去仍然生长健康，长出亮红色的花，组成短总状花序。漆树和核桃树很多。途中我们遇见数个工人背运漆树（*Rhus verniciflua*）种子经榨油后的油粕。重瓣的笑靥花（Spiraea prunifolia）多见种植于墓地上，这种灌木全身都开满了花。

从青天袍出发不久，就开始上陡坡，攀爬数英里到达山脊隘口，此处皱叶荚蒾（Viburnum rhytidophyllum）生长茂盛。从山隘口再上，坡度较平缓，但仅有少数作物栽培，因已接近这一地区作物栽培的上限。在石灰岩峭壁附近有 2 株高大的马鞍树（*Maackia chinensis*），每株均高达 65 英尺，干围 7 英尺，树皮光滑，淡灰色，尚未展开的树叶银灰色。此处还有许多膀胱果的小树和桃树灌丛，均在盛花期，很多美丽的小太阳鸟（Aethopyga dabryi）在花丛中飞来飞去吸吮花蜜。映山红的分布止于海拔 5500 英尺。

在此石灰岩峭壁前数百码处，我们越过海拔 7000 英尺进入房县（Fang Hsien）。走过一狭窄、长满禾草的沼泽谷地，周围是圆形的小山，上有灌木丛覆盖。在此沼泽地中生长着数以英亩计的两种落新妇，落新妇（*Astilbe davidii*）和大落新妇（A. grandis），数种千里光和其他可供观赏的草本植物。灌木丛主要由桦木、柳树组成，还有少数杨树、冷杉，偶尔可见扁叶云杉。整个植物群落几乎都没有长叶子，很显然是由于此处的积雪才刚刚融化掉。我们惊起了一只沙鸟，捉到一只雉鸡，留作食用。在此高地很少见到有其他生命。在沼泽谷地的上端我们进入一峡道，沿山边行走，穿过主要由数种槭树和茶藨子组成的灌木丛，最后到达红石沟（Hung-shih-kou）。红石沟仅有一间破烂的小木屋，已是半废墟状态，住着一家人，衣衫褴褛。木屋坐落在一条相当大的山溪边，海拔 6300 英尺，周围是险峻而林木覆盖甚好的群山。

晚上，有些民工睡在我房间的阁楼上。他们一动弹，灰尘和赃物就落到我床上。清早起来，才发现自己覆盖在尘埃之下，而且几乎被灰尘闷死。小屋的主人是个猎人，他曾经在这一带射杀过当地称为“明鬃羊[①]”的一种羚羊。他保存有 2 对角和 1 张皮。从这些物品来判断，这种动物必定大于任何已知的羚羊种类［1907 年我的助手哲培先生曾数次赴野外追踪这种动物，但无功而返，见到一只一闪而过］。

---

① 即鬣羚，国家二级保护动物。

红石沟名字取自红色石头之口（Red stone mouth[①]），与出现在这一带的红色砂岩有关。这种岩石一直延伸到20华里以外的小龙潭，那是我们第二天的落脚点。虽然只有20华里路程，我们还是及早动身，庆幸早点离开此破烂的住所，重新进入森林。沿着一条溪流而上，穿过由柳树、桦树、绣线菊和蔷薇属植物组成的灌木丛，到达目的地之前，两度跨过溪流上用树干简单搭成并将腐烂的木桥。在途中，我们经过数株漂亮的青杆，树下有古墓。树最大者高70英尺，干围6英尺，具有鲜绿色的叶子，树形雄伟，球果长成一大簇，许多还留在树上。此处也有华山松小树，其球果长达9英寸。一种新发现的杨树——椅杨（Populus wilsonii）正在开花。荚蒾和绣线菊极常见，嫩叶刚展开。

然而在这一带最漂亮的树种还是红桦（Betula albo-sinensis）。这是一种树皮橙红色的桦树，树皮外层剥落时会显出内层苍白色花纹；树高达40英尺，树冠仍保持塔形，多分枝；枝条纤细、上升，有明显气孔。生长于山顶上的老树，树冠呈扫把状，高60～80英尺，树干下面40英尺没有枝条，虽有强风吹袭，依然亮丽动人。

小龙潭（Hsao-lung-tang）为一小村，海拔4500英尺，仅有两栋破烂的木屋，坐落在一条美丽的小溪对面。溪水从一条几乎正东南向的狭窄山谷流过。此山谷两边是陡峭的山岭，植被为禾草和密灌丛。小片残余的桦木和冷杉说明此处森林曾遭火烧。从数量众多的老坟墓和丢荒的耕地可明显看出，此处过去有较多居民。在木屋周围有小片的白菜、马铃薯，还种植有当归（*Angelica polymorpha* var. *sinensis*），这是一种有价值的中药材。当地人说此山谷太寒冷，不适宜种小麦和大麦。

1901年当我初次到此地时，由于没有后勤补给，不得不停步折回。此后没有白种人来过这一地区。在我们前进方向100多华里内，这里是

① 作者将沟误作“口”。

最后一处有人居住的地方。

我到达时给这小客栈拍了张照片，而我真正想拍的是它的里面。但这不可能，因为即使是白天正午，也必须有灯光才能看清远处的角落。到处都是各式各样的脏东西和灰尘，虽然有充足的树木可砍伐，但由于屋主的懒惰，任屋子倒塌成废墟状。木屋只有低矮的一层，里面平分为4间，除了门和屋顶的小孔外，没有烟囱和阳光的入口，底下当然就是泥土地了。猪占了4间中的1间，由于我们来到，主人也搬进去了。牛和山羊占用了离门口6英尺的一间，地下足有一英尺厚的粪污。幸好天气一直晴朗，使这糟糕的环境不显得那么突出（顺便提一下，这是我唯一一次在此地遇上好天气，前两次我在此被困数日，只能躺在床上或倚门轻叹，对雨发愁）。

养蜂是这荒野农民的一项主要产业。在此小客栈的周围有20多箱蜜蜂。蜂箱是挖空了的冷杉原木，长约3英尺6英寸，宽1英尺；两块这样的木头十字交叉在中心固定，背面钻3个或4个孔，供蜜蜂出入。做工很粗糙的木箱常用来替代这些原木。蜂蜡与蜂蜜不分离，蜂巢从蜂箱中取出一同吃掉。虽然气候严酷，但蜂群健壮，未闻有病害。

到达后的次日早晨，我们攀登住处后面的杉木尖（Sha-mu-jen）山峰，开始500英尺陡峭难行，以后则比较容易。约在海拔8000英尺处巴山冷杉（Abies fargesii）林开始出现，初时树都不大，但随着海拔升高而增大。多数比较大的树都被砍伐做成了棺木，剩下有数千株散布在周围各处。好些已腐烂的冷杉树干上生长着大丛的杜鹃，证明这些树多年前已被砍伐放置于此。有些倒地的树干长超过150英尺，直径超过6英尺。这样的大树今已不复存在，但高超过100英尺的还有很多。山岭的上部是一悬崖，高约200英尺，在其背风面，桦树和槭树常见，还可找到野生大黄。我们找到一条比较易走的小路，上到悬崖下，越过海拔9700英尺，最高峰可能还要再高出200英尺。山顶是硬质石灰岩，稀有红色砂岩露头。因强风而矮化成畸形的冷杉和各种形状的红醋栗

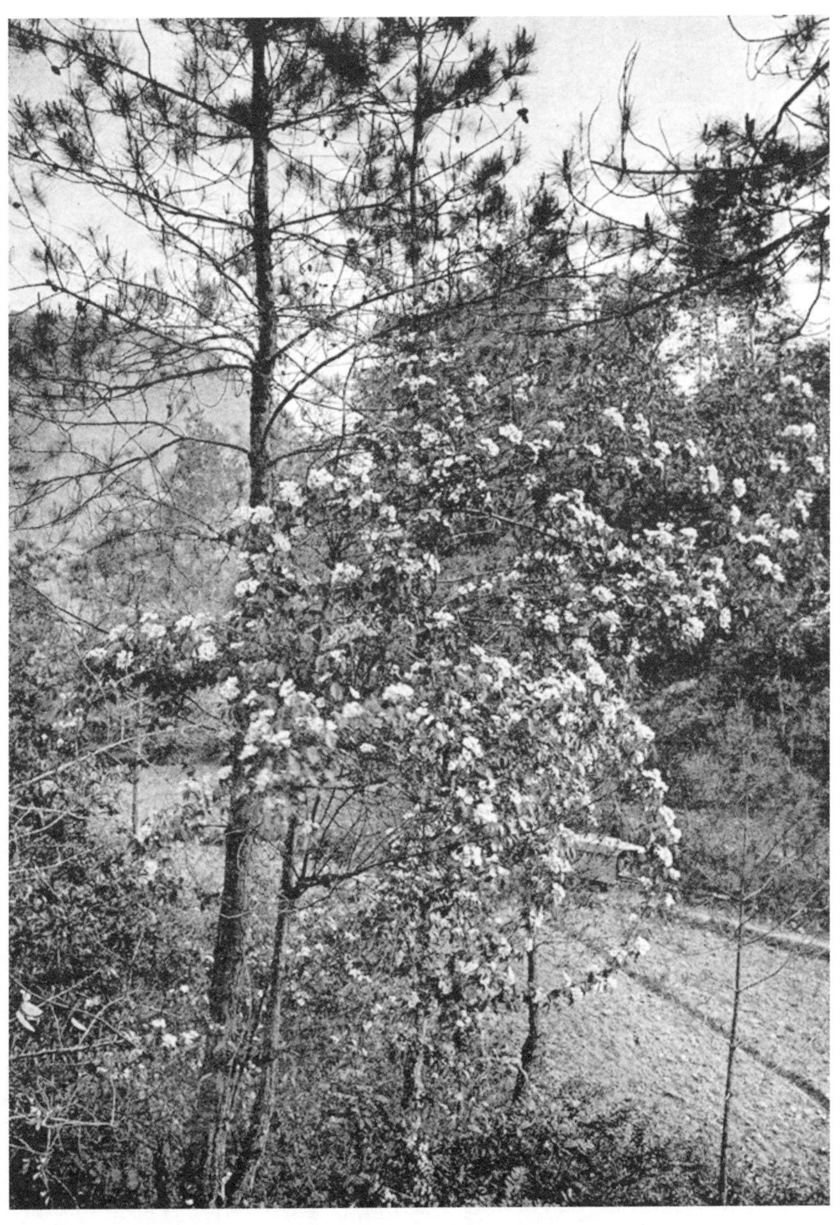

卵果蔷薇（Rosa helenae）

（currant）可生长至山顶。杜鹃和矮化的高山柏（Juniperus squamata）也很常见。下山时穿过桦树林和矮竹林，来到一长满了草和密灌丛的沼泽坡地，其下是一条相当大的急流。矮竹林中的竹子很多，非常漂亮，直径 3 ～ 10 英尺一丛；竹竿高 5 ～ 12 英尺，金黄色，有深绿色、羽片状的叶子；竹竿幼时有宽箨片保护小枝。总而言之，这是我所见过的最漂亮的竹子。我于 1910 年引种成功，命名为 *Arundinaria murielae*（神农箭竹），以赞誉我的女儿缪丽尔（Muriel）。

在这溪流的附近灌木种类极为丰富。如柳树、蔷薇、绣线菊、山梅花、绣球花，形状奇异的粉红杜鹃（*Rhododendron fargesii*）灌丛和成丛的黄毛楤木（Aralia chinensis）成为主要特色。粉红杜鹃是最美丽的种类之一，其花白色，更多为玫瑰红色，偶尔为深红色，集成紧密的花束；叶小，使花束更为显著。此种通常为灌木，高 5 ～ 8 英尺，树冠直径与之近相等，极少数高达 15 ～ 20 英尺。陡峭的草坡上没有树木。这狭窄山谷中的美丽草地和典型的沼泽构成了与中国中部其他地方非常不同的地貌。

下午来到大龙潭（Ta-lung-tang）。那是一深而寂静的水塘，轮廓约呈圆形，边缘长有芦苇，直径约一投石之遥，陡峭的草坡环绕四周。简而言之，其位置和外观就是那种富有乡村传说的池塘，所以很多关于神鬼恶魔怪异的故事都以此寂静的池塘为中心。当日天气晴朗，阳光灿烂，但风从山谷吹来，相当强劲，非常寒冷。这是当地小环境还是海拔高度所致，我无法作出判断。但这里的乔木种类相对比较贫乏、无趣，与海拔 4000 ～ 6500 英尺这条带上的植物很不一样。然而，此海拔很适合粗生草本植物生长，这些植物生长繁茂，也有数种有趣的灌木，但除冷杉和桦树外，乔木罕见。

考虑到对前方 60 华里的路程一无所知，原计划天一亮就出发，但没有实现，因为民工们要做早饭，饭后才能动身。完全没有食物供给，使在这一带活动格外困难。昨天有 4 个民工为了购买食物，往回走了

花盛开的珙桐（Davidia involucrata）

45 华里，天黑后才回来；有数人几乎整夜都在磨玉米、做粑粑，为此次远行作准备。

离开小龙潭，我们沿溪流较小的一条分支而上，穿过一条狭窄的山谷，两侧是草坡，散布着小片的冷杉林和桦木林。路不断上行，并不陡峭，但由于矮竹密集，有时很难通过。腐烂的树桩和光秃的树干都充分说明这里曾经存在大片森林，后毁于砍伐和山火。对于植物学家和自然爱好者来说这种破坏是痛苦的，但从经济方面考虑又可能是必然的。间接的原因是曾经种植马铃薯。但大自然对此也给予了报复，23 年前一场病害吞噬了所有的马铃薯，也毁掉了这里的乡村，使所有的人被迫迁移。大自然又恢复了对这一地区的统治，但森林自我修复的过程很慢。

接近山垭处，我们进入了一小片残留的原始森林，完全由冷杉和桦树组成，林下有密集的杜鹃。有粉红杜鹃、麻花杜鹃（R. maculiferum）、四川杜鹃（R. sutchuenense）、弯尖杜鹃（R. adenopodum）4 种，多为高 10 ～ 20 英尺的灌木，花团锦簇，色彩鲜艳。这里巴山冷杉和红桦非常高大，但都没有开花。走出这片林子我们进入一片起伏的沼泽地，眼前长有矮竹密丛，放眼望去还长有矮刺柏、粗生的禾草和其他草本植物。在这些草本植物中，有一种野葱很普遍。这片沼泽地一直伸展到圆形山坳，并在山坳另一面下延数英里。在山坳上我测得海拔为 9500 英尺。在此处可清楚地看到一连串荒凉、犬齿状的山峰，这就是名为神农架（Sheng-neng-chia）的群山。最高峰海拔可能超过 11000 英尺，较低的山坡有森林，但这地方并不令人喜爱。没有兽类在这里生活，连一只飞鸟也难见到。能打破笼罩着这片遥远、人迹罕至地区静谧的，只有流水声和山风掠过树梢的哀鸣。在庇荫处还残留着冰块；在山路的尽头，小草才刚刚吐绿，除了一种高山报春和一种蒲公英，看不见任何花开。

越过山口我们又再次进入兴山县，迂回数英里走过沼泽地和一段短而陡峭的下坡路，越过一侧横岭，便进入巴东县（Patung Hsien）。从这里经过一段 2000 英尺险峻直落的下坡路，我们来到一个叫作瓦棚（Wapeng）的地方。这是一个已坍塌、荒废、无人居住的小屋，也是这一带唯一能供人落脚之处。在下山途中，我们路过数以百计奇形怪状的岩石——光秃、直立的页岩大石块，边沿尖锐，像是瘦削的哨兵，守卫着这周围的地方。山边曾是耕地，但现已丢荒，长满了杂草。小屋周围还生长着少数药用大黄和较多的党参，说明这里曾是药用植物的种植地。这地方四面山势陡峭，沟谷深切，这些腐烂的树干是以前森林唯一的残留物，与四周美丽的风景很不相称。

下午我们到达瓦棚（海拔 8400 英尺）相当早。直到夜幕降临，大家都忙于拾柴火和搭简易竹棚以便度过寒夜。前几日天气一直晴好，这晚依然保持没变，日落后有明显的霜冻。一堆熊熊的篝火使周围的一切看起来都很欢快，每个人都显得健康和精神。小屋的旁边是风口，风整晚刮个不停，棚顶一部分被刮没了，可以清楚地看到天上的星星。这是一个寂寞的地方，但能有机会来到这样一个远离世俗的地方，使人感到特别幸福和快乐。

第二天不用催促都能早起，天刚破晓我们即启程。浓雾模糊了我们的视野有 1 小时，随着太阳升起，雾慢慢消失，我们又迎来了晴朗的一天。经过一段 1000 英尺的陡峭山坡，我们下到一狭窄、森林甚好的山谷，群山围绕，有森林覆盖。冷杉分布的下限为瓦棚的海拔以下 500 英尺，再下则被铁杉所取代。这种铁杉虽不多，但有高达 100 英尺、干围 12 英尺的巨大植株。随着我们下山，森林很快显出了混交林特性，最后裸子植物完全消失。乔木和灌木种类的多样性使人惊讶，几乎所有湖北西部使人感兴趣的乔木和灌木种类都能在此找到，并有相当数量。槭树种类特别丰富，正在开花的就采集到 12 种。杜鹃有 4 种，星散分布，个体数量不多。在山石缝中，一种有趣的兰花——独蒜兰很多，开花成丛。珙桐极常见。奇特的领春木（*Euptelea franchetii*）和水青树在此也极普遍。膀胱果是林中的特色，为一小乔木，花白色或粉红色，组成下垂的花束，挂满枝头。一种七叶树——天师栗、香槐（Cladrastis wilsonii）、老鸹铃、白辛树等高大乔木很多。樱花、稠李和苹果亚科的种类十分丰富。桦树是林中最常见的成分。在较开阔处矮竹形成密灌丛。麻花杜鹃高达 25 英尺，胸径达 1 英尺，成为林中的上层乔木。

到处都有林地被开辟种植药用植物黄连。在一块被遗弃的黄连种植地上，数百株卷丹（Lilium tigrinum）茂盛生长于杂草中。高贵的大百合（*Lilium giganteum* var. *yunnanense*）常见于浓荫处，这种百合花管状，雪白，内面有红点；叶心形，亮绿色。偶尔有一两株云杉或松树出现。杉木仅见于林缘。很多山崖上长有铁杉。桦木非常多，但除一二常绿种外，栎属植物很少。鹅耳枥不多。木兰科植物很稀少。白蜡树很普遍。椴树有 3 或 4 种，数量很多。樟科有 4 种，全是落叶种类，其中一种嫩叶古铜红色（bronze-red），很漂亮。除了攀缘、开金黄色花的盘叶忍冬（Lonicera tragophylla）外，忍冬类植物少见。铁线莲常见有好几种，特别是绣球藤（Clematis montana），花有白色和玫瑰红色两型；须蕊铁线莲（C. pogonandra）的花陀螺状，黄色。五味子有数种，均多花。五月瓜藤（*Holboellia fargesii*）和在植物学上极有趣的串果藤（Sinofranchetia sinensis）是主要的藤本植物。

山路沿着一条发源于瓦棚附近的溪流，但很快这条溪流就成了一条相当大的山溪。山路狭窄，多石，难于行走，真不知道我们的轿子是如何通过的。山路和急流最后都进入一狭窄的峡谷，周围是高耸、裸露、无法攀登的绝壁。岩石有些地方是石灰岩，但在海拔 5000 英尺以下主要是板岩和泥页岩。

在海拔 4500 英尺处，我们到达了森林边缘，进入了耕作区，这儿有少数几户人家。这是两天来我们首次又见到有人烟。作物有大麦和马铃薯。接近森林边缘，溪水转入地下潜流约 1 英里。此处蕊帽忍冬

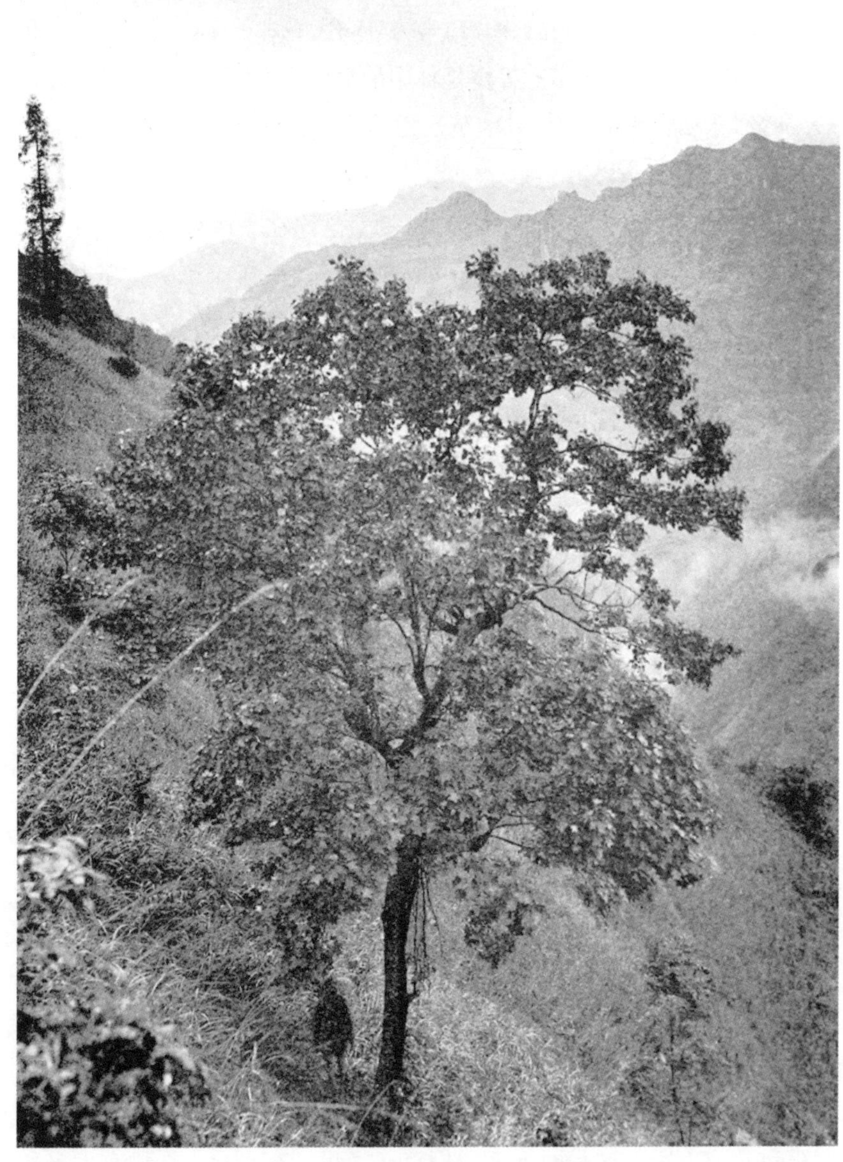

鹅掌楸（Liriodendron chinense），高达 60 英尺

（*Lonicera pileata*）很多，是一种岸边植物，生长于溪边石上。奇异的藤本植物——无须藤（Hosiea sinensis）极常见，生长于充分暴露于阳光下的石上。在开阔处，我见到一株盛花的鹅掌楸，高 70 英尺，干围 5 英尺。

经过一段陡峭的下坡，通过边缘有茶丛的农地，我们到达一个很小的村子——下谷坪（Sha-kou-ping）。我们一直跟随的小溪在此汇入一从东北方向流下的较大溪流。合流后的溪水立即奔流入一峡谷，最后在巴东县以上数英里处汇入长江。下谷坪海拔仅 2600 英尺，四周都是高耸的岩壁。其植物种类与宜昌周围峡谷中常见者相同，但花开得特别多。木香花（banksian rose）是这一带数量最多的灌木，开着成簇的白色香花。罂粟种植很多，整个田野色彩缤纷。芬芳安息香（*Styrax veitchiorum*）在此地出现，树高 12 ～ 40 英尺，开着一簇簇象牙白色的花。

从下谷坪我们艰难而缓慢地沿着多石的峡谷而上，山溪的主流从其下经过。此处有一两间纸厂，但房屋很少而且相距很远。岩石为板岩状页岩，常高度风化。急流和瀑布一个接一个，尽管如此，水中鱼儿还很多，有些还相当大。

当天我们原计划的目的地是一个叫麻线坪（Ma-hsien-ping）的小村子，到了之后才知那是一个很破烂的地方，约有 6 间茅屋，挤满了采茶的人。因此我们又往前走了 10 华里，赶往水田梁子（Shui-ting-liangtsze）。到达时太阳刚下山，在一大农舍找到住处。此处海拔 3900 英尺。这一天的路程非常辛苦，但也得到很多补偿。一路景色非常壮观，植物种类也极其丰富多样。我总共采得 50 种木本植物，都是从前未采过的，其中不少过去都不认识。在我到过的地方，这里是植物种类最丰富的地区之一。后来我在此采到一大批优良种子，培育出来的苗木绝大部分已茁壮生长于欧洲和美国庭园（后来我再次穿越这一地区，遇大雨，从小龙潭到水田梁子用了 1 周。溪水泛滥，连续 3 天被困）。

昨晚已近子夜，万籁俱寂，民工们突然大声争吵，反对取道大宁县[1]（Taning Hsien）而不走巫山县。从各方面了解到的情况都表明，我们将面临极大的困难，特别是民工们，因为要经过的乡村极度贫困。我躺在床上听着，但幸好这些抱怨没有闹到我这儿来。

早上动身比往常晚。经过一段陡峭的上坡，我们沿山边迂回前行，最后越过一海拔 5600 英尺的山口，再次进入房县。这里是汉江和长江真正的分水岭。神农架是一从主体山系分出的巨大的支脉，水系从此支脉的三个方向流入长江。从分水岭我们可清楚地看见神农架山峰（方位为东一南一东）和东面数座高度近相等的大山，显然邻近长江。分水岭的两侧是被开垦的山谷，山谷稍宽阔，对面边界是有锋利山脊的低山，其上有栎树和松树林。耕地边漆树和核桃树都很多。农舍散布在田野间。到处可听到野鸡、斑鸠和杜鹃的鸣叫声。路边有不少漂亮的板栗树和玉兰树，还有一株非常漂亮的华榛（Corylus chinensis），高 120 英尺，干围 12 英尺。这一带种植了许多药用植物，特别是大黄和党参。具有大而漂亮叶子的大叶杨（Populus lasiocarpa）是最常见的树种。

前行数英里，已开垦的山谷到了尽头。我们进入一狭窄的峡道，两侧是陡峭、林木茂盛的群山。这一带有趣的山白树（Sinowilsonia henryi）很多，长成小乔木，叶子很好看，花不很显著，排成长而下垂的总状花序。然而，最有观赏价值的树木是毛山荆子（*Malus baccata* var. *mandshurica*），其伞形花序由洁白、芳香的花朵组成，生于细长的花序柄上。走出峡道，我们来到一块已开垦的小平地，并在一名叫坪阡（Pien-chin）的小村找到住处。此地海拔 5200 英尺。

在这一天的行程中，所见植物并不很有趣，虽然也采得 16 种植物。值得提到的是生长于石隙和岩缝中的皱叶荚蒾（Viburnum

① 今重庆市巫溪县。

rhytidophyllum），花污白色，组成大而平顶的伞房花序，气味不太宜人。在峡道中，山边灌木种类很丰富，其中不同种类的杜鹃很突出，映山红很多。峨眉蔷薇刚开花。整天都见到栎树林，其中没有什么更有趣的东西。在一丢荒的耕地上有一种小罂粟，颇似普通的冰岛罂粟，花深黄色（偶有橙黄色），非常多，很俏丽。在荫处，花大、黄色的金罂粟（*Chelidonium lasiocarpum*）开得很盛。在裸露的石灰岩峭壁上，川鄂黄堇（Corydalis wilsonii）和毛黄堇（*C. tomentosa*）很多，二者花均为黄色，叶有白粉。在我们住处周围有许多耕地，玉米、大麦、豆类和马铃薯是主要作物。溪边有数间纸厂，竹浆是制纸的原材料。

离开坪阡，我们沿着一条小河来到与另一支流汇合处。越过此支流，然后沿岸边向上走。这条溪水较湖北境内的急流温顺得多，同时有 10 华里路平缓易走。山边长满了灌木和乔木，其中连香树（Cercidiphyllum）很引人注意。房屋和小片的耕地偶有出现，但总体而言，这地区人口很稀少。大叶杨极多，粗大的枝条常砍下来做围篱，插入土中能生根，长成一丛。路过一株巨大的刺臭椿（Ailanthus vilmoriniana），高 150 英尺，干围 20 英尺，如此之高大，使我感到震惊。缠绕的中华猕猴桃和多种野蔷薇到处都是，使空气中充满幽香。离开这可爱的山溪，攀爬了 900 英尺陡峭的上坡路，来到一宽广平坦的山谷，眼前所见使我们大吃一惊。很明显，这里很久以前是一山间湖泊，现今边缘已开垦为农田，中央是沼泽。这整片地区称为九湖坪（Chu-ku-ping）或大九湖（Ta-chu-hu），后一名称即与其从前是湖泊有关。就我所知，像这样一块平地，在这些地区是绝无仅有的。有好几条路横跨此平地，我们从其中之一前往大宁县。在路边草莓长得很茂盛，有白的有红的，很好吃。有相当多的马和牛在谷内吃草。这块地方还可以养育更多的牲畜。

前 15 华里路稍平缓易行，然后是令人疲乏的攀爬陡坡，上到海拔

7300 英尺，进入四川省境内。从分水岭的山口向东南偏东远望，我们清楚地看到神农架的主要山脉和支脉及其山峰。除了我们脚下刚越过的小山谷，四周都是大山，别的什么也看不到。上坡时我们路过许多花正盛开的灌木，特别令人喜爱的是各种荚蒾、溲疏、六道木和梾木。经过陡峭的下坡路，穿过一峡谷，我们到达瓦口岭（Hwa-kuo-ling）客栈。当地海拔 6350 英尺，普遍种植大黄，还栽培有其他几种药用植物。

我们所走的这条路被称为"大盐路"，但在一天的行程中我们只遇到 4 个挑盐人。确实如此，在整个旅程中我们实际上没有遇见货物运输。在这荒野山区人口非常稀少，不能给外来的贸易提供机遇。我们最大的困难是获得足够的食物。在大九湖时我们设法在当地首领那里好好吃了一顿，并买到他最近猎杀的野猪的一部分。在这个小客栈里什么也没有，而民工们还得依赖很少的口粮辛苦维持。甲状腺肿大在这地区很普遍，几乎人人都有，好像遗传似的，因为我注意到抱在手中的小孩喉咙处也明显肿大。

我们进入四川东部第一天，狂风、乌云与阳光交替出现。我们再次身处坚硬石灰岩峭壁之中，其景色与长江峡谷及其邻近地区极为相似。整个地区过于陡峭，不宜耕种。居民很少且相距很远，多处于穷困状态。土壤板结，为黏壤土，我们见到的少数作物有小麦、野黑麦（*Secale fragile*）、马铃薯、玉米和豆类。山崖上大部分有树木，最常见的乔木和灌木与湖北的种类相同。华山松极多，巴山松（*Pinus henryi*）也常见，还有怪样（生长不良）的云杉和铁杉。有一株漂亮的血皮槭高 60 英尺，干围 7 英尺，具有纸质、肉桂红色的树皮，很奇特，是今日行程中的特色。很可惜，其生长的位置难以拍照。沿途山毛榉、小花香槐（Chinese Yellow-wood[①]）和金钱槭都是常见的乔木种类。

---

① 拉丁学名：Cladrastis delavayi。

道路漫长，时而上坡，时而下坡，一个接一个，令人疲乏。下午，经一段特别令人疲乏的上坡后，我们慢步穿过一片由栎树［主要是栓皮栎、槲栎（Quercus aliena）］和板栗组成的林子。后者正在开花，花白色，有怪气味。核桃树和漆树很多，到处都有。紫斑风铃草（Campanula punctata）是耕地中的杂草。从来没有外国人来过这地区，所以民众很胆小，见我们靠近时，锁上门，藏起来。这一带的岩壁多洞穴，有很多这样的洞穴被用砖砌起来用作避难所。此夜我们宿苹果园（Peh-kuo-yuen）小村庄首领人家。当地海拔 3750 英尺。食物短缺，我们好不容易才说服当地人出让一点，而给的是荒年高价。

第二天早晨，经一条不太艰难的小路到达一水流湍急的溪边，接着就是一段 2600 英尺令人心碎的上坡。天气格外炎热，我忘了提前做准备。这是一崎岖、陡峭、人烟稀少的地区，我真不想再次见到它。以景色而论，石灰岩地区很壮观，但在其中旅行，其可怕和艰难的程度非语言可以表达。我们的目的地是小平池（Hsao-pingtsze），但无人知其距离。我们见人就问，得到的回答总是“离苹果园七八华里，七八华里到小平池”。整整一个下午，我们要走的距离增加到了 30 华里，直到我们看见两间小茅屋，那就是小平池村，而距离还是七八华里那么多，没有缩短。

上坡路大部分在耕作区，但最后穿过丛林。盘叶忍冬极多，正值盛花期，但未见有长得很好的植株。钻地风（Schizophragma integrifolium）为一灌木，生于石岩上，花纯白色，开成一球，很远就能看见。总的来说，这里的植物种类很一般，随处都可见到喇叭杜鹃（Rhododendron discolor）和满山红（R. mariesii）。将近山崖的顶部，我们进入一耕作的坡地，有很多核桃树和漆树。这一地点叫作太平山（Ta-pingshan），有数间分散的农舍，周围是农地，种有玉米、豆类、大麦和马铃薯。在一农家，我的随从们设法吃到一餐好饭，个个显得精神饱满。

离开太平山，我们继续上坡，小路沿着起伏的山冈边缘，并不难行。在两英里的地段散布着少数房屋，但大多数处于无人居住的状态，再往前走，很快就再也见不到耕地和居民点了。山冈上没有乔木，大多数只有禾草和星散的柳树、小檗和绣线菊灌丛。山丘的低洼处，有成丛的蓝色勿忘我草。整个地区可以用作优良的家畜牧场。翻过海拔 7950 英尺，下坡行走约 1 英里，路比较好走，经过两茅舍，周围是大片的药用大黄种植地。附近有数种漂亮的草本植物生长很茂盛，其中有黄花鸢尾（Iris wilsonii）大片生长，花黄色，很显眼。最后我们到达一悬崖边缘。路从此直落 5 华里即到小平池。这个小村子诚如其名，坐落在一块小平地上（可能因山体滑坡而成），并有两栋破烂的屋子。我们住进较小的一栋屋子，大概是因为这一家比较干净，其实在他们之间并没有什么可以选择。村子的三面是陡峭的石山环抱，第四面即悬崖的边缘，离我们所住的屋子仅 30 码。此处之景物格外奇妙美好，我有生以来从未见过。在我所站立的悬崖下面（次日证实约 4000 英尺）并与之垂直处有一小村庄，前面有一条相当大的河流淌过。小村远处，山峦重叠，全为裸山，没有树，山脊尖削，平均高 5000 ～ 6000 英尺，更远处有更高更大的山峰。岩石主要为石灰岩，白色、灰色和带红色，使整个景色显得奇妙。我从未见过比这更蛮荒、更使人却步的地方。一阵暴风雨过后，光线很快暗下来，致使无法照相，所以没有照片可提供一个画面使人对整个景观的蛮荒、壮丽能有个恰当的概念。那真是足以令人敬畏和恐惧的。这样的景色深入记忆，同时那令人难忘的寂寞所产生的效果会留在以后很长的年月里。顷刻间乌云蔽日，遮蔽了所有的景色，接着雷雨突至。这场暴雨下了一夜，我们住的房屋顶像筛子一样，雨水很快把房子里的土地变成了泥沼。我们挤在一起，尽一切努力避免被淋湿，同时想办法保暖，但夜长而凄凉。

次日天刚亮我们赶紧离开这令人不愉快的地方。雨还下个不停，昨天傍晚见到的奇丽景色全不见了，只有云海一片。下坡路大多非常陡峭，最初的 2000 英尺我们几乎是翻筋斗下去的，此后坡度稍缓，来到一有耕地的陡坡。土壤为红色黏土，雨后行走很困难。这段下坡路没有好走的地方，使我们高兴的是，路一直向下，不用爬山。下到山脚，穿过一多石的隘口，出到一条河岸边。河水清澈，河面宽约 60 码。摆渡过河，到达谭家墩（Tan-chia-tien），这就是我们昨晚在住处附近看到的那个村子。谭家墩约有 50 栋房屋，都挤在一起，前面悬在河上，后面固定在岩壁上，形式很特殊。一条大路从这个村子一直延伸到溪口（Chikou）村，全长约 2 英里，两边稀疏散布有房屋。溪口位于此河与另一条河的交汇处，两条河大小近相等。从溪口沿第二条河上行约 1 英里，即大宁盐井。

我们进入谭家墩是走的一条大路，这条路北通陕西，向南直达长江边的夔州府。从此处到大宁县为 12 英里，向北不知延伸多远，沿溪两岸悬崖壁立。路有很好的台阶，足有 6 英尺宽，是从岩石上爆破开凿而成。

乡村集市谭家墩

从溪口到大宁县据说有 30 华里，中间没有房舍。为了这段路，我们费了很大劲才租到一条船。船长而窄，制造简陋，两头上翘，没有船桨，靠前后各一长篙驾驶。水流很强劲，急滩很多。在大水的帮助下我们用半小时走完了全程。这一段行程要通过一处大断裂地带，两岸悬崖直接从溪边水面壁立，连一点卵石滩都没有。这些山崖多为童山，没有树，有些地方有小片的禾草和秀丽的小竹丛。路呈“S”形曲折于右岸的崖壁间，高出水面很多，每一寸都是从坚硬的岩石上爆破出来的。石门和关卡间有出现，但无房屋。岁月流逝和疏于管理对这条路的影响都不大，除了河道不能通行时，偶有步行者和贩盐人外，现在几乎已不再用。我力图了解何时、何人修筑此路，但无人能说清楚。很明显这是中国古时的一条动脉，或许可追溯到盐井的发现。我心想或许这是一条军事要道，建于数世纪以前当夔州府的军事地位较现在更为重要时。

这条河，前文已提及，当地称为大宁河（Taning Ho），发源于陕西、湖北和四川交界处，然后流向正南方，在巫山县入长江。从溪口乘船而下至其出口为 200 华里。

大宁县海拔 750 英尺，是四川省最东面的城镇，坐落在河的右岸。河出峡谷在此形成一美丽的弯曲，绕城而过，宽约 100 码。小城有如楔入山坡上，其上筑有长数百英尺的城墙。前面城墙临河而筑，商店、住屋和衙门都聚集在近河边。山坡高处城墙内的土地都用作农田。此镇约有 400 栋房屋，是地方行政长官的驻地，以食盐和小杂货贸易而闻名，曾经是鸦片贸易中心。

黄葛树（*Ficus infectoria*）在四川中部极多，成为当地特色，在大宁县亦有。在距县城北门数百码处的一座庙旁，从船上我观察到建在石灰岩石壁上好像是“蛮子”[①] 的石窟。经询问得知附近有四五个这样的石窟。后面我会再提到这些石窟，但能在这个省的最东边记录它们的存

① “蛮子”是当时汉人对当地土著居民的称谓。

在是很有意义的，因为其此前被认为是西部的特征。就实质上和地理上而言，大宁河以东地区应属湖北西部，而就在河的西面，作为四川特色的红色砂岩开始出现。

连续 22 天，我的民工们和我奋力通过湖北西部这蛮荒、寂寞的山区，经受了道路险峻、住宿条件恶劣和几乎断粮等许多艰辛。这是第一个由外国人完成这一行程的记录。想到前面即将到达较舒适、富庶的地区，我和我的民工们没有不感到高兴的。

第七章

四川红盆地

——地质、矿产和农业资源

四川省的东部和中部，从靠近湖北边境到岷江河谷，其岩石主要是黏土质砂岩，年代可能属侏罗纪。岩体非常厚，且有表面呈红色的特点。因此，已故的李希霍芬男爵把整个地区称之为红盆地。此盆地约呈三角形，夔州府是其顶端。假设从这一点出发，向西北划一线连接龙安府[①]（Lungan Fu），沿长江南面一小部分划一线连接屏山县，分别作为南、北两边的界限，另一线从龙安府沿岷江河谷连接屏山县即此三角形的底部。整个盆地约 100000 平方英里，四面高山环绕，西部群山高达雪线以上。其东部边界山脉主要由上石炭纪石灰岩组成。西部山脉大部分由页岩组成。长江自西向东流过，河道几与盆地的南缘平行。在此三角形地区内，有大量的居民和工厂，资源丰富，人民富裕，水上交通发达。在此三角形地区以外的周边地区，人口稀少，物产也少，除流出盆地的长江外，没有可航行的河流。

在古地质时期，这一地区无疑是巨大而底部平坦的内陆湖泊。自从湖水排干，长江及其网状支流将松软的水成岩侵蚀成深 1500 ～ 2500 英

① 今四川省平武县。

尺的河床，把整个盆地变成丘陵地区。今天，实际上平地只有成都平原，长约 80 英里，宽约 65 英里，平均海拔 1800 ～ 2000 英尺。盆地的其他部分则破碎成低矮、起伏或平顶的山头，纵横交错，平均海拔 3000 英尺，无超过 4000 英尺之处。整个地区为农业区，成都平原最为发达，可能是全中国最富庶的地区。

盆地中的湖水排干有多久远，现在只能推测。但这个三角形地区很久以前就形成了明显的边界，从下列事实可得到证实：很明显，仅有少数东部边境海拔 2000 英尺以上山区的植物与西部边界山区共有，而且它们的属相同，种通常不同。东部与西部二者之间植物种类差异如此之巨大，将其原因仅归诸两地之间仅有的 500 英里的经度距离是无法解释的。在动物界，就鸟类和兽类而言也是如此。

从今日植物类群提供的证据，红盆地内是否曾经有森林覆盖殊为可疑。我倾向于认为湖水消失后，这一地区有几分像美国荒地（bad land）的某些部分。所有这些纯属推断。今天，盆地内到处都有乔木、灌木和草本植物，但其种类与邻近地区相比则较贫乏，而在盆地内种类又大部分是相同的。再者其中大部分种类又都是广泛分布于中国温暖和低海拔地区的，有些种类一直分布到这个国家的最东端。这一论说易于令人感到饶有兴味，或许也容易会有过度夸张之嫌。上面列举的事实最好还是留待今后对中国地质有更全面、更准确的认识后再作定论。

追溯历史，我们知道这一地区在中国古代由当地土著居住，分为巴、蜀两国。东为巴国，西为蜀国。这些土著作为独立的民族已不复存在，但作为一种记录形式，建造良好、具有正方形入口的石窟仍散布于整个红盆地内，特别以嘉定府周边为多。我曾尝试做过一点调查，发现了一些陶片和杂物。这些石窟的入口只能从外面关闭。从这一点和其他情况分析，石窟是用作部落酋长和富人墓穴而不是供人居住或避难的栖身处。无疑后来它们才被用来居住或避难栖身，但原为墓穴应是最好的解释。根据中国历史资料，早在公元前 600 年巴国即与其北面的楚国有联系，后来巴国的公主嫁给了楚王。秦（中国的另一王国）灭楚后逐渐并吞了巴国，最后约在公元前 315 年征服了蜀国。大概在公元前 220 年，秦始皇开始修筑一条军用道路，从汉中府[①]（Hanchung Fu）附近通向成都。此路跨越山川障碍，在广元县[②]附近进入四川，如今依然存在，是成都通向汉川、西安，最后至北京的大路。此后 15 个世纪的历史，这一地区战争、叛乱和互相厮杀不断。时有篡夺者建立小政权，但都消失在可怕的杀戮和流血中。境内几乎找不到 1 平方英里的地方不让人想起勇士、叛逆和屠杀的情景。13 世纪下半叶，忽必烈统领大军占领了几乎现代中国的全部，建立了大元朝，后来明清两朝基本上继承了其疆土。

自忽必烈时代，多次叛乱席卷四川，致使人口减少，生产凋零。现在的人口主要是在 18 世纪上半叶从其他地方迁徙（自愿或政府强制）而来定居的。据 1710 年人口统计，全省人口仅 144154 人，今天已增至 45000000 人！尽管经历了长期的战争和血腥的叛乱，农业仍得以维持。就农业发展而言，整个红盆地是中国人才智和勤劳的永久纪念碑。充足的水资源和勤劳的耕作是在这沙质黏土和泥灰岩土地区取得丰收的必要条件。幸运的是，整个地区有大量的溪流分布呈网状，都流入长江。中国人充分利用了河网交错这一有利条件，并发明了多种灌溉方法。这里的人们把原始的荒原变成了富庶、肥沃的梯田区。我去过的中国各地没有任何一处发展农业的功绩和成就像红盆地的人们这样值得大加赞赏。

盆地内的部分地区河谷严重侵蚀，很陡峭，谷底没有形成可耕土地，致使水稻种植只得移到低山的山坡和山顶，以及平缓的山丘上。在石灰岩地区，河谷底部是水稻的主要种植区，但在砂岩区情况就相反了。全区气候温和，冬夏两季都可种植作物。夏季作物以水稻为主，其

---

① 今陕西省汉中市。

② 今四川省广元市。

红盆地水稻田之典型景观

他有玉米、小米、红薯、甘蔗、烟叶、豆类等。冬季作物主要有小麦、油菜、豌豆、蚕豆、白菜、马铃薯等。从前罂粟曾作为冬季作物大量种植，但后来几乎被完全禁止了。棉花在红盆地内生长不良，虽然曾在部分地区，特别是在仪陇县（Yilung Hsien）和潼川府[①]（Tungchuan Fu）试种。棉花是这一地区唯一要从外面输入的商品，几乎区内所有物产的剩余都用于弥补棉花的短缺。如果说棉花种植很少，但麻类生产却有一定数量，虽然麻类现在已很少用于纺织。蚕丝在各处都是一重要产业，在不少地区为主要产业。虽然习惯上是富人穿丝绸，实际上在这里只有最穷困的人才没有丝绸外衣。茶叶在许多地区都有种植，供内需和外销。在更靠西边的地区，茶是与西藏交易的大宗商品。油桐树和其他

① 今四川省三台县。

许多有经济价值的树木也大量栽培。果树栽培普遍，有桃、杏、梅、苹果、梨和柑橘类的许多品种。柑橘类在红色砂岩土上生长相当茂盛。每年 12 月，大面积的果园是一道绮丽的风景。栽培最多的是不同的红皮橘品种，在收获季节 5 角钱可买到 1200 个或更多！果皮紧贴的品种栽培较少，价格也较贵。在泸州（Lu Chou）周边有荔枝种植园。当移民迁入时他们将故乡心爱的树种和谷物种植在他们的新家。通过这样的引种加上有利的气候条件，最终有如此众多的栽培植物种类，其数量可能较中国其他任何一个省份都多。

较陡峭、崎岖的地方都有由栎、松和柏树组成的小树林覆盖。此外，树木多局限于溪边、路旁，以及房屋、寺庙、神龛和墓地周围。

河流航运得到充分利用，有完善的道路网通向盆地的各个方向。总体而言，这些道路在中国应属修筑优良，但维修养护却不比其他地方更好。河流都设有渡口，或建有很好的桥梁，大都为石质结构，维修养护良好，成为区内的一特色。大城市、乡村集市、小村庄和农舍点缀着大地，到处都呈现出繁荣景象，人民安居乐业。干旱偶尔会带来饥馑。但总的来说，红盆地区内受到的严重灾害远较中国其他省份少。

红盆地内的矿物资源种类不多，但有大量的盐矿散布于整个盆地境内，并在不同的深度，从几乎接近地面至深达 3000 英尺。在东部，例如夔州府的温汤井（Wen-tang-ching），是河水冲刷岩石，直接使盐矿暴露出来，然而在西部，如嘉定府下方数英里岷江左岸的无定桥（Wu-ting-chiao），盐矿深达 500 英尺。在沱江（To River）左岸的自流井[①]（Tzu-liu-ching），盐矿最丰富，其深度在 1000 ～ 3000 英尺。

在盆地内约有 39 个地区产盐，每一处都是政府专营，产销均严格控制。估计年产量约 30 万吨。在自流井，蒸发盐卤水用天然气为燃料，在其他地区则燃烧煤炭。在钻深井时，说不定是钻出盐井还是气井，但

① 今四川省自贡市自流井区。

无论哪一种都同样有价值。天然气的存在说明石油还在更深层。

贮存量大小不一的煤矿散布于全盆地内，而且通常离盐井不远。煤的种类从褐煤到无烟煤均有，一般质量较差，只有一两处较好，主要在龙王洞（Lung-wang-tung），位于重庆以北数英里。

前面说到红盆地内有煤和其他矿藏，须作一些解释。虽然盆地大部分地区内水成砂岩的层理处于未受干扰状态，然而，贯穿盆地有数条上升带，其下石灰岩在很深处隆起。这些石灰岩每每形成轴心，沿其两侧是高度倾斜的地层，其间通常可注意到与轴相邻有两条煤的生成带，两侧紧接着是位于边缘的红色砂岩地层。李希霍芬男爵估计四川境内煤的矿藏面积之大可能超过中国其他各省。但可能有十分之九地区的煤矿都深藏于超级重叠的地层之下，除了极少的例外都无法开采。在上面所提及的隆起带，与之相邻的煤生成带虽窄，但很长，因此在河流深切的地方，煤带易在地层裂痕处暴露出来。采煤用水平横坑，从一暴露面向内采挖。在盆地全境一般都能购得煤炭。煤是区内最普通的燃料。

铁矿散布于境内各地，虽然炼铁工业的总量不小，但没有一处产量很大。硫酸铁（绿矾）在一两个地区——主要是江安县（Kiangan Hsien），发现与煤共生。

石灰在上述隆起带上非常普遍，且与煤矿在一起，用常规方法在窑内烧制。石膏有一两处发现并开采，主要在眉州[①]（Mei Chou）和彭山县[②]（Pengshan Hsien），两地均在岷江边，位于嘉定府与成都之间。

石油在蓬溪县（Pengch'i Hsien）有少量发现，有一当地公司试图开发，但结果不理想。

其他次要矿产数量不大。贵重金属如金、银在盆地本身虽无，但盆地西面的山区不仅有金、银，而且有铜、铅、锌等矿。

---

① 今四川省眉山市。

② 今四川省眉山市彭山区。

关于金子还应提一下，冬季时，粗放的淘金在长江、嘉陵江、岷江无数露出河床的卵石岸边进行。在长江上，这一不确定的工业首先值得关注的是宜昌以下约 50 英里向西至接近峡区这一段，但不多见。此项产业由无业的农民进行，回报微薄。这些金砂可能是在夏季洪水期由长江及其较大支流带下来的。在红盆地内尚无含金石英的记录。在其西部和西北边境山区有数量大小不同的含金石英发现，而这一地区的主要河流或是发源于这些山区，或是流经该处。这一事实说明，这少量的金砂是从远处含金的地层通过河流搬运而来。

第八章

四川东部
——大宁县至东乡县

本章所讲述的地区，马尼福尔德（C. C. Manifold）陆军中校和马洪（E. W. S. Mahon）上尉为踏勘拟议中的汉口—四川铁路的路线时曾从此经过，但我不能肯定是1903年还是1904年。或许有传教士来过，此外没有其他外国旅行者穿越四川东部的记录。我不知道勘探人员得出的结论如何，但沿我所经过的地段，要修筑一条铁路那将是一项艰难和耗资巨大的工程。

下面的叙述是根据我的日记编辑而成，或许可对这一地区的自然条件，红盆地以东地区的植物类群传递一简略的概念。由于要完成采集工作，我用了10天走完这段行程，但这次我走得比较从容，以前走这段路只需6天。

1910年6月28日。昨天我们在大宁县花了一整天为西去成都作准备。兑换钱是一件很麻烦的事情。湖北、四川两省通用的10文一枚的铜圆在这里使用要打百分之二十的折扣，也就是说价值1000文铜圆在这里的购买力只相当于800个铜钱。再往西走，湖北的10文铜圆不通用。四川的10文铜圆也只能在离此地一日行程的范围内使用。因此我们必须自己携带铜钱，这就增加了我们行李的重量和负担。价值1000

文的 10 文一枚的铜圆总重不到 2 磅，换成铜钱，其重量超过 8 磅！在中国如果要我举出一件最急需改革的事，那肯定是币制。

我们从西门出大宁县城，上一缓坡后进入一狭窄、高度开发耕作的山谷。我们右边的山相当高，左边的山较低，都几乎没有树木，有稀疏耕地。县城位于低洼处，在晨雾中依稀可见。那地方很小，城墙内的土地多用作耕地。外层门、城墙和碉堡守卫着西门。

顺山谷而上，路比较好走，基本上沿着河边；此河为大宁河一较大支流。我们午前到达鸡头坝[①]（Che-tou-pa）。此处大量种植水稻，灌溉用大筒车。冬季作物小麦收获后，棉花种植很多。玉米长得高达 5 英尺，正值盛花期。短柄铜钱树（Paliurus orientalis）为一种小乔木，高 30 ～ 50 英尺，挂着看上去有点怪异的圆形白色果实，在这里非常普遍。值得提到的还有垂柳、柏树、毛脉南酸枣（*Spondias axillaris* var. *pubinervis*），竹丛也很多。

从鸡头坝出发，我们离开了河流的主要支流，沿一条小分支往上攀登。山谷变窄，山丘上出现了更多的树林，树种主要是柏树。路比较好走，虽然有不少地方亟待维修。我们缓慢前行，最后越过一不高的山脊，于下午 5: 00 到达老石溪（Lao-shih-che）村。这个小地方海拔 1950 英尺，距大宁县 55 华里，共有 6 栋房子散布在一狭窄的山谷内，四周都是水稻田。村民非常友善，只是很好奇。

我们已走在了红盆地的边缘，很多土壤已呈现出红色的特点。油桐树到处都见有栽培，但这天下午棉花则不多见。在一树丛中我注意到一些巨大的黄连木（Pistacia chinensis）和无患子。前者的嫩叶可烹调供食用，后者的圆形果实可用作肥皂。朴树很普遍，它们光滑、浅灰色的树皮特别明显。在一山脊上我们注意到许多有趣的鸡仔木（*Adina racemosa*）。这些树高 30 ～ 60 英尺，干围 2 ～ 4 英尺，是我所见过此

① 今重庆市巫溪县凤凰镇。

类树中最漂亮的。马尾松很普遍，但今天见到最多的树种则是柏木。

道路有了可喜的改变，景色不再蛮荒，圆形的低山丘陵以较陡的群山为背景，几乎全无树木，大部分是耕地，一天的行程都是如此。不时有少数几个突出的石灰岩峭壁出现，偶尔还会有庙宇建于巉岩上。在大宁县我们新增了数名民工。这些人把下午经过的地方称之为“深山老林”，立即引起宜昌民工们哈哈大笑，他们教这些新来者先体验一下神农架再谈什么是“深山老林”。

这一天酷热，到达老石溪时大家都筋疲力尽，是高温所致还是放了一天假的影响，不得而知。我被近一半的民工叫去充当医生。他们大多数患了胃病，数人生有疮疖。用泻盐、高锰酸钾和三碘甲烷很快缓解了大部分症状。

第二天阳光依旧灿烂，但没有前一天那么热，或许是海拔稍有增高的原因。一整天我们几乎都是朝正西方向顺着一狭窄的山谷而行。山谷两侧是中等高度、平行的山脉。路仍旧好走，时有上下坡。我们还处在红盆地的边缘，但到了下午，灰色沙质土壤显得更为明显。在我们的视野中，凡能得到水灌溉的地方全都种植了水稻。玉米是另一主要作物，还有各种豆类和马铃薯。红薯多处有种植。油桐比以前经过的地方更多。很明显，很多桐油是这一地区生产的。这一天中我们见到许多榨油作坊。那些平行的山脉高出山谷 500 ～ 1000 英尺，有稀疏耕地，大部分长有很好的柏木、马尾松和枹栎林。杨树亦常见，溪边垂柳很多。灌木种类很多，最值得注意的有鼠刺和角叶鞘柄木。鼠刺生长于多石处，花绿白色，花序下垂成尾状，长可达 18 英寸；其叶颇似冬青属植物，无花时极易被误认为冬青。角叶鞘柄木喜生长于溪边、沟边和石隙中，高 8 ～ 12 英尺，枝多叶密；果成熟时黑色，成伞房状大串下垂。在别处我从未见过如此之多的这种植物。

沿途散布有房屋，但人口稀少。我们遇见少数马帮，但实际上沿途来往运输很少。这晚我们宿下垭口（Hsia-kou），一个美丽的小村，海拔 2800 英尺，距老石溪 65 华里。我们的住处很宽敞，但房东看上去是个令人讨厌的鸦片烟鬼。

在到达下垭口之前数英里处，我们经过一名叫田家坝（To-chia-pa）的小村，那里有一条路向北去城口厅（Chengkou Ting）。据说那是一条非常难走的路。

离开下垭口我们立即钻入了一峡谷，陡峭的石灰岩峭壁有 300 ～ 500 英尺高。路沿着一条干涸的溪流河床，在峡谷的尽头稍作攀登，迂回数英里，越过一低山顶，然后下坡，经过一座廊桥跨过夔州河的一个支流。在此处，杉木非常普遍。在桥边我拍摄了一株最大的化香树。此树高足有 75 英尺，干围 6 英尺，这种树能长到如此之大真不可思议。距这里数英里以外处，我们涉水蹚过夔州河，河面宽而浅，流水清澈。约在中午时分我们到达朝阳洞（Chiao-yang-tung）村。此后不久我们就遇上了一场突如其来的狂暴雷雨。倾盆大雨持续不久，但以后的时间雨下个不停。大雨使道路更加泥泞，致使我们走得很慢，很艰难。整个下午我们都在不断上坡，沿着山边穿过松树和栎树林，最后进入一狭窄、倾斜的山谷。山谷的尽头为三岔沟（Shan-chia-kou），共有 2 栋房子。我们在这里找到住处过夜，这一天共走了 65 华里。周围植物种类有所不同，多属寒温带性质。到处是成丛的山梅花（Philadelphus incanus），开满了纯白色的花朵，非常醒目。麝香草莓很多，这是一种香甜味美、白色的浆果，我在客栈周围仅用几分钟采收，就已足够我在晚餐中享用。鞘柄木依然很多，其分布可上到海拔 3500 英尺，常长成不太雅致的小乔木。

这一天中我们很少见到水稻、玉米和马铃薯等主要作物。路上基本没有行人，昨天所见的马帮很明显是从城口而来。这里人口稀少，居民看起来像有深染鸦片的恶习，然而迄今我们未见有任何种植罂粟的迹象。

今天是一个美好的日子，迎来了又一个月的开始。早晨还不算太热，但到了下午变得灼热难忍。离开住处 100 码我们来到山脊上，然后是约 2000 英尺骤然陡峭的下坡。进入一狭窄的山谷，其中种植有许多水稻、玉米、马铃薯和少量的大麻。山谷两侧平行的山脉为石灰岩，有突出、裸露的岩石和峭壁；耕地很少，但有很好的松林。在谷内我们不时见到漂亮的檫木、板栗、枫香树、杉木和杨树。在山谷的尽头，经一段不长的上坡就到了山脊顶端。我们脚下约 2500 英尺处流淌着一条相当大的河，两岸高耸的石灰岩悬崖壁立。我们到达山脊顶端时是上午 10: 30。这天剩下的行程就是陡峭急促的下坡路直至河边。下午 3: 00 到达沙沱子[①]（Sha-to-tzu）。下山最初的一段路或走在松动的碎石堆上，或是攀登壁立的石级，时上时下，或是跋涉于泥泞的山坡，其困难程度可想而知。我们经过一两处已开垦为农地的山坡，但大多数时间都是绕着悬崖而行。在一壁立 500 ～ 1000 英尺的悬崖边，路通过一长约 50 码的狭窄隧道，其出口处宽约 3.5 英尺。此隧道部分为天然，部分为人工在坚硬的石灰岩上开凿而成。隧道内很黑，只有出口处能透入一缕微光，轿子和行李都很难通过。此路为近代修筑，陡峭的上坡接下坡，路极崎岖，但少走了 10 华里。

出得隧道，路沿着悬崖顶部边缘，又是数个令人恼怒、疲惫的上坡和下坡，最后下到主河道的一条小支流。越过小溪，到达沙沱子。这是一个繁忙的乡村集市。就这一地区的自然条件而言，该集市已有相当规模。小溪上游 10 华里处，有铁矿开采和冶炼，据说铁的质量很好。沙沱子周围产煤炭和石灰。

我们一路艰辛跋涉到达的这条河在距此 150 华里的云阳县（Yungang Hsien）流入长江。河水清澈，有相当大的流量，小船自沙沱子以下可航行至距其出口 15 华里处。路上可见有盐、少量的小商品及

① 今重庆市云阳县沙市镇。

杜仲等多种药材货担往来。盐是云阳县产品，被禁止进入大宁县，据说云阳盐的质量优于大宁所产。

这一天途中所见植物种类非特别有趣，与宜昌周边峡谷中所见基本相同。新采得的有一种旌节花（Stachyurus）、一种六道木（Abelia engleriana）。南天竹在多石处特多，其叶雅致，花白色，具有明显的黄色雄蕊，组成直立的大花束，非常漂亮，当秋冬之际，成束鲜红的果实，越发美丽。油桐树常长在多石处。山崖上到处是金丝桃，开满了金黄色的花，特别漂亮。苎麻（Boehmeria nivea）有少量种植，人们忙于从其茎皮中刮取纤维。苎麻叶和其他数种植物的叶子一样，用于喂猪。刮取苎麻完全由手工操作。

这天的行程充满了趣味，但炎热的天气和60华里的崎岖道路使人难以忍受，当最后近达终点时大家都很高兴。景色非常壮丽，使我们不由得想起宜昌周围的峡谷和深涧。那些铁路勘探人员，当他们遇到这样陡峭的石灰岩地区时，一定非常失望。

沙沱子海拔仅700英尺，尽管有急速的溪水从门前流过，还是闷热。我们设法找到一间较好的客栈，有远离街道的住房，明显属于私人住宅性质。换银两在此地没有困难，但10文一枚的铜圆不再通用。铜钱是当地人接受的唯一货币。

就在沙沱子下面一点，我们摆渡过河，并开始上陡坡。上了几百英尺，我们刚才离开的那个村子的全景清晰地展现在我们面前。全村约有百来栋房子，聚集在一狭窄的扇形山坡上，有几座庙宇在大榕树下非常显眼，构成一道美丽风景。上坡路穿过耕地、油桐树丛，最后是松林。在海拔3100英尺处，我们越过一山坳，再上200英尺到达山顶。这天剩下的时间都沿着一条起伏但比较好走的山路，曲折行进于多石、有松树和柏树遮蔽的山顶，最后下到当天的目的地——窄口子[①]

① 今重庆市云阳县农坝镇。

（Che-kou-tzu）。

这地方非常漂亮，农舍散布于路边，能利用的地方都已开垦为农田。当然，有水的地方都种植水稻，其他地方则种玉米、马铃薯。烟草也有种植，这种作物自离开大宁县每天都能见到有少量栽培。石灰窑整天都能见到。在一处我们见有数人拿着枪追逐麂（jǐ）子，他们开了数枪，但未能成功杀死此动物。我们观看了全过程。

在到达窄口子前数华里，我们经过一栋建筑华丽、特别大的房子，为一陶姓富人建造。他捐了县一级的官衔，死于 20 多年前。由于懒惰和吸鸦片，这个家族也因此走向没落。

这一带的植物不是很有趣。有些漂亮的柏树和灰楸值得一提。松树极多，我见到数起"丛生球果"。这些球果数百聚集在一起，都很小，看上去好像是取代了雄花。窄口子海拔 2050 英尺，约有 40 栋房屋坐落在一条多石的溪口的上部，后面是不很高的群山，山顶上有一古代碉堡。

离开窄口子，我们立即进入了一美丽的山谷。山谷里种有大量水稻，两边是起伏的小山。在这个小而富庶的山谷内有大量的农舍和小木屋。整一上午我们经过了数个这样的低地，彼此只由一不高的山脊分开。通常山谷随着升高而逐渐变窄，最后成为由多石的石灰岩山顶环抱的小盆地。翻过最后一道山梁，我们在一个距窄口子 35 华里叫石垭子（Shih-ya-tzu）的地方进入开县[①]（Kai Hsien）。上到此处，景色非常美丽。多石的山顶有松林和柏树林覆盖，栎树很普遍。在更开旷处和居民点周围我们见到漂亮的无患子、黄连木、泡桐、瘿椒树（Tapiscia）和北枳椇。北枳椇白花成团，遍布枝头。

这天下午都行走于低山丘陵间，最后经过一陡坡下到温汤镇（Wen-tang-ching）。路经玉米地、零星的水稻田和光秃、没有树木的小

① 今重庆市开州区。

山头，没有令人感兴趣的植物。接近当天的歇脚点时，天气热得可怕，想找个遮阴处都没有。好几处小山头上有石砌的旧时碉堡。这些是动乱年代在四川东部产盐区和较富裕地区遗留下的“寨子”遗址。沿途很多石灰窑——用黏土覆盖的小丘。很多水田曾施用消石灰。

温汤镇是一个相当大的镇子，是我们离开宜昌以来所遇到的最大的一个，建于一陡峭的山坡上，两边是清澈的山溪，背面是很高的石灰岩峭壁。在西南边，这些峭壁裸露向阳。大量的盐生产于此。盐水井位于前滩，紧靠山溪，盐产量取决于溪水的状态。水位愈低，可得盐水愈多。当夏季洪水期，生产会停工。出产的盐白色，粉末状，质量中等，16 两秤每斤值 26 个铜钱，销往本县北部和西部各地，但不能进入开县县城。附近有粉煤生产，用于煮盐。

全镇约有 1000 栋房屋，因有数座庙宇和行会的大会馆而小有名气，其中特别是陕西会馆，以面积大、建筑装饰特别而非常显眼。有小宝塔两座守护着地方的福祉，周围小山上有很多寨子。居民很邋遢，过于好奇，不给人以好感。有些人不怎么文明，性格粗暴，与我的随从之间产生过一些小纠纷。我们的客栈很黑，热得令人窒息，各方面都不好。虽然不舒适，但这是我们所能找到的最好的一家。客栈后面有一巨大的洞穴，里面有大量钟乳石，有凉风从洞口吹出。这是此镇的奇特之处，被加以宣传和炫耀。

从大宁县来，一路上有很多关于食品价格的争议。我的随从多远道而来，人生地不熟，当地人不断把价格提高，因此引起争吵，结果通常是我们的人能得到较公平的价格。

温汤镇海拔仅 750 英尺，周围裸露的岩壁和数以百计的火炉所散发出来的热气使这里真像“地狱”一般。它可能是富裕的，但我们不感兴趣，只想着尽快离开。

爬上一个数百英尺的陡坡，我们就告别了这个镇子。穿过一大片墓地，下到冲积谷地，那里种有很多甘蔗、玉米、烟叶和少量棉花。路宽且铺有石板，一直通到谷地的尽头——马家沟（Ma-chia-kou），距温汤镇 12 华里。马家沟是为盐井提供煤炭的口岸。煤经陆路运输约 30 华里至此，再装小船运往盐井。煤价每斤 3 文，自矿山至口岸搬运费每斤 1 文。运煤船很小，用前后长桨驾驶，可顺水下行到距温汤镇 60 华里的开县，再从那里下行 110 华里到长江边的萧庄（Hsiao-ch'ang）。自马家沟开始，道路离开了从北方流来的溪水干流。我们越过一山隘后下到一宽而多石的急流，再沿其上攀，经过一些乏味地段，最后进入一石灰岩峡谷。煤的供应对盐井极为重要，所以路维修得很好。上午我们遇见上百民工运煤，其中有很多是妇女。在附近发现有铁矿，生铁块也被运来装船。

离开上述峡谷，我们穿过一有水稻田的山谷，在中午时分到达意家槽（Yi-chiao-tsao）。从此小村上行 5 华里越过一山谷，这天剩下的行程都是顺着这条山谷而下，山谷两边坡度很陡，上有柏树覆盖。大量种植的有红薯、水稻和玉米。房屋较多，人们生活看起来很不错。

这天走了 60 华里，夜宿黄桶槽（Wang-tung-tsao）村，海拔 1350 英尺。天气热得可怕，一天走下来非常疲乏。客栈在竹丛和柏树下，位置很好，但破旧，臭气难闻。这样美好的地方竟被这样一栋破房子破坏了，煞是可惜。

第二天依然酷热，没有雷阵雨可降温的迹象。下坡数华里后我们遇到一较宽的溪流，溪底有大块的红砂石。路沿溪上到源头，陡峭的上坡和下坡不断出现。我们在高桥村（Kao-chiao）午餐。如此炎热，苍蝇滋生，臭气难闻，老百姓对我们如此好奇，我从未经历过。凶猛、嗥叫、狂吠的狗到处都是。所有这一切，再加上多方面的不愉快，使我们无法吃好这餐饭。我的随从对这个村子似有同感，大声的怨言和咒骂不绝于耳。我们用餐时间不长，当我们离开了这肮脏、多害虫的地方时，大家的心情都舒坦了很多。

一整天我们所经之处均为灰色或红色砂岩，多数地方可见到水稻田。松树很多，但柏树在此好像不很适应，与前数日所见相比，分布很稀疏。油桐树极常见，但植物种类不甚有趣。成丛的胡颓子（Elaeagnus）很多，正值果实成熟期。在这一带时常可见到用这种灌木的茎干作烟袋的长干。牛蒡（*Arctium majus*）在多石处常见，也常有栽培，果实供药用，名为“牛蒡子”。

在距我们住处还有3华里的地方，我们越过一道山梁，穿过一道石门，就进入了东乡县。在破池（P'ao-tsze）村找到一家客栈。这是一个分散的小村子，海拔650英尺，距黄桶槽村65华里。这个客栈很干净，坐落在一漂亮的小山谷内，周围是低矮红石山丘，全都开发为耕地。店主显然是个很富有的人，店中有一张工艺精湛的躺椅，他很为之骄傲。

昨夜一点风也没有，我睡眠不好，部分原因是天气热，另外也因为客栈中的其他房客高声议论直至午夜以后。这是中国人的普遍习惯，使任何想入睡的人都感到非常恼火。

今天到南坝场（Nan-pa ch'ang）的路程只有50华里，民工们的兴致都很高，照常出发。这段路很好走，到下午1: 00我们就走完了全程，而且中间还有两次较长的休息。离开破池村我们上了一个很陡的短坡，然后顺着一条较平缓的下坡路行走于砂岩的断岩峭壁间。前行25华里来到一条小溪并顺着溪流到达与另一由北方流入大而清澈的溪水的会合处。此溪流经南坝场，小船可航行至东乡县，上行约290华里达Tu-li-kou。当接近当天目的地时，我们遇见不少运输无烟煤的民工。这些煤出自约50华里外的富溪口（Fu-che-kou）。每担（100市斤）民工可得运费200文。我们还注意到有扁平的生铁块，产自东溪口（Tung-che-kou），距此约25华里。

松树还是很多，柏树也极常见。很明显，松树比柏树更适合砂岩生长。我们见到两三株稀有的红豆树（Ormosia hosiei）。此树木材很重，放入水中下沉，有很高价值。油桐树依然很多。南坝场周边已有桑园出

红豆树（Ormosia hosiei），高 60 英尺，干围 20 英尺

现，很明显这一地区试图发展蚕桑业。

南坝场海拔 1550 英尺，是一个有相当规模的村子，坐落在溪边的平地上，曾经是四川最重要的鸦片贸易中心之一，其产品质量甚高。鸦片贸易现已完全停止，致使此地受到巨大影响，虽然仍有普通的商品供应北面广大的乡村，但鸦片才是真正的财富来源。随着鸦片贸易的消失，所有的商业都衰落了。北面茶叶的种植面积很大，南坝场的乡绅贤达正努力将茶叶贸易的总局从现在的太平县[①]（Taiping Hsien）转移到本镇。

南坝场周围有几个蛮子石窟。村子里一切都很安静，我们并未引起特别的注意。我们见到 2 个穿制服的警察、怪异的路灯和其他显示现代思想的标识。第二天早上 7: 00 我们离开这个村子，乘 4 条小船沿着这

① 今四川省万源市。

条美丽、清澈的小河顺流而下，下午 3: 00 到达东乡县，水路 140 华里，陆路为 90 华里。一路上有许多急流阻碍，但因水流量相对较小，并不危险。河两岸是砂岩石壁，通常陡峭，上面长有松树、柏树和杂灌木植被。一路有许多村寨。农耕与邻近地区大致相同，作物受干旱的影响已开始突显。各种豆类种植很多，还有水稻和其他粮食作物。总体而言，整个地区是丰衣足食的。

在这美丽的河流上乘舟快速而下给人以新鲜、快乐之感，大家都很欢喜。到达东乡县，一场雷雨使空气清凉下来，叫人欣喜。

东乡县海拔 1400 英尺。我们从东门进城，找到一安静、清洁的客栈住宿。县城虽不大，却好像很繁忙。过去这里有大量的鸦片交易，也有非常可观的一般贸易。县城坐落在河右岸的低山丘陵间，对岸山更陡、更高。周围砂岩形成的悬崖、峭壁很多，整体景观，在某些方面，使我回想起嘉定府（Kiating Fu）周边的情景。

经查询有关货币政策，得知四川币在此可通行，但 10 文一枚的铜圆仍不能使用。罗马天主教和中国内地教会在此设立了一分站。当我来到时，属于中国内地教会的一位爱尔兰传教士亦在此，我们在一起有 1 小时，相谈甚欢。自 35 天前离开宜昌以来，我没有遇见过一个西方人，非常高兴在这里能听到母语。

第九章

古代的巴国

——从东乡县到保宁府

从东乡县去成都或保宁府[①]（Paoning Fu）选取的道路大多是沿河而下，经绥定府[②]（Suiting Fu）到渠县（Ch'u Hsien），然后西行去成都，向西北去保宁府。我对这条大路不感兴趣，因为我们要从东乡县直接西去保宁府，考察新的地方。我的军用地图在四川省东部页面上没有标出道路，但标有乡村，很明显这些乡村必定有某种道路相连接。江口[③]（Chiangkou）看来是个理想的起始点，因此我吩咐随从去找出一条横跨这一地区到达该县城的道路。起初，客栈老板、商行会长和当地官员一致否认有这么一条路和真有这么个地点。但是任何曾在中国旅行过的外国人都不会轻易相信这种否认，不会因此而感到失望。负责打听这件事的是跟随我 10 年的忠实随从，虽然对这地区的地理一无所知，但可相信，只要有这么一条路存在，他一定能探查出来。上自地方长官衙门，下至平民百姓，经过近 6 小时的调查，我被告知确有一条山间小路

① 今四川省阆中市。

② 今四川省达州市。

③ 今四川省平昌县。

存在，但要经过艰难困苦的地区，只能提供极差的食宿。我觉得这已足够了。我的随从还得到安排一路行程并雇用几个当地人作搬运工的建议。我晚上 10: 30 就寝。为此次远行的一切事宜次日清晨 6: 00 前能准备妥当，对此我感到满意。我在中国游历，从未与中国人产生纠纷，是唯一的幸运者。1900 年春，我自宜昌附近雇用了约 12 个农民。在我全部的游历过程中，这些人一直跟随我，提供忠实的服务。经过几个月的训练，他们完全懂得了我的习惯、脾气，从来不会给我带来麻烦和困难。只要理解了我的要求，他们可以信赖，定能做好本身的工作。因此，他们在我的多次旅程中为我增添了许多快乐和裨益。1911 年 2 月，我们最后分别时，双方都真心感到依依难舍。在逆境中，他们忠诚、机智、可靠、乐观，任何时候都愿尽自己最大的力量，没有人能提供比他们更好的服务。

我预期这次从东乡县经江口至保宁府的穿越旅行趣味将不同一般，也有新意，因为从来没有外国人试图穿越这地区的记录。这条路横贯古时的巴国（见第七章），我希望能找到一些有关这个古代部族的证据。中国史书枯燥、难读，很难发掘出事实真相。战争、叛乱和杀戮把一切淹没于血流中，和平时期很少。史学家习惯于以傲慢自大的态度对待土著民族，使得今日几乎不可能发现这些已消失民族的艺术和生活。今日之四川省炫耀其在中国历史早期的王国和朝代是历史事实。秦朝第一位皇帝秦始皇或称为始皇帝将巴国的一部分吞并为自己的领地，同样被吞并的还有蜀国的一部分，其都城在现今成都府（Chengtu Fu）附近。到了西汉这两国就全部被征服了。虽然汉人与其他民族之间几经征服与反征服，自此之后再也没有土著首领统治过四川红盆地。在公元 221—265 年这一时期，中国为三国时期，其中之一国皇帝为刘备，建都于成都。刘备和他的 3 位将军及丞相一直被传承下来成为公众的偶像。在四川到处都传颂着有关这些古代英雄的英勇事迹。有了上面的简短介绍，我将再回过头来叙述我的行程。

7 月 8 日，我的主要随从人员进一步抓紧时间为此次穿越旅行做好准备，制订了日程表。县里给我们配备了两名穿制服的士兵（原定给 6 人，我要求减至 2 人）。这之前我都设法避免接受官方的护卫，虽然派护卫在四川是例行习惯。普通的旅行者不会要求享有这种荣誉，但这是对他们的信任，不能轻易拒绝。根据国家间的条约，有了护卫就使官方对旅行者的安全负有责任。对这些人要付点钱，但他们在一些特殊的时候常能派上用场。铜钱价值很低，每个士兵每天额外给 100 个铜钱，加起来也不会很多。困难是把护卫人数减少到 2 人。按通例是 4 ～ 6 人，如果你不坚持反对，那么无数衣衫褴褛的人，包括经核准的和未经核准的，会加入到你的队伍中来。当发饷时，正式合法的护卫就会充当几个手下的头目，领取更多的钱。这些护卫备有官方提供的公函，上面注明派遣的地方、人数和目的地，查看公函可防欺诈。当到达目的地后辞退这些人时，要给他们一张卡片带回给他们的上司。他们的公函由派遣护卫的官员签发，带回的卡片证明他们的任务已安全完成。无论什么原因，如果回去没有这张卡片，就会受到惩罚。

我们从西门离开东乡县去达县，沿去绥定府的大路前行数华里，然后向右转。路面铺设得很好，我们见到很多商贾行人。起初的 20 华里路非常平，蜿蜒于低山间。然后经一段陡峭的上坡到达一高地。明月场（Mien-yueh ch’ang）即在此高地上，距东乡县 30 华里。这一天剩下的时间路都很好走，在低丘和浅谷中穿行，间有 300 ～ 500 英尺高的小山。柏树和松树很多，其他还有黄连木（Pistacia）、山槐（Albizzia kalkora）都长成大树。黄荆（Vitex negundo）是最常见的灌木，有时长成小乔木状，到处都开满了薰衣草似的紫色花簇。

这地方是高度开发的农耕区。作物以水稻为主，其次是各种豆类（特别是绿豆）。很明显，这两类作物种植都在小麦收获之后。我们还见过零星的棉花地和许多杏树。这地区人口较多，小路、侧道密布，很容易走错路。一处路分两叉，一条去双河场（Shuang-ho Ch'ang），另一条去双庙场（Shuang-miao ch'ang），后者是我们预定今夜的歇脚点。这两个村的名字说快了很相似，即使中国人听起来也是如此。我手下的人有点搞糊涂了，一时间，我们的队伍差点走上了两条不同的路。

我们穿过一个叫王家场（Wang-chia Ch'ang）的农村集市（"场"意为农村集市）。这是个很奇特的小地方，村子以一座庙为中心，房屋屋顶相连，中间形成一有盖顶的通道，路也由此通过村子。

双庙场是我们当天原计划的目的地，但正碰上赶场，村子里挤满了人。足有一百多人追着我们到客栈来，顷刻间连透气的空间都没有了，有些人显然是乘酒兴而来。天气又热，实在难以忍受这种过度的好奇心，因此我们往前赶了 5 华里，找到一合适的农舍住下来。屋子的主人不在家，他的妻子开始甚惊恐，但两个小时后，她放下了戒心，变得一切自如。我的随从难以在此获得食物和住处，大多数又回那个镇子去，但无人抱怨。他们都能理解，我不可能在那样拥挤、嘈杂的地方过夜。

我们的住屋是新建的，在竹丛和柏木树荫下，但蚊子特多，致使很难受。这地方叫作辛家坝（Hsin-chia-pa），海拔 1950 英尺。我们一共走了 80 华里，经过富庶而有趣的地区。木香花（Lady Banks's rose）特别多，干围可达 2 英尺，攀附于高 40 ～ 50 英尺的大树上，使整树如饰花彩。蛮子石窟零星出现。有数次我们经过种植湖南稗子（*Panicum crus-galli* var. *frumentaceum*）的地块。

我们告别了辛家坝的主人，一件小礼品和 400 个铜钱使女主人非常高兴。她的感谢既真诚又大方。出发不久就是一段长 1000 英尺的陡峭上坡，并越过可能是绥定河（Suiting River）与三汇河（Sanhui River）的分水岭，再下坡到达一条小河的源头。农村小集市三溪庙（San-che-miao）即坐落于此。集市上人很多，一条短街上只有几间小屋却挤满了人。我们穿过村庄，没有停留下来满足人们的好奇心。有好几条路在这个村子会合。我们所走的一条路继续沿着溪流下坡，进入一多石、灌丛满布的峡道。岩壁是红色或灰色砂岩，陡峭而嶙峋，其上有松树和柏树。喜生长于河边的中华蚊母树、数种女贞（Ligustrum）和小梾木（*Cornus paucinervis*）都很多。小梾木是一矮灌木，枝开展，花白色，组成平顶的伞房花序，在水边长成极漂亮的灌丛。路迂回于灌丛覆盖的山坡间。高达 15 英尺甚至更高的茶树丛非常多，它们看起来不像是野生，很可能是多年前种植的，其中有些无疑已经归化了。红豆树偶有出现，在以前某段时期此树在这一地区可能是很普遍的，因其木材价值极高，而遭无情砍伐。在这峡道内，实际上没有可供耕作或作其他用途的土地，20 华里内没有一栋房屋。

在此蛮荒、有趣的峡谷中穿行数小时后，经一陡峭的上坡，我们上到山崖顶上，在上攀途中发现了野生的中国玫瑰——月季花（Rosa chinensis），并结有果实。这是我第一次见到真正的月季花野生标本。一到山崖的顶上，我们发现这地区周围全是农田，主要是稻田，每隔一段距离就有房舍坐落于其间。前行数华里，又下坡再次到河边，踩着石礅过河，到达农村集市碑牌河（Peh-pai-ho）村，在此我们找到一栋大房子住宿。此地海拔 1600 英尺，又名碑牌场（Peh-pai Ch’ang），是一个小地方，居民给人印象不好。我们的住处很暗，环境相当脏，一直到就寝前都挤满了懒散的人群。

这一天我们走了 60 华里。这地方相对海拔较低，路上行人稀少，较荒凉，长满了灌丛。植物种类还有几分可喜之处，特别值得提到的是发现了茶树丛和峡谷多石处的中国玫瑰。在裸露的砂岩峭壁上，开白色喇叭状大花的宜昌百合（Lilium leucanthum）很多，它们的茎几乎与岩壁成直角伸出。一路上很少见到人，大多数妇女都是天足。清晨我们经过许多种植着湖南稗子的地块。

我的随从在东乡县获得的行程安排并无差错。不断的询问仍有必要，但结果常混淆不清。流经碑庙镇的河被说成是在 70 华里外与江口

盛花期的川泡桐（Paulownia fargesii），高 55 英尺

溪（Chiangkou stream）汇合的江陵溪（Chiang-ling-che）。

夜间电闪雷鸣，滂沱大雨下到第二天中午前，中间少有停歇。当地干旱，亟须降雨，雨后清晨空气清凉且新鲜。碑牌场真是一个破烂房屋成堆的地方，又脏又臭，居民懒散、不务正业，无奇不有。夜间我一名轿夫的腰布被偷。我的随从对这个村子及其居民没有说过一句好话。

沿河下行 5 华里，我们到达地图上标出的雷鼓坑（Lei-kang-keng）。小河自北面而来，在此汇入主河道，因小河上有一美丽的瀑布，又名雷鼓塘（Lei-kang-tan）。小村有一荒废的庙宇，几栋分散的房屋和山崖高处的一座古时碉堡。这座碉堡和另一古堡——大陈寨（Ta-chen-chai）是地图上仅有的地标，但今日都失去了重要性。现在真正重要的地方是有农村集市的村子，而地图上反而没有标示出来。有可能是因为这个村子发展起来的时间相对较晚，而古堡也因持续较长的和平时期而失去了其重要价值，这是我最容易作出的解释。这一地区仅能从中国地图中得知。这些地图可能是很早以前为军事目的而编绘的。

从雷鼓坑一直上坡，经 30 华里到达重要的农村集市——北山场（Peh-shan ch'ang），坐落在一山梁顶上。此处因有一漂亮的寺庙和大约百来栋房子而出名。和其他类似的村子一样，有一条中心街道，两边房子的屋檐几乎连接起来。这些农村集市是四川地区的特色。各集市间相距大约 30 华里，每月每处有 9 次集市。集市日是这样安排的：三个邻近的村子的集市安排在不同的日子，这样它们之间的集市日就覆盖了全月。每逢集市，四方乡里云集进行买卖。小贩、行商不断地从一个集市到另一个集市。这种集市在人口密度不大的地区极为重要，但这些有集市村子的居民深受太多空余时间之害。集市日是他们赖以谋生的日子，然后其他的日子主要以赌博和消遣度过。这种农村集市系统可向上追溯到中华文明的开端阶段，而我们现在所涉及的这一地区自古以来就很少有变化。

在到达北山乡之前 5 华里处我们找到一条路，去开县 120 华里。这一带的地形分割成低山山脉，平均海拔 3000 英尺，由灰色或红色砂岩组成。河谷只能称之为峡谷，长有灌丛、松树和柏树，没有谷底平地也没有任何形式的耕地。耕地约从海拔 500 英尺开始一直延伸至山顶。种植水稻的梯田很多，一层高出一层，每两层之间是一段不高的山体，其上就是耕地。就我所见，整体景观非常漂亮，在许多方面很有特点。绝大多数的妇女都是天足，不少正忙于稻田除草施肥。

离开北山场路急转直下至一溪边，然后又是相对应的陡峭上坡到一山顶，蜿蜒前行于一条山脊上。我们今天的目的地——农村集市青凤场（Yuan-fang ch'ang）就坐落在这山梁顶上，海拔 3100 英尺，地理位置优越。全天共走了 60 华里。我们找到的住处在一新而清洁的房子里，并有一回廊可俯视下面的松树、柏树丛。围观的人群不算多，虽然好奇，但出于尊重，还是保持了一定的距离。

植物种类与前几日所见无异。我再次在灌丛中见到半野生状态的茶树丛，同时还有数株红豆树。这一天中所见最有趣的事物可能要算墓碑。这些墓碑与我在其他地方所见非常不同。石材是软质石，通常多加雕刻，工艺上乘，既庄重又有艺术性。有一两座老陵墓雕刻得很庄严华丽。当地的土著居民是有才艺的石匠，他们的作品可能曾是汉人模仿的样本。在设计的理念上显然不是纯汉族的，我坚信其风格受到当地土著居民的影响。

在佛二堂（Fu-erh-tang）有一特别漂亮的宗族祠堂，其附近一块孤立的岩石上有一蛮子石窟。很多陵墓和祠堂的周围都立有古时的石柱。路边常见有供奉观音菩萨和守护神的神龛和小庙，神像都刻在石上，大多数都涂成蓝色或白色。这一天的行程较平时更有趣。不知什么缘故，使你觉得自己在穿过一个和远古时期的人紧密结合在一起的地区。

早上刚过 6: 00 我们离开青凤场，所经处与前一日相似，10: 00 到达板庙场（Pai-miao ch'ang）。与我地图上的标记不符，此处找不到河流。询问的结果是：河在前方 30 华里处，后来证明确实如此。这份地

华丽的墓碑

图在这一地区完全不准确，欲按其引导行程，绝不可行。板庙场为一小村，建在一山梁顶上，周围一圈部分地段有松树和柏树林。横过一片起伏的地段，我们从一条易走的小路下坡，最后到达通江河（Tungching River）边，在江口上游 10 华里处。这条河足有 100 码宽，水红色，流动缓慢。很容易就雇到了船，我们顺流下到江口，3: 00 到达，正好赶在一场大雷暴雨之前。这一天的路程据说是 70 华里，但路好走。植物种类和景色与前几天相同。

江口（海拔 1600 英尺）无论是城镇规模或重要性在巴州地域内都名列第二。全镇约有 500 栋房子，建筑在两条河交汇处夹角的岸边，背靠低山；山陡，树木葱茏。两条河在此汇合，船可向下航行至重庆。东面的河从通江县下来，西面的河从巴州而来。这两座城市距江口均为 180 华里。小船可上行到上述两个城市。

有一位副职州官住在江口。从远处看这个城镇建设得不错，很富裕，但凑近一看，其实不然。其地理位置优越，无疑在商业上有相当的重要性，然而我们为了兑换 20 两银子费了很大的力气。和我们所经过的其他城镇一样，禁止鸦片贸易对江口的影响很大，除非等到新工业的兴起，取代鸦片贸易，这些地方的经济都不会有好转。

我们在一条件很差但安静的客栈住下。还要感谢这场暴雨，没有好奇的围观人群来骚扰我们。我手下几个主要人员花了好几个小时去打听一条穿越乡村前往仪陇县的道路，最后成功获得有效信息。

离别江口，我们过渡到巴州河对岸，然后攀上一个几百英尺的陡坡。这一天剩下的时间都在一列低山顶上，沿着一条起伏的小路曲折前行。路时好时坏，部分路烂泥深齐脚踝。时有雷阵雨，但很凉爽。

这一地区与前数日所经之处相似。烟草在这一带普遍栽培，我们还见到种植有大量的水稻，少量的棉花，极少的玉米。神龛和小庙仍然常见，而且受到良好的维护和修葺。供奉最多的是观音和土地神。后者的形象是一位老人和他的妻子，是地方的保护神。庄严华美的墓碑、陵墓随处可见。

这天我们预定的目的地是青龙场（Chen-lung ch’ang），距江口 60 华里，当我们到达时集市正旺，为了避开人群，我们又前行了 6 华里。对一个外国人来说，集市日是无法忍受的。我坐着轿子通过此村，街头已聚集了数百人。酒在集市日就好像不要钱一样，很多人带着酒意，非常兴奋。为了谨慎和安逸，在中国内地旅行应尽可能避开人群。妇女大量参与集市，在中国的这一部分似乎是一股力量。作为中国妇女，她们的举止和仪态一般都较自由。当然，照例都不缠脚。

青龙场坐落在一砂岩山梁的狭窄隘口，和所有类似的村子一样，有一座漂亮的乡村庙宇。这晚我们住在核桃坎（Hei-tou-kan）一条件很差的路边客栈。当地海拔 3100 英尺。

第二天很凉爽，不时有阵雨，但无影响。除了有一段陡峭的下坡和下午有一段上坡，这一天路都较平缓地行进于低山顶上。这些山为砂岩，被切割成无数深且窄的峡谷，其上生长有松树、柏树和杂灌木组成的密灌丛。与石灰岩地区不同，形成不了谷底平地，耕地都退到山坡的较高部位。农舍这儿一栋，那儿一栋，很分散，但整个村子坐落在山头上，且大多数农舍在山脊的分水岭上。

从核桃坎前行 14 华里，我们路经大罗场（Tai-lu ch’ang）村，当地集市正进行中，有许多猪出售。从此处再前行 30 华里，我们经过鼎山场（Ting-shan ch’ang），一个有相当规模的村子，坐落在美丽的山脊隘口，背后有寨子和一片漂亮的柏树林。前文已谈及，寨子是这些地方的特色，它们是古时的碉堡。有一小官员驻守鼎山场。尽管地理位置非常好，这村子特别脏，充满了蒸酒的强烈气味。离开村子时，一班游手好闲的人群跟随我们好一段路程。

走了 74 华里，傍晚前我们到达龙背场（Lung-peh ch’ang），当地海拔 3000 英尺。我们入住的客栈破旧但很清洁，有几个房间距街道（村内阴沟）稍远一点。这天没有集市，好奇、游手好闲的人群相对要少一些。

植物种类不很有趣，但我们经过处有好些株漂亮的樟树（Cinnamomum camphora）。农作物多种多样。水稻和红薯占主要地位。我们还见到小片的棉花及板蓝（*Strobilanthes flaccidifolius*）。下午见有民工担着盐从我们旁边走过。这些盐为纯白色颗粒，由南部县（Nanpu Hsien）运来。在我们的住处近正南方可望见 30 华里以外的鼎山场。地图上显示有条河流经此村，但我们唯一能找到的一条河是在 50 华里以外的地方。

舒适地休息了一夜，继续我们的行程。所经之处与前数日相似，但树木更少，更近于童山秃岭。谷地较宽，多开发为耕地。路沿着巴州和仪陇县边境，我们经过两个有集市的村镇，夜宿一农舍，距福临场（Fu-ling Ch'ang）仅 1 华里。当地海拔 2800 英尺。我们在这里停留，目的就是避开福临场的集市，但直到天黑关门，还是躲不过不断的人群。我发现人群中所有的人都安静而有秩序，但长时间一大堆面孔，个个像木头人一样，没有表情，堵住门前的光线和空气，非常烦人。这些集市对乡村无疑有巨大的好处，但对旅行者而言确有不利。这些村子比城市更需要好的警力。不法分子害怕县官（地方长官），对地保（村长）毫不放在眼里。在集市上可见到大多数当地的物产。有少数缝纫针、苯胺染料和一些华而不实的小杂货，主要来自日本，这也是唯一一次遇见外国货。

在此次行程中，这一天我们较以前所经各地见到有更多的棉花种植，而且长得很茂盛。高粱（*Sorghum vulgare*）是一普遍栽培的作物。但水稻、红薯仍然占主要地位。高粱和水稻都已吐穗。油桐树有，但不多，其经济价值在这一带不重要。与棉花混种的有少量芝麻（Sesamum indicum），其种子产油（香油）。

下午的后半段我们经过的地区有几分像东乡县周围，四面八方目之所及全是层层相叠的低山砂岩山脊，别无他物。这些山脉平均海拔约 3000 英尺，位于东部和北部者高于位于西部和南部者。地图在这一地区全错了，我无法确定我们的路在何处。明显标出的 Sheng-to River① 不见了，如果地图正确，我们应在此过河。经过的集市的规模较以前的小，虽然很脏且臭，但是其坐落在一美丽的山梁隘口处，绿树成荫。苦楝特多。这段路据说有 70 华里，却很好走。天气阴暗而凉爽。

我们选择入住农家，感觉并不好，直到就寝前都围满了人群。尽管房主许诺得很好，结果陪伴我住在这里的 4 个人既没有晚餐也没有床铺。因此，我只付了我们平时价格的一半，使房主很懊恼。清晨路过福临场，一片寂静。依照这里村落的一般格式，它位于一砂岩山脊的狭窄处。30 华里以外的石垭场也是如此。从石垭场再前行 10 华里，经过一座 9 层宝塔。此处可望见仪陇县城，位于西北方，直线距离约 1 英里，海拔也一样，为 2500 英尺。仪陇县城很小，坐落在山顶上，背靠陡峭的山冈，围以由砂岩石块垒成的城墙。城墙内三分之二的土地被用作耕地。我们从城的西南通过，路急下，紧接着又陡上，然后沿山顶曲折前行，直至土门铺（Tu-men-pu）。这里的山更低、更平，谷地更宽。整个地区树木更少。棉花大面积种植，很明显仪陇地区棉花产量相当大。水稻和红薯是最常见的作物。后者几乎可在没有土壤的碎石中繁茂生长。土壤被起成垄，垄间常只剩下裸露的岩石，在垄上插入插条。这些带叶的插条长约 6 英寸，很快生根长成新植株，并可得到丰厚的收获。高粱在有些地方也很常见，但玉米极少。石碑明显较少，但我们经过一座精美的阿弥陀佛石碑，碑头有一可怕的辟邪怪兽头像，上面盖了 6 顶旧帽子，保护石碑免遭日晒雨淋。石碑前面是一大堆纸灰和许多烧剩的香棍子。我们被告知，此地的保护神以其仁慈而闻名，因此希望近期内在此

① 地名不详，应为地图本身有误。

为其建一神龛。

很不幸，我们一路上都遇上了集市日，到土门镇又正值赶集。以前我们刻意避开集市，或提前数里停住，或再往前赶数里，选择在小村里过夜，但似乎效果并不好。这次我们尝试就在集市镇上住一晚，结果也不好。一大群人拥入我们的客栈，吵吵闹闹，折腾了 2 小时。最后人渐散去，但还有不少坚定的好奇分子一直坚守到我们就寝时分。这些人虽然非常吵闹，但不失友善。然而使我感到欣慰的是，这是到成都要经过的最后一个集市村了。

土门铺海拔 1950 英尺，距福临场 70 华里，是一大而富庶的村子，集市日贸易量大，所有当地的物产都有出售。狭窄的街道上挤满了人，水泄不通。在到达此地前 5 华里处，有一条路经仪陇县去巴州。

由于聊天声持续到凌晨，一夜都没睡好，一个女人（通常如此）是主角。我们到达时被骚动的人群包围，给我以最深刻的记忆。能离开土门铺我感到真高兴。走出村子数华里，我们离开了大路。大路通往南部县，许多盐均从该城运出。在前两三天的行程中我们遇见很多运盐人。

出土门铺 40 华里，我们经过水观镇（Shui-kuan-ying），一个贫穷的村子，有一破旧的防卫大门，表明其以前的军事作用。多年前它是一道相当重要的屏障。再前行 20 华里，我们到达金垭场（Chin-ya ch'ang），海拔 2150 英尺，不同于此处我们到过的其他地方，主街道很宽，完全没有屋檐遮盖。使我们高兴的是当天没有集市，我们在一新且安静的客栈找到住处。这是一很受欢迎的改变，这里的人们有礼貌也不那么好奇。这天特别热，能到达预定 60 华里的终点大家都很高兴。到达金垭场之前的 12 华里我们走上了通往南部县的大路，顺着这条路通过一道孤立、华美的大门进入了这个村子。村子的对面是一片灰色砂岩石壁，上面散布有方口的石窟。这些石窟是“蛮子”石窟的粗糙仿制品，而且年代不久，纯属汉人所为。

这几日行程所经之处较往日平淡无奇。宽广的谷地和几乎无树木的群山都已开发为耕地。在上午经过处棉花仍然很普遍，但后来少了许多。这种作物看起来像在中国其他地方一样生长很茂盛。烟草有零星种植。烟叶使用前仅在阳光下干燥，因此质量很差。红薯比以前各处更多，干燥贫瘠的砂岩、多石的土地显然适合这种作物。当然，水稻各处都很多，高粱也常见，但受干旱影响，玉米很少。这一带马铃薯栽培极少。在土门铺周边地区有少量白蜡生产，寄主植物为女贞，但其栽培很不正规，树很矮，管理不善。见有少数柏树，泡桐为一常见树种，油桐树也相当多。蚕丝有少量生产，在这一地区不占重要地位。形状奇特的黄葛树（*Ficus infectoria*）多出现于房屋和神龛附近。我们经过数座漂亮的坟墓，但其墓石雕饰之华丽一般不如前数日所见者。

清晨我们遭遇了一次短暂而恐怖的雷雨。直到我们离开金垭场雨还没有停。有 20 华里我们是走在一条极坏的泥泞道路上，路很滑，使我们很多人摔倒。随后我们上了一条铺有石板的路，再前行 6 华里，到达嘉陵江的一条支流。此支流很宽，多瀑布和急流，这一段完全不能行船。此河流在合溪关（Ho-che-kuan）与嘉陵江汇合，当地称为保宁河。合溪关是一河边小口岸，有非常漂亮的商店，出售煤、石灰，特别是中国的白酒。在铺有石板的路上我们遇见数人搬运孟买棉纱。这是我们一路上第一次见到外国货。

在合溪关，嘉陵江平静而温和，洪水期宽可达 400 码。我们过渡到右岸，然后通过相当大的冲积平原，其上大面积种植有水稻和高粱，分散各处有少量的苘麻（Abutilon hemp[①]）。在这块平原顶端，距河岸约 10 华里，我们横过一些平坦的小丘进入一盆地。很明显，这里原是古时的湖泊，环绕四周是高 200 ～ 500 英尺的低山，山上没有树。这片低地曾是丰产的水稻区，各处有房屋隐现于树丛中。从此盆地穿过小丘间一低而狭窄的缺口，突然间又来到保宁河边，就在合溪关城镇的下方不

① 学名为 Abutilon theophrasti。

远处。我们摆渡过河，在一大且舒适的客栈找到住处。此日行程中植物无特殊种类。柏树是唯一常见的树种。但在合溪关对面一块墓地上有一苦楝高达 70 英尺，干围 10 英尺，是我所见过的最大的一株。

保宁府城的地位已不如过去，但现在仍然是极重要的行政管理中心，其真正的价值在于具有辉煌的历史。远自中国的古代，这里一直都是极重要的战略据点。在明代有一大元帅曾建宫殿于此。张献忠（1606—1647）起义，烧杀、劫掠周围乡村，但此城得以幸免，因此城内有些官邸和寺庙都有久远的历史。

从前保宁府是生意兴旺、利润很高的蚕丝业中心，但在过去的 20 年中逐渐衰落，到今天只剩下一点残余。官方现在试图重新扶持和振兴这一产业，但显然是失败了。究其原因，主要在于缺乏经营能力和坚韧不拔的精神。听说附近的山丘上出产野蚕丝。蚕放养在一种灌木状枹栎树上。

这座城市占用了河左岸大片的冲积平地，像一座圆形剧场。周围是高 300～600 英尺的小山，山常呈金字塔形，上面没有树木。从对岸看，见不到突出、有特色的建筑，只有一个亭子是打破整片单调屋顶的唯一建筑。城墙内土地大部分被衙门、寺庙和富人宅院占据。商业贸易主要在城外进行，而且主要集中在一条街上。雨伞是最显眼的商品。但这座城市最著名的物产是优质的醋，用大瓮盛装，商店中可以见到。

用有刺灌木——枳（Citrus trifoliata）栽成的绿篱是这座城市及其郊区的显著特色，它给宁静的街道以乡村小径的印象。城内用井水，井通常很深，据说水质很好，但我们客栈的水带一股泥土味。在此停留一日，这座城市给我留下的印象是：很干净，人们非常守秩序，有礼貌，生活质量的下降也很明显。保宁河很浅，在城对面洪水期宽约 500 码，相当大的船可航行下重庆，小船上行可达广元县。有些商品从甘肃碧口用小船运到昭化县。这些河流对保宁府极为重要，除了对外贸易外，城市本身所用的煤炭、木材都要从这些水路运来。在河右岸，面对城区是一片山崖，其上有数座庙宇和亭子，掩藏于柏树丛中。繁忙的小村南津关（Nan-ching-kuan）就坐落在山崖的一个缺口处。保宁府周边的木材稀少。柏木多用来建造房屋。桤（qī）木（Alnus cremastogyne）有时用作窗框，但主要还是用作燃料。松树除作燃料外别无他用。中国用得最多的针叶树——杉木，在这里及其附近都没有。木材价值很高的红豆树以前很多，也很便宜，然而现在要从远处去购买，因此也很昂贵。这里只见到栎树和黄连木两种用材树种。保宁府是一重要的教会中心和新教徒主教的驻地。在我短暂的逗留中有幸与仁慈而又精力旺盛的凯瑟尔主教（Bishop Cassels）及他的助手们一起愉快地度过了几个小时。他们尽一切努力使我感到愉快。离开保宁府沿大路经东川府，一路轻松，9 天后我们进入成都府。这次行程从宜昌开始共历时 54 天。

从东乡县至保宁府，其乏味程度超出了我的预计。集市日的人群是一大问题。但我从未受到无礼对待，也没有亲耳听见有人用不礼貌的称谓称呼我。居民重钱财，工于心计，过于精明，对我的随从他们不断提高食物价格，因此引起很多争吵。有数次我得出面平息这种事端。四川农民和小店主的贪心成了外省人的笑柄。“四川耗子（老鼠）”成了嘲弄所有四川人的绰号。的确，他们小气、吝啬而贪婪，但他们却是农艺能手。“挑剔他人瑕疵易，察觉自身过错难”[①]，这种问题只好留下，任人评说。前文已提及，本省的居民大部分是外省移民的后裔，这些人几乎毫无改变地保留了他们原籍祖先的习俗！

四川这一古老地区的突出特点是：

1. 农村集市体系经精心设计，各个集市相距平均约 30 华里。每月每个集市有 9 个集市日，相邻的集市，集市日互相错开。每个集市村都坐落在山头上，并通常在分水岭的隘口处，中间有一条多少有遮盖的

---

① 原文“mote and beam”，字面上的意思是：“微尘与梁木”，寓意：“别人的小缺点和自己的大过错”。

街道。

2. 水稻种植带限于山坡和山顶。谷地为峡谷，一般有灌丛覆盖，很少或没有可耕作的谷底平地，这一地区的农耕高度发展。在仪陇县周边有相当数量的棉花出产。

3. 有许多漂亮并有上好雕刻的陵墓，特殊而风格威严的墓头石和墓碑很普遍，路边的神龛和神像都得到很好的维护。

4. 妇女举止独立，形象健美，对一般的集市贸易起到明显的作用。全境内妇女没有裹脚的规矩，都是天足。

5. 区内人口密度并不大，不能说是富裕，但很明显能自给自足。

6. 人们有高度的好奇心，这是由于他们之前很少见到外国人。

第十章

成都平原
——中国西部的花园

成都平原是四川这个大省唯一的广大平地，也是全中国最富庶、土地最肥沃和人口密度最大的地区。它的最大长度为南起江口[①]（Chiangkou），北达绵竹县（Mienchu Hsien）以上的秀水河[②]（Hsao-shui Ho），直线距离约 80 英里；其最宽处是从东面的赵家渡（Chao-chia-tu）到西面的灌县，约 65 英里；从最西南端的邛州到东北边界的德阳县[③]（Teyang Hsien）约 80 英里。周围的边界是不规整的，盆地的总面积不到 3500 平方英里。省府成都及 17 个有城墙的城市，另有许多没有城墙的大乡镇都在平原之内。农舍村庄分布各地，人口总数可能超过 600 万。

这个平原实际上一部分是盆地，一部分是倾斜的冲积三角洲，海拔变化的幅度从南部和东部的 1500 英尺到西北和西部的 2300 英尺。西面和西北面边界是陡峭、高耸的群山，距高达雪线以上的山峰很近。实际

① 今四川省眉州市彭山区江口镇。

② 秀水河在安县境内。

③ 今德阳市。

上，西北面终年积雪的九顶山（Chiuting shan）就俯视着平原。在另一边的边境，红盆地的砂岩尖峭突起成岩壁，高出平原地面 1000 ～ 1500 英尺。高山的阻断保护了平原，减少了寒冷北风和西风的影响，但这也造成了成都气温变化迅速、多雾、空气潮湿、天空阴霾等天气特点。

成都平原的富饶归功于一套完整、巧夺天工的灌溉系统，由一位名叫李冰的官员及其儿子建于约 2100 年前。这一灌溉系统的总枢纽位于平原西部最边缘的一座城市——灌县，奔流于群山中的岷江由此而出。灌溉系统的原理基于一个简单的理念，但细节上是非常复杂的结合。首先把堵在前面一座叫离堆（Li-tiu）的小山凿通，把水引入并分流到平原各处。通道被打开，在渠道上方不远处，用一“V”形的坝将岷江水一分为二，称为南河和北河。北河的水流经凿开的离堆，通过县城，然后分为三条主渠。最南端的一条叫走马河（Walking Horse），直向东流，灌溉郫县[①]（P'i Hsien）和成都。中间的一条为柏条河（Cedar Stem River），流向东北，用于灌溉上述地区的西部和北部。这两条渠的分支流经成都城墙的南面和北面，在近东门处汇合。第三条河，也就是北面的一条河，被称为蒲阳河（South Rush River），向北流经彭县（Peng Hsien），然后转向东南流经汉州[②]（Han Chou）。所有这些分支的次一级分支及网状灌渠全部在近赵家渡（Chao-chia-tu）处汇合，并成为沱江（To River）的源头。沱江流向正南，经过著名的盐井——自流井（Tzu-liu-ching），最后在泸州（Lu Chou）进入长江。蒲阳河有许多由盆地西北边缘山脉流入的湍急小溪流。这些溪流宽而多石，没有固定的岸或边，只在下雨或化雪时存在。旅行者在穿越盆地北部时可以想见，在这些灌渠和堤坝建立之前整个地区是什么状态。再回到灌县的水利工程系统。占有岷江原来河床的南河，几乎是在离堆的对

---

① 今四川省成都市郫都区。

② 今四川省广汉市。

灌县的水利灌溉工程，始建于两千年前

面被分为四条主要河道。最东面的一条叫安江河（Peaceful River），灌溉灌县、郫县和双流县[①]（Shuangliu Hsien）。第二条叫羊马河（Sheep Horse River），灌溉上述地区的其他部分，在新津县（Hsinhsin Hsien）与安江河汇合。第三条名为黑石河（Black Stone River），灌溉崇庆州[②]（Chungching Chou）地区，与其他河流在新津县汇合。第四条叫沙沟（Sand Ditch），向西南流经大邑县（Tayi Hsien）和邛州，也在新津县

① 今四川省成都市双流区。

② 今四川省崇州市。

与其他河流汇合。所有这些溪流纵横穿插于成都平原，除了形成沱江上游者外，均在江口汇合。江口为一小村，位于平原东南的最边缘，在成都市南约 45 英里。

这个网结的系统包括运河、灌渠、水沟、人工的和天然的溪流，形成了一个全面、完整的水系网。各处水流都稳定、迅速，堤岸稳固，不知有洪水为患。这些溪流和灌渠不仅用于灌溉，也用作各种行业所需的能源。面粉厂很多，用垂直或水平固定的水车驱动，同样也用于研磨油菜籽榨油等类似加工的工厂。

不可否认李冰父子完成了今天都江堰这样的水利系统。他们是创始人，他们制定的治水方针路线被后人代代传承，并得到发扬光大。维修堤岸、清除河底淤积物每年进行。官方的"水利府"驻守成都，负责管理有关事宜。每年冬末北河的水在灌县被转入南河，以便清理河床淤积。在早春完成清淤，再把水引入南河。每年有一隆重的放水仪式。李冰的箴言"深淘滩，低作堰"已成为定律并得到严格执行。在中国，存在诸多腐败和贿赂，一项如此古老的制度一个世纪接一个世纪保持高标准有效地执行是极少有的。这项工程的创始人被神化。灌县俯视都江堰的两座宏伟庙宇见证了百万人对李冰父子的感激之情，他们享受着李冰父子给他们带来的富裕。"崇拜英雄"，人们感到光荣，在任何地方都一样，这里是一个例证。

两座庙宇中较大的一座值得作一些描述。此庙是我迄今所见最漂亮者，并有可能在中国无任何庙宇能够超越。殿宇在一片浓郁的树丛中，背靠山坡，面向江水，由一台接一台宽阔的梯级进到庙前。整座建筑均为木材建构，有精美的雕刻和涂漆。庭院宽敞，有古老和工艺独特的青铜和铁制的装饰品，有李冰及其妻子和儿子的塑像。还有许多精美的镀金、雕刻的匾额和礼品，为历代帝王、高官、名人、乡绅及各种社会团体所敬献。负责管理的道士很认真，殿宇内外打扫得很干净，一棵杂草也没有。庭院内则有许多有趣的乔木和灌木，用中国的风格和高超的技艺培植。有两株华丽的紫薇经修剪、整枝，培植成扇形，高约 25 英尺，宽 12 英尺，据说树龄已超过 200 年，精美无比，在别处我从未见过。

整个平原被分为较小的地块，每一地块或一组地块在一个平面上，与相邻的地块有时相差仅一两英寸。这种排列就需要有一套符合惯例且能为大家接受的复杂管理制度，决定所有灌渠水量分流入各支流的比例及不同地块用水的顺序。这个系统是如此之完美，使得每一块稻田都能准确、及时得到足够的供水。正因如此，在成都平原不知有荒年和饥馑。

在这一地区没有极端天气。夏天气温在有遮阴处极少高达 100° F①，冬天极少低于 35° F。终年湿润，多阴天，特别是冬季，由于浓雾，很少能见到太阳。土地长年种有庄稼，一年两季，分别在四五月和八九月收获。两季之间还有间作作物。水稻是主要的夏季作物，但有些地区生产小米、甘蔗、豆类、板蓝和相当数量的烟叶。对于烟叶特别要提及的是郫县。小麦和油菜是主要的冬季作物。蚕豆（Vicia faba）、豌豆、大麦和大麻（Cannabis sativa）在某些地区也很普遍。温江县②（Wen-chiang Hsien）以产黄麻（jute）而著名，作为冬季作物，种植有相当的数量。产品主要销往四川各地和长江下游地区。此种产品被称作“火麻”，曾有许多旅行者搞错。作为夏季作物，苎麻和苘麻（*Abutilon avicennae*）种均有一定数量的栽培。我唯一的一次见到黄麻是 1910 年 7 月，生长于姚家渡附近。在平原的北部，绵州和德阳县有少量棉花栽培，但无重要商业价值。罂粟在平原内从未大量种植。

所有中国的蔬菜和产食用油的植物在成都平原都有一定数量的栽培，而且质量一般都比其他地方好，如要一一列举，除了仅生长于中国寒冷地区者外，所有这类植物都将列入这个名单。关于这一名单且留待

---

① °F（华氏度），保留原著使用单位，华氏度 = 摄氏度 × 1.8 + 32。

② 今四川省成都市温江区。

以后的章节介绍。

平原上显著的特征是为数众多、散布各处的大宅院和大农舍，屋舍旁有成丛的竹子、楠木和柏树，浓荫蔽日。由于这样的村落很多，致使整个地区看起来有很多树木，也使全景被分隔，在一处无法看到平原数英里以外的地方。

树木的种类很多，随便就可列举出50种。桤木沿溪边、沟边极多，是主要的燃料来源。在平原偏北的地方，取代桤木的是喜树（Camptotheca acuminata），其树皮灰色，使树干看上去很清爽，白色小花组成圆球形头状花序，颇为奇特。在村舍旁，竹子、栎树、苦楝、皂角树、柏树和楠木最为常见。楠木是寺庙周围的一特色。润楠属（Machilus）的好几个种都称为楠木，全都高大、能遮阴、常绿，树形非常漂亮，其木材价值很高。再往南方一点，榕树很多，但在此处很少，松树和杉树也不常见。红豆树偶尔能见到，但多数是在寺庙庭院和路旁神龛边。成都府的一大产业是蚕丝业，因此桑树很多。另外柘树（*Cudrania tricuspidata*）的叶子也用于养蚕，同样也很普遍。

在这样一个高度农耕的地区，其天然植被肯定受到破坏。少数保存下来的原生灌木和草本植物遗留在溪边和墓地。有些地方，芒（Miscanthus sinensis）和阔叶芒（*M. latifolius）[①]很多，到了秋季，淡黄褐色的羽状圆锥花序极引人注目。有时带刺的灌木如小檗、冬青、马甲子（Paliurus ramosissimus）和白簕（*Acanthopanax trifoliatus*）用作绿篱植物。但用竹子编成的篱笆最为常见。

由于平原上散布城市、乡村和农庄，必须有一道路网。一条主动脉向东北偏北方向通过平原进入陕西省，最后远达北京。此路由伟大的秦始皇（也是他开始修筑万里长城）约于公元前220年自陕西一端开始修

① 中国查无此种，应属错误鉴定。根据其分布和叶片较宽的特征，应是五节芒（Miscanthus floridulus）。

建。它从成都向西南通往邛州，然后再通向遥远的拉萨（Lhassa）。另有许多大路将省会与各地连接，东南面有长江边的大市场——重庆，西面有灌县和更远的少数民族地区。次一级道路与这些大路相连，并将省会与平原上的所有重要城市及境外地区连接。大多数的路原来都在中间纵向铺有一两块石板，两边是泥地。独轮车（这一地区的特色）长期行驶在石板上碾出了深深的沟槽。石板不见了，留下长段的土路是很经常的事。在干爽的天气，这些路段尘土飞扬，但还好走。一遇雨天烂泥就深齐脚踝甚至膝盖，常常无法通行，即使一般的下雨天，在这样的路上行走其感受也无法用文字表述。这生动地说明了在中国许多事情都有正反两面性。这里，如果不是全中国也应是西部最富裕的地区，一般给道路留下的宽度是最吝啬的，而且维护极差。大家经常谈论中国需要修铁路。的确，中国迫切需要铁路，但好的公路和大路肯定更为需要。成都平原上的公路和间道是对这一丰产、富裕地区全体人们的一种羞辱。"众人之事不关任何人的事"，这句俗话应用在中国和西方都一样。现存的道路是为了所有人的利益，但没有任何人把保护道路当作一件重要事情，结果被所有的人遗忘，农民、官员和绅士们都一样。

这些道路虽然很差，但架有数以百计高大的褒奖和纪念牌坊。这些牌坊多由红色砂岩构建，较少用灰色砂岩，也偶有用木材建成的。在邻近更富裕的城市，如汉州，这样的牌坊特别多，很多牌坊建造精良，有浮雕表现神话或日常生活情景，是中国建筑之精品。梁柱的顶端和人字头墙檐通常伸出很长而且上翘，为整个建筑增添了生气和美感。长而上翘，有些夸张的边檐是这里房屋、寺庙和神龛的特色，在整个地区都能见到。

沟、渠、溪流无数，上面都架有桥，并得到很好的维护。桥多用红色或灰色砂岩建造，很少用木材构建。石桥通常从 1 孔至 12 孔都有，有时桥背向上拱曲，但通常还是采用罗马拱架结构。另外还有堤上的桥和叉架构造的桥。不是所有桥都有扶栏，有的桥仅有一块石板横架在狭

乐善好施牌坊

窄的水沟上，有的桥由多块石板架在一排建于溪底的桩柱之上。新都县[①]（Sindu Hsien）附近有这种叉架桥的一个样本，长达120码。成都东门外有一用红色砂岩建成的九孔桥，普遍认为是《马可波罗游记》中提到的那座桥。姚家渡（Yao-chia-du）也有像这样的桥，但有20孔。就在汉州城外有一用木材构建的廊桥，长120码，宽6码，架在8个石桥墩上。此桥名为金雁桥，是我在旅途中所见最漂亮、装饰最华美的木桥。

关于控制、稳定溪流和灌渠的方法，应当提到普遍使用的在用竹篾编成的长篓中装入鹅卵石的方法。据说这一方法可追溯到明朝晚期。这以前主要的桥墩、护堤都是用铁铸成巨大的牛、龟、柱子等。在水渠汇合或分支的地方，水注泻入低处，就筑坚实牢固的石墙保护泥岸。

令旅行者感到惊奇的是用于建桥的巨大石块，特别是那些立作桥脚的巨石。我没有亲自丈量过，但这些石块至少平均长12码，顶端正方形，边长有20英寸。这些石块通常是坚硬的石灰岩，偶有花岗岩。当用砂岩时，尺度要短一些。在赵家渡，砂岩被用作围墙。

欲描述成都平原上的城市，必须给我足够多可支配的时间。除了省城以外，省内的各城市无太大不同。城市的大小有相当大的差异，有些没有城墙的大城市在商业上比有城墙者更为重要。大多数城市及其周边地区都因有某些物产而闻名。例如，绵阳的面粉和纸，郫县的烟草，温江县的大麻，彭县的板蓝，双流县的草帽，不一而足。这些城市大都非常古老，都有精美的庙宇，好像成了财富的中心。马可波罗于13世纪曾到访成都（东经104° 2′，北纬30° 38′）并有描述，称其为“富有而高贵的城市”。已有无数的旅行者到过成都，他们都一致同意这位威尼斯人的看法。成都有35万人口，在某些方面可能是全中国最漂亮的城市。它的建设布局与北京，甚至广州完全不同，难以比较。现在的成都

---

① 今四川省成都市新都区。

比较现代化，但还是在当年土著王国——蜀国首都的位置上。蜀国在公元前221—前206年某个时期被秦始皇征服，名义上纳入他的统治。接下来的西汉将其合并为中国的一部分。三国时期，这块地方或其附近是刘备王朝的首都。以后各个相继的朝代都将其作为最重要的行政管理中心所在地，王子、皇族或总督居住于此。现在仍然是四川省府要员和掌管西藏事务官员的办公机构所在地。

英国、法国和德国都在此设有领事馆。但在所签的条约上，成都不是开放口岸。中国人成功地阻止了这些外国机构购买土地建造办公室或职员宿舍。结果是这些机构只能设在中国破旧的寓所，不卫生，对健康不利，与其权力所代表的尊严不相称。把人置入如此糟糕的寓所简直是一种耻辱。成都府远离伦敦、巴黎和柏林，同样也远离北京，但把这些领事们搞得像偏远的乡下人一样合适吗？各个教派的传教士都牢固地扎根成都，只要有经费就可添置各方面的物业，包括住所、医院、学校或教堂。

这座城市的城墙宏伟，周长约有9英里，有4座漂亮的城门穿过8个棱堡。城墙高35英尺，基部宽66英尺，顶端宽40英尺，边缘有圆齿状的垛口。墙面和顶部都是坚硬的青砖（平原上其他城市的城墙均用砂岩建造）并得到全面的修缮。在清朝时期，有八旗兵驻扎于此。城西南边的一大片地方被圈起来成为满族城。在城墙内有很多私人和官府的精美的住所、庙宇和一个大校场，还有其他种种东西。城市整洁有序，警力有效。漫步于街上，注意各行各业的运行，可以很好地感受中国文化。街上销售的商品无数，也处处显示出他们自身的富有。商店的招牌涂漆并镀金，垂直悬挂，用优美的书法书写店名和销售的商品。在市内到处都可见到官员，他们坐着轿子在街上快速通过。这种轿子很特别，有长而弯曲的轿杠，轿身固定在弯曲处的顶端。当抬起时，轿子就正好高于人群的头顶。街上总是挤满了行人、轿子和独轮车。不同的行业占有它们自己特有的地段。有的街道全是木工行业不同工种的商店。靴子、骨制品、毛皮、旧衣物、丝织品、洋货等都有专卖商店。丝织品是成都一大产业，有数以百计的织机应用于生产。

受西方影响的迹象很多。已有一所省立大学和几所传授西方知识的学校，还有两个农业试验场，兵工厂、造币厂、大市场各一个，还有许多半西式的建筑。兵工厂和农业试验场均在城外。供照明用的发电厂在我上次到此时（1910 年）已建成，同时电话服务也在进行中。在欧洲人的掌控下，帝国邮政在此牢固建立，这是唯一真正在此地起到作用的西方发明。其他数项（不是全部）只是纯粹和简单的试验。这些都掌握在官员手中，他们之间常常互相猜忌，挪用公款和公物的事广为人知。诚实官员的良好意图很容易被怀有妒意的献媚者和强大的保守势力破坏。这座城市展示了无数半途而废的试验的实例，其中有些是因为费用大、设计不当而停下来的，但如果能恰当管理、施行，按计划大多数是可以取得效益的。官员们欲获得这些他们认为有用的西方知识显得迫不及待。但他们思想上对所要之物并无真正认识，同时做任何事情都很少协作。学生们控制着大学，他们的父辈和乡绅统治着这块地方。他们的口号是“中国是中国人的，所有的外国人和外国影响都滚出去！”这个声音完全是合法的，但应缓慢进行。他们认为自己羽翼已丰，然而对他们急于得到的东西，他们的知识还在幼儿阶段。那次迅速蔓延、给国家带来深重灾难的不幸动乱就源起于脑袋发热的成都。起初反对朝廷不如反对外国资本那么激烈。中央政府同意借一笔外债，其中包括修建汉口至重庆的铁路项目。就是这笔外债有如火上浇油，你可以把它看成是引起动乱爆发的导火索。清朝政府（衰弱无能，50 年前就应当灭亡）已被推翻，袁世凯机敏地打着共和的旗号实行独裁统治，成为唯一能避免中国于无政府状态或分裂的人，但外债变得比以前更为迫切需要。现在的政府体系只是过渡性的，另一个朝代必然兴起。前面已经说过，四川是由总督和乡绅统治，这是一切困难的关键。总督必须执行北京帝国政府的指示，他同时还要取得乡绅们的欢喜。这两股力量的愿望变得完全对立，最机敏的外交家也无法调和这种矛盾。总督赵尔巽（xùn）被调往东三省，又将其弟赵尔丰从西藏边境召回，任命为新总督。新总督来到时已太晚，无法阻止动乱，并最终被杀。乡绅们宣称不需要外国资本也不需要这些资本的外国监督染指四川铁路建设。这些专权得势的人说：以中国人之财力、中国工程师之能力可完成规划。中央政府想法不同，作了另外的安排。于是成都平原的乡绅们发起反抗。动乱迅速发展，失去了掌控，结局如何难以预料。清朝自公元 1644 年夺得政权后，立即着手对在张献忠统治下的四川进行解救，给这一地区带来了和平。267 年后这个朝廷因成都平原乡绅们引发的反抗而被推翻。朝代可能来去更替，但将来和过去一样，在这一肥沃美丽地区——中国西部的花园，凭借工业结合农业技艺将继续赢得支持，获得财富、影响和权力。

成都平原路边的竹丛

第十一章

四川西北部

——翻山越岭到松潘

1910 年到达成都数日后，我决定专程前往松潘厅（Sungpan Ting）走一趟，主要目的是采集以前我在这一地区发现的一些新针叶树种的种子和标本。1903 年和 1904 年我曾两次访问过此有趣城镇。第一次走的是通用的大道，途经灌县和岷江河谷。第二次我沿通向北方的大路，跨过成都平原到绵州[①]（Mien Chou），然后走经由中坝和龙安府的另一条大路。在这两次行程中，我搜集到了有关从石泉县[②]（Shihch'an Hsien）翻越山区，最后与上述两条大路连接的一条小路的信息。预期这条路将是有趣和新奇的。据我所知，迄今只有罗马天主教的传教士曾走过此路。安县（An Hsien）被选作此次行程的起点。

心怀这个目的，我们于 1910 年 8 月 8 日一早由成都北门出发，沿着向北的大路直至汉州（Han Chou），然后离开大路，经由什邡县[③]

① 今四川省绵阳市。

② 今四川省北川县。

③ 今四川省什邡市。

（Shihfang Hsien）和绵竹县到达安县，从成都开始，费时三天半，行程约 300 华里。这条路正好穿过富饶的成都平原到达其西北边缘，接近秀水河，翻过一些低丘陵，来到一小溪，通往安县。虽然天气炎热使人感到疲乏，但这段路程很好走。

安县城小，也不重要，美妙地坐落在溪流的左岸，背后是光秃、高出河水平面 2000 英尺的大山。有两条溪水在此汇合成河，高水位季节可通航至涪河岸边的城市绵州。涪河是嘉陵江水系西边的一个支流。安县距成都平原西北部边缘很近，至少在夏季其河运可直通重庆。

离开时，我们出北门，路沿溪水主河道而上。为防止溪水泛滥时危及城镇，河边筑有一石板砌成的矮堤，质量甚好，很牢固。穿过一种植有庄稼的小山谷，我们进入一条多石的峡道，并从一条铁索吊桥过河。桥已很老，维修不善，长有 110 码，当我们一个一个地走过，晃动得相当厉害。前行数英里，我们又从一条类似的吊桥再次越过此河，在下午 6: 00 到达当天的目的地——擂鼓坪（Lei-ku-ping）。这一带种植有一定数量的水稻，但玉米为主要作物。玉米下面多种花魔芋（Amorphophallus konjac）作为下层作物，花魔芋的球茎经水漂洗除去酸性物质后可供食用。我们遇见不少商旅，多数是民工，从松潘运来羊皮、药材，在安县装船运往重庆。有很多用小桶装的钾碱和油菜籽粕饼。煤的品质很差，多是煤粉，产自周围的山中。我们见到二十多匹骡子，还有许多民工运煤。

擂鼓坪海拔 2750 英尺，是一大集市村，有一条大街，两端有门，日落即关闭。擂鼓坪是一大而重要的茶业中心，茶叶产自周边地区，大量供应松潘和更远的地方。关于这个产业，后面我们将更多地谈到。

清晨雨下得很大，虽然我们出发时雨已停，但整个上午时有阵雨。离开擂鼓坪，我们攀登了数百英尺上到一低矮山头，然后下坡到曲山村（Che shan）。村子坐落在相当大的一条溪流的右岸，也是松潘茶叶贸易的供应源头，但地位不如擂鼓坪重要。

从曲山去石泉县，路沿河右岸而上，河水奔流于陡峭的山间。这条小路通常都在河面数百英尺之上，宽阔而且大部分好走，但有不断的上坡接下坡。山坡很陡，但只要不是垂直的地方都种有庄稼，玉米是主要作物。岩石主要是疏松的砂岩和泥质页岩，很少有石灰岩。页岩很易风化，坡度最大的耕种坡地通常由这种岩石组成。

这条河较宽，高水位季节易于小船航行，即使现在木筏亦可顺流而下，但在河面上我们未见有任何交通运输。河水很脏，沿岸有许多漂流木。很明显，这些木材经打捞、晒干成了主要的薪柴来源。树木很稀少，但在房屋周围有槐树、黄连木、青檀（Pteroceltis）、梧桐、复羽叶栾树和桤木。栾树正值花期，其花金黄色，组成大而多分枝的直立圆锥花序；叶很大，多次分裂。灌木种类不多，但使我震惊的是中国玫瑰——月季花在路旁、岩畔和溪边极多，很显然是野生的。

从石泉县城下行数华里，河上有一竹索吊桥，[①] 长约 80 码，悬挂在用竹篾编成的缆索上。缆索共 8 条，每条直径近 1 英尺，固定在河两边的支柱上。桥面的两侧各有两条相同的缆索在较高的位置上横过对岸，并有竹索与下面支持桥面的缆索相连。有一绞盘用于拉紧缆索。桥面由坚实的柳条编成，铺在底下的缆索上，形成步道。像所有这类结构的桥一样，此桥桥身很重，中间下沉很厉害，而且走在上面感觉很不稳。这种桥的寿命只有几年，大风常使它们很不安全。

石泉县为一小城，海拔 2800 英尺，刚好坐落在两条河交汇处下面一点的左岸，风景很美。城四围都是陡峭的山，山上多少开有耕地。城内有不少树，使外观增色不少。一座亭子和一座宝塔立在两处小山高处，守护着地方的福祉。城外郊区窄长，犹如沿着城墙与河流之间的一条丝带。城墙有些地方已坍塌，城门矮小。我们在一大而结构奇特的客栈住下，客栈内充满臭气，臭虫、蚊子很多。这一天走了 65 华

---

① 根据对此吊桥的描述，具体地点应在北川县漩坪镇。

里，但这地方的“里”很长，致使民工和他们搬运的物品到得很晚。到需用钱时，我打开箱子准备取一些银两兑换，这才发现有人从中偷走了约 30 两银子和 5 块大洋。这件行李是我们从大宁县（Taning Hsien）雇用的一个民工搬运的，由于他此前表现得特别令人满意，一直留用下来。前一天他雇用一当地人搬运他的驮子，理由是他感到身体不适。最后一次见到他是在曲山，他还是不能搬运他的驮子。很明显他就是盗窃犯，但他还是有点良心，没有把箱子里的钱全部拿走，大约给我们留下了一半。由于此人已离开将近一天，我决定不动声色，减少损失。如将此事诉诸官府，必将花费更多的费用和惹来更多的麻烦，而且追回失款的机会很小。这是我在中国第一次，也是唯一的一次遇上这种事情。

前往松潘的大路继续沿河右岸而上直至其源头，然后翻过一山梁进入岷江河谷到茂州[①]（Mao Chou）。1908 年我走过这条路的大部分，当时翻过九顶山（Chiuting shan），从绵竹县附近至土门（Tu-men）然后达茂州。现在走的这条路是从石泉县向西北延伸。从成都到此处我们没有要警卫护送，但考虑到前面路况不明，我想最好能在此城获得护送。我按规矩将名片送到县衙，告知掌管此事的官员，要求按惯例护送。半小时后我的名片被退回，并告知松潘有骚动，不能提供护卫。这样的拒绝简直是傲慢，我不知道县官是否对此真正负责。我在中国 11 年的旅行中，这是第一次，也是最后一次遇到的无礼对待。这两件不愉快的事都很独特，所幸均为不重要之小事，成为我访问石泉县的标志。这是我一直热望访问的城镇，从这里我开始了在四川西部的旅行。

次日离开石泉县时太阳刚出来，很高兴离开了这个充满恶臭、害虫滋生的客栈。没有衙门里的人露面，也没有人试图阻止我们取道前行，

---

① 今四川省茂县。

我却很担心会有这样的情况发生，但幸好我的担心是没有根据的。从北门出城，我们来到一条流量与主河道相当的溪边。路沿溪左岸而上，几乎立即进入了一狭窄、荒芜的沟谷，我们一整天都沿着这条沟行走。与类似的道路一样，此路沿着山边，通常高出河面数百英尺，但不断地下到河边，前行仅数百码又再上坡。虽然这里的岩石为泥质页岩，山体滑坡的痕迹时常可见，路维修得不错。凡有可能利用的土地都种植了玉米，但房屋很少，相距很远。这块地方使我想起更西边的岷江上游河谷汶川县的周边地区。树木很稀少，梧桐可能是最常见的树种。灌木种类几乎都具有叶小、质地厚或被毛的特点，说明气候干旱，其中蓪梗花、蕊帽忍冬、宜昌女贞（Ligustrum strongylophyllum）和多种绣线菊（Spiraea）最为常见。在离当天目的地开坪镇（Kai-ping-tsen）还有5华里处，我们从一座建筑精良的石拱桥越过一条清澈的小溪。这一天当中我们经过数座由单条缆索构成的“索桥”；缆索很粗，用竹篾编成。这种桥是交通不便、偏远地区的标志。在石泉县附近我们经过一座竹索吊桥，与前面描述的相似，在开坪镇又有一座这样的桥。路上运输相当繁忙，钾盐、木板和油粕饼是运输的主要商品，而以钾盐最多，所有这些货物全用人力背运。

开坪镇是一个约有50栋房屋的小村镇，海拔3200英尺，坐落在一溪流的左岸，在石泉县以北约50华里。有一栋新盖好的空房子提供给我们作住处。人们很有礼貌，和他们在一起的短暂逗留非常愉快。前不久，在一位很受尊敬的寡妇坟前立了一块相当漂亮的墓碑，是此村的一主要有趣事件。

离开开坪镇我们继续沿溪流左岸而上，所经之处与前一天相似，行30华里至有集市的小坝村（Hsao-pa-ti）。从各方面衡量此村相当大（约有100栋房屋），有很多农舍分布于周围。山也不如其他地方崎岖陡峭，可种玉米。房子低矮，用泥质页岩砌墙，用粘板岩石片盖顶。集市正进行中，食物、柴薪和钾盐是主要出售商品。有一座竹吊桥横挂河面，路穿过田野，最后与石泉县和茂州之间的大路相连接。走出小坝村，离开了河岸，通过玉米地翻过一较低的山梁，然后下到一条小支流，越过此支流，直上陡坡 1000 英尺来到另一山梁顶端。此处可再次见到主河道欢快地流过山谷，在其远端即我们今天的目的地——片口村（Pien-kou）。虽然看起来近在眼前，实际上离我们所在的山脊足有 20 华里。路经玉米地进入山谷，最后从一又老又不稳固的竹吊桥过河。桥摇晃得很厉害，实不安全。

片口村（地图上为 Yüan-kou）海拔 3800 英尺，是一较重要的集市村，但最近一场火灾烧毁了一半的房屋。我们找住处遇到困难，唯一适合的客栈已客满，住客不肯让位，经过一些时间的交涉和坚持终于取得胜利。我们舒适地住了下来，虽然很挤。有一住客发烧病倒，我给他服用喹啉，并给了他足够服用数日的剂量，他深表感谢。这一行为被传开了，结果很快有大群大群的人来求药。喹啉是很受中国人重视的药物，是他们唯一相信的外国药品。

这一天的行程据说是 70 华里，但路显得有些长而且乏味。植物种类很贫乏，桤木是唯一常见的树种。

我们所走的这条路在镇坪关（Chun-ping-kuan）附近与茂州至松潘的大路会合。镇坪关距松潘约 160 华里，我得不到有路连接龙安至松潘大路的信息，但我们依然相信定能找到。至此我地图上标记的道路完全不对，完全不知道我们现在所处的准确位置，然而我已长期习惯这种情况了。

离开片口村，行 40 华里到达白羊场（Peh-yang ch’ang），一个小村子，有 12 栋分散、破烂的屋子。由于山体滑坡，有些地方路况很差。岩层边缘主要为泥质页岩。刚开始的 22 华里我们沿河（自石泉县一直跟随此河）右岸而行，然后从临时用两条树干架起的桥过到左岸。这附近原有一座竹吊桥，已经破烂倒塌。在过河处住着一位中国官员，当地称为土司（Tu-ssu）。这位官员很有礼貌，给我们提出建议，引领我们过河。

这一天的行程大体上与前两天相同，通过多石而乏味的峡谷。凡能利用的地方都种上了玉米，我们仅见到两小块零星的水稻田。房屋很少而且彼此相距甚远，路上仅见少数民工运输钾盐、木炭、板材。植物种类不令人感兴趣，仅桤木、枫杨（Pterocarya）和灯台树（Cornus controversa）常见。大叶醉鱼草（Buddleja davidii）在溪边很多，正值盛花期。中国蔷薇也非常普遍。宜昌百合（Lilium leucanthum）除无鳞芽外很像通江百合（Lilium sargentiae），在有些地方也很多。在白羊场（海拔 4100 英尺）我们找到一条转向右方的路，可在水晶堡（Shui-ching-pu）与龙安至松潘的大路连接。我们决定循此路进发。

在白羊场我们住处的上方河道一分为二，其中一支水清澈，当地认为是较大的一支。就是在这条溪流的上游，路与茂州至松潘的大路连接。人们告知此路就像我们来时所经之路一样，而且更难走，特别是最近一次洪水几乎把所有的桥梁都冲毁了。转入岷江河谷是在一个叫桦子岭（Hwa-tsze-ling）的地方附近，那里有漂亮的冷杉和云杉林。片口村是一相当大的酿酒业市场，产品大部分从这条崎岖的道路运往松潘。

令人疲惫的赶路是我们前往龙安至松潘大路第一天行程的写照。我们经过两次很长的上坡和下坡，又开始第三次上坡，走了 55 华里，在小沟（Hsao-kou）过夜。第二次上坡足有 2000 英尺，而且非常陡，穿过玉米地，爬上已丢荒且被草本植物覆盖的地段。下坡则主要是穿过灌木萌生林。房屋分散各处，凡可利用的地方玉米是主要作物，马铃薯和豆类也有种植。路确实难走，但我走过比这更差的路。

森林已被毁，灌木覆盖着尚未开垦的地方。在较高山崖的顶部和人畜不能到达之处尚有零星的针叶树存在，但我们没能接近它们。植被和四川西部海拔 5000 ～ 6000 英尺分布带基本一致，只是比我所经过的很多地方变化更少。在山谷内，桤木很多；山坡上漆树和核桃树数量不少。珙桐的萌生条（包括有毛和无毛两变种）很多，但未见有大树。整个谷底和丢荒的耕地上大叶醉鱼草成为奇观，数以千计的植株，每株都是一大紫蓝色花丛，四面八方非常悦目，其变种（var. magnifica）花瓣反卷，颜色更深，更引人注目。我还采到一白化变型，仅有一小株，也是我见到的唯一的一株。其次有马桑绣球（*Hydrangea villosa*），高 4 ～ 8 英尺，多分枝，花呈玫瑰紫色，也是一极佳的观赏灌木。在湿润、多石的山坡上，七叶鬼灯檠数以百万计，现为果期，如值花期，数英亩雪白的圆锥花序必定展现一片迷人的景色。在其他地方我从未见过此种植物如此之多，生长如此之茂盛。假升麻（*Spiraea aruncus*）开出白花，组成纤细弯拱的圆锥花序，覆盖数英亩的地面。有一种无花瓣的溪畔落新妇（Astilbe rivularis）也很多，值得一提。

小沟村由 3 栋分散的屋子组成，海拔 5900 英尺，周围是玉米地，还有些房屋的废墟。陡峭的群山环绕四周，其中有些顶端为高耸的石灰岩巉岩，山脊嶙峋如犬牙状，有尖顶，都无法上去。在客栈的后面有几株落叶松，附近还有几株叶平展的云杉大树。我们所经之处房屋附近还种有厚朴。客栈主人还种了一种药用的乌头（*Aconitum wilsonii*），是一种有价值的中药。

这一整天，途中我们只遇见三个人运输货物，两人运钾盐，一人运的是椴树皮，当地用来编制草鞋。沿途可见森林山火经常发生的痕迹。

次日下雨，破坏了原本可以较平时更有趣的行程。从上午 7: 00 至下午 2: 00 我们奋力上爬 4000 多英尺，到达通向土地梁（Tu-ti-liang）山口的顶端，然后又下行 4000 英尺到达一个叫 Hsueh-po① 的小村，在一栋大而好的屋子里找到住处。雨从上午 11: 00 前开始一直下个不停，我们的视线仅限于几百英尺。不时会有一阵强风把雨雾吹散，使我们能短暂地见到峭壁和无法攀登的山峰，其上有灌丛或偶有针叶树覆盖，但

① 未查出原地名，在小沟与土城子之间，按行程估计，应在今木树坝附近。

这样的景致很少。

小沟村非常分散。我们离开住处不久经过两三栋房子，但走出 3 华里后房子和耕地都消失了，之前所见极多的醉鱼草、绣球花也不见了。上坡路开始稍平缓，不久即变得陡峭，通过灌木和粗草组成的丛林。这些粗草和稀疏的灌丛被周期性地砍伐焚烧，所得灰烬被收集入底部有筛孔的大木桶内，冲入开水，所得液体导入木盆、木桶等容器中，任其蒸发，留下的剩余物即为钾碱。此种产品用瓶盛装，售于集市。我们经过数间简陋的小屋，那里的人们均以此为业。路沿湍急的小溪而上，很不好走。伐木人用整条的大树干架在溪流上和沼泽地上，算是建有一条小路，但在这些潮湿、滑溜的原木上行走非常困难。在一次过小溪时我曾滑倒，只得跳入多石的急流中，总算避免了一场严重的事故。临近山顶，距下到龙安府一侧的山口尚有一段距离处，用劈开的木材砌了一长段梯级，使路更名副其实了。下坡几百英尺后，路渐趋平缓，通向开阔、公园似的山坡，与我在中国其他地方所见完全不同。这里大部分树木被砍伐，林间空地上长满了草，饲养了不少马、山羊和猪。

以前这些山上肯定有针叶树生长覆盖，但伐木人严重地毁坏了这片森林。途中我们只见到弱小或衰老无价值的植株，铁杉、云杉和冷杉都有。所经之处最突出的是连香树（Cercidiphyllum）特别多，在所有湿润的山坡和山脊两侧公园似的地带都很普遍。腐烂的大树桩也很多，我对其中之一进行了测量并摄影，其干围达 55 英尺！在离地面 30 英尺处折断，剩下部分已空心，但依然长出许多带叶的枝条。这些树桩是我在中国所见最大的阔叶树的残余。在这些残余树桩之间还有许多这种树生长，高 60 ～ 80 英尺，干围 8 ～ 10 英尺，树形完好，长出无数整洁、近圆形、亮绿色的叶子，有的已结幼果。这是我第一次采得这种美丽而有趣的植物的果实标本（后来我采得成熟果实，现在这种植物已生长在阿诺德树木园，可望很耐寒，并证实与日本所产属不同变种[①])。

此树(*Cercidiphyllum japonicum* var. *sinense*)可比东亚温带已知的任何其他阔叶树种长得更大,只有与其近缘的水青树或能与之相比。水青树在土地梁树林中也很常见。当地人称连香树为“Peh-k’o”,而白果一名全中国都仅用于银杏(Ginkgo biloba)。

山梁的顶上由泥质页岩组成,似乎很适合一般植物的生长。在海拔8000英尺至山顶,美容杜鹃(Rhododendron calophytum)特别多,覆盖数英亩;树高40～50英尺,干围5～7英尺,具有棕褐色漂亮的树皮。领春木(Euptelea pleiosperma)和湖北枫杨也是此地很多且较有趣的植物,湖北枫杨的树皮当地用于盖屋顶。柳属植物有数种,极常见。某些柳树和椴树一样,当地农民用其树皮编制草鞋。红荚蒾(*Viburnum erubescens* var. *prattii*)可能是最常见的灌木,其花白色芳香,组成下垂的圆锥花序,果实鲜红色,后变为黑色。多种五加科植物、花楸及其他植物附生在树皮粗糙可积聚腐殖质的大树上。不同种类的槭树、花楸已有果实,还有许多其他有趣的树种组成了这片森林。高大的草本植物大显风采,特别是无花瓣的溪畔落新妇、假升麻,开白色和粉红色花像日本秋牡丹的野棉花(Anemone vitifolia),花芳香、乳白色,组成大圆锥花序的白苞蒿(Artemisia lactiflora),花黄色、淡红色和紫色不同种类的凤仙花(Impatiens)。和它们长在一起的有唐松草(Thalictrum)、乌头、数种千里光,还有椭果绿绒蒿(Meconopsis chelidoniifolia),高约3英尺,花鲜黄色,碟形,直径2.5英寸。这些不同种类的草本植物覆盖原野数英亩。

这里确实使人感兴趣。这地区的植物种类无疑很丰富,但很不幸的是降雨阻碍了我们深入调查。

Hsueh-po 海拔6000英尺,有数栋房子,四周高山环绕,有一条相

---

① 现学术界认为是同一种。

当大的溪流发源于山垭口，流经狭窄的山谷。玉米是此地的主要作物。前文提及的绣球花、醉鱼草分布到此海拔，繁花盛开。桤木、杨树也上到此处，杨树树形优雅，叶柄和叶脉幼时红色。

很幸运，我们住的地方很好，经得起风雨。大雨一夜未停，一直下到第二天中午 11: 00，此后雨停，但天阴沉，云雾弥漫，模糊我们的视线，看不清原野。客栈周围有数株叶扁平、小枝下垂的麦吊云杉（*Picea ascendens*），很漂亮，当地叫作麦吊杉或麦吊松，在这一带被认为是最好的材用树，砍伐后被锯成长 25 英尺、厚 5 英寸、宽 12 英寸的板材，用人力背负到可放木排的河边。伐木是这些山区相当重要的产业，木材运往中坝。这种漂亮的云杉结实很多，后来我采得充足的种子，将此树成功引种到西方庭园。

离别 Hsueh-po，我们越过湍急的山溪，沿左岸而下。在孔桥（K’ung chiao）此溪与另一条同等大小的溪水汇合，成为一条清澈的溪流。从此地往下便有水稻种植，不断有支流汇入，其中相当大的一条在土店子（Tu-tien-tsze）与此溪汇合。周边山区砍伐的木材，在土店子以上 10 华里的柏木桥（Peh-muchiao）扎成木排下放。就在水晶堡的下方，此溪汇入龙安河（Lungan River），即涪江（Fou Ho）的主河道。木排顺流而下经过龙安至中坝。中坝是一个大村镇，具有巨大的商业重要性，在嘉陵江水系之内，水运可直达重庆。

土店子为一小集市村，也是罗马天主教传道中心。从我们自安县至此的整个地区，这里的教堂有很多信众。这地区所有的乡下人都极有礼貌、有文化，我想这可能是受了虔诚、具有自我牺牲精神的传教士的影响。但无论是何原因，在这一偏远地区所遇到的所有人都将给我留下美好的回忆。

这一天的路很好走，大都沿着山边，高出溪水之上很多。在土店子有条路通向龙安府，距离为 130 华里。在土店子下方 10 华里处，我们从一座廊桥过到溪左岸。下坡数英里，越过一道山嘴，我们来到涪江边，水晶堡（Shui-ching-pu）就在河对岸。来到水晶堡，我们在一信奉伊斯兰教的陕西人的大宅里找到住处。

水晶堡为一集市村，约有 200 栋房屋，坐落在冲积平地上，海拔 4200 英尺，环绕四周的山大部已开垦为耕地，有一条相当大的河，带下淤积物特多，就在村子的下方汇入涪江。有条路沿上述溪流而上，通向甘肃省的文县（Wen Hsien）。据说此路极难走，要通过西番人[①]居住的山区。铁是周边地区较重要的出产，附近也开采金子。石英石破碎成小块后用普通碾米的水碓捣成粉状，石粉经水冲洗并用水银将金子分离。沿龙安河都有露天开采的工地，雇佣农民作业，但产量很少。1904 年当我第一次取道绵州、中坝和龙安前往松潘时，官员们力图停止露天开采，在挖取沙石造成河岸塌方处竖立告示牌，禁止人们淘金。

从水柏至水晶堡据称有 60 华里，我们经过的山谷都已开垦为耕地，到达柏木桥后农家房舍渐多如常。桤木、核桃和杨树为常见树种，房舍周围植有梨、杏和桃树。在一处庭园里我见到一株巨大的紫薇，高 25 英尺，干围 2.5 英尺，整树开满了绚丽的洋红色花。多处湿润的岩石上都长有顶芽狗脊、荚囊蕨（*Blechnum eburneum*），而铁线蕨（maidenhair）长得特别茂盛。前文提到的醉鱼草、绣球花亦多出现，繁花盛开，惹人喜爱。

从水晶堡我们走上了龙安和松潘之间的大道。1877 年 6 月，勇敢的吉尔（W. J. Gill）上尉[②]成为第一个走过此路的西方人。此后有数名旅行者和传教士也曾到此，但总人数甚少。

前文曾提及，我第一次行经这条大路是在 1904 年。那时我没有照相机，所以 1910 年第二次再来时，要做大量补充、收集这一带美丽景色的工作。我以植物学工作者的眼光观察，因此我希望接下来的叙述能

---

① 中国古代少数民族，古羌族后裔。

② 吉尔（W. J. Gill），英国军官，地理学家，1876—1877 年曾到我国四川西部和云南西北部旅行和采集。

准确无误。

我们上午 7: 00 离开水晶堡，轻松地走过 50 华里，下午 4: 00 到达小河营（Hsao-ho-ying）。路沿溪左岸而上，行 20 余华里至一处，正在叶塘（Ye-tang）小村之上。此处有另一大小近相等的溪流从右岸汇入此溪，有一岔道沿此支流而上，翻山通向人口稀疏、西番人居住的地区，并在松潘下方数英里处与茂州至松潘的大路连接。我们经一座长 24 码的铁索吊桥越过涪江左侧的一个支流，桥就建在两河交汇处的上方。从此前行数华里，进入一荒野峡谷，景色奇丽。有植被覆盖的石灰岩峭壁耸立，高出溪流 1000 ～ 2000 英尺，近处的溪水泻落在巨大的岩石上。山坡上凡可利用之处都种植了玉米，谷底种水稻。一处山崩造成一连串的瀑布，我们在其下方从一座用木材构建的廊桥过到右岸。在距小河营 3 华里处，峡谷突然敞开，出现了一个小圆形谷口，有围墙的小河营村就坐落在其中央。从此处看，那儿有一古老的城门，四周峭壁峻岭环抱，显得宁静、美丽，整个村子就像一幅美丽的图画。然而，一进入村子很快就使人感到失望。这个村子明显极度贫穷。村子有一条较宽的主街道，两侧是多少有点坍塌的房屋，城墙内的很多土地都种上了玉米，人们就守护着这破败的环境。

小河营意为“小河畔的军营”，海拔 5300 英尺，是古时的设防村。80 年前约有 700 名士兵驻扎于此。当周围地区被征服后，人数很快减少。现今驻军已下降到 40 人，但是否有此数都值得怀疑。军官的 3 座房屋是此处唯一有点模样的建筑。

在水晶堡我们被告知到小河营定能兑换银子，结果证实是谎话，使我们陷入进退两难的境地。然而，正如当地人所说“冇（mǎo）来头[①]”（天无绝人之路[②]）。这天行程中所见植物种类不很丰富，虽然路过不少有趣的植物。小河营周围普遍种有核桃、漆树、杨树、苹果、

① 四川方言，意为“没关系，不必担心”。

② 原文为拉丁语“Fata viam invenient”，可直译为“命运会找到出路（或办法）的”。

梨、杏、桃和杜仲，在溪边醉鱼草仍然是一道美丽的风景。在叶塘附近一庙宇的庭院内有一株巨大的珂楠树，高约 60 英尺，干围 12 英尺，树冠直径达 80 英尺，其羽状复叶遮阴效果甚佳。此树结满了紫色豆荚状果实，将为我提供成熟的种子。在这个小科中具有羽状复叶的种类都是漂亮的乔木，在这之前没有一种进行过栽培。我成功地引种了 3 种，全都有希望在栽培条件下正常生长，其中暖木（Meliosma veitchiorum）现繁茂地生长于英国皇家植物园（邱园）正门的入口处。

从小河营到施家堡（Shuh-chia-pu）30 华里，路沿狭窄的山谷而上。谷内无特殊有趣植物，谷底和低坡种植了玉米和荞麦，间中有房舍出现。施家堡为一贫穷小村，约有 20 栋房屋，在其正上方，河道分为两岔。路沿左边较大的支流而上，立即进入了一狭窄的山谷。总的来说，这条山路不错，虽然还有可改进之处。谷内的景色，论其宏伟、蛮荒和壮丽无可超越者。悬崖壁立，高 2000 ～ 3000 英尺，主要为石灰岩。凡可立足之处，植被都很茂盛，除了垂直壁立的岩石面上，都有繁茂的灌丛覆盖。沿溪边粗生的草本植物、灌木和小乔木很多，山顶和山脊上有云杉和松树覆盖，不时地可瞥见怪异、孤立的山峰耸立在树木分布线以上。溪水咆哮冲击成泡沫争相流入更开阔的地方。在更平缓的地段，河道形成了一连串 S 形的弯曲和沙石滩，其上长有具鳞水柏枝（*Myricaria germanica[①]）和柳叶沙棘（Hippophae salicifolia），它们的枝条伸到河面上。在一峭壁稍退缩处，形成了一狭窄山谷，有三四间农民小屋搭建其间。小屋周围种有小块的玉米、荞麦、白菜、鸡爪大黄（*Rheum palmatum* var. *tanguticum*）和当归。丢荒的开垦地上长满了粗生草本植物，其中齿叶橐吾（*Senecio clivorum*）高 4 ～ 5 英尺，开金黄色花，很显眼。落新妇和醉鱼草都很多。有一种亚灌木状的接骨木，高 3 ～ 5 英尺，橙红色的果实聚集成簇，是较开阔、湿润地方的一道美丽景色［此

① Myricaria germanica 产于欧洲，分布于这一带的应该是具鳞水柏枝（M. squamosa）。

红柴枝（Meliosma oldhamii），高 50 英尺，干围 10 英尺

种后来确认为一新种，命名为血满草（*Sambucus schweriniana*）①］。植物种类确实丰富多样，采得大量的标本是今天的劳动回报。沿此山谷攀登约 30 华里到达老堂房（Lao-tang-fang）客栈，天已黑，途中我们遇到相当多的行人。从松潘过来的民工搬运的是药材、羊皮和羊毛，运向松潘的主要有用特制木桶盛装的酒、腌肉和大米。老堂房海拔 7600 英尺，只是一间新的大客栈，我们来到时还未全部完工，一边是一长排床铺，另一边是板凳，用以放货物。整个建筑为木结构，屋顶用木板粗放盖成，泥地很潮湿，墙角和床铺下长出植物来。扭角羚和鬣（liè）羚皮被用作床垫或靠椅垫，而没有两张这样的皮子的颜色是相同的。据说在这附近常见有这两种动物，特别是扭角羚。大熊猫在此地竹灌丛中也有出现。

以往这客栈客满为患，无疑也解决了很多需求。若仅为未来的旅行者着想，我衷心希望现在店主的投资能取得成功。从前在这块地基上为一非常简陋的建筑，1904 年我在此住过一晚，留下了不愉快的记忆。客栈周围除了小块的白菜地外没有其他作物种植的痕迹，但有清理的林地，准备种植当归和其他药材。这里景色蛮荒、壮丽，非文字所能表达。四周群山峻峭，巍峨耸立，高出溪水 3000 英尺以上，多少都有茂密的森林。朝向河边的一面几乎全为石灰岩峭壁，边缘有上翘层，壁立、裸露，没有植被。其后背是另一垂直的山坡，有枯死的针叶树残干。在我们所走的路上，从远处回头看，可见到怪异的山峰，高处 14000 ～ 16000 英尺。客栈周围较小的山坡上都被落叶阔叶林覆盖，无法穿越。更高处则为针叶林，树高，稍有分枝，但不大。总而言之，这一奇妙的自然美景，目前尚未遭到人为的破坏。

夜间很冷，风从房屋未完工处吹入，畅通无阻，为了御寒要穿上最厚的衣服。

---

① 见 Rehder，*Plantae Wilsoniana*，Part II. p.306.1912。

次日我们动身比平时晚，慢悠悠地行走了 40 华里，在下午 5: 00 前到达三舍驿（San-tsze-yeh）。全部行程都是在一荒凉的深谷中向上攀登。轿子要拆成零件搬运，到达目的地时所有的人都疲惫不堪。我们享受了阳光明媚的一天，在谷底只能见到一线天空，湛蓝如在藏区所见。相机没有闲置过，我拍摄了一组美丽的风景，但这地方太陡峭，灌丛太密，致使无法拍到树木。

路沿溪岸蜿蜒而行，溪中乱石散布，溪水翻滚雷鸣，实际上占据了整个谷地，给道路留下的空间很少。或涉水或经摇摇欲坠的便桥，我们横过这条山溪数次，幸好水浅，未给我们造成麻烦。1904 年我经此，正值下大雨之后，所遇到的困难给我留下了可怕的记忆。很多道路和桥梁都被冲掉，使我们不得不从丛林中砍出一条通道并砍树架桥。

我无法用文字来恰当表达这荒野深谷的蛮荒和令人敬畏的景色。巨大的石灰岩峭壁高 3000 ～ 4000 英尺，峻峭无比，甚至不容植物有半点立足之地，但一般在溪流和道路两侧都有稀疏或茂密的森林。瀑布极多，溪水的支流很少。植物种类非常丰富，但大多数可望而不可即，实际上这里的乔木、灌木和草本植物和此地区海拔 7000 ～ 9000 英尺地带的相同。针叶树占有主要地位，岷江冷杉（*Abies faxoniana*）、云杉、铁杉、落叶松、白松、刺柏、紫杉都有。华山松是最常见的树种，其分布可上到海拔 8500 英尺，以非凡的方式抱住陡峭的山崖。树干矮小，发育不良，叶短，几乎认不出来，看起来更像是绿色的五月柱（maypole）而不是松树。很多云杉和冷杉果实累累，后者蓝紫色匀称的球果直立，非常漂亮。红杉（Larix potaninii）比其他针叶树都要多，但树较小。所有的针叶树在这一带都被称作“松树”，但对木材价值的评定，最受欢迎的建筑用材依次为落叶松、平叶云杉和白松。至于阔叶落叶树类，槭树、椴树和桦木最为常见，有少数杨树，栎树则极少见，所见到的几株呈灌木状，常绿，不甚美丽。灌木种类的变化很大，林地生长的各属都有丰富的种类。珍珠梅（Sorbaria）花白色，组成大圆锥花序，最引人注目。绣线菊、荚蒾、忍冬、悬钩子、山梅花、花楸和其他科的植物构成了花果展览，非常美丽。粗生的草本植物，如多种千里光、落新妇、乌头和秋牡丹沿路边覆盖数英里。在庇荫处掌叶铁线蕨（Adiantum pedatum）是一幅迷人的图画。在向阳处，可爱的大花深红龙胆（*Gentiana purpurata*）开着深洋红色的花，这样的景色令人永远难忘。

在三舍驿下方10华里处，山沟增宽成一狭窄的山谷，山溪左侧的山坡不甚陡峭，有草本植物覆盖。我们经过数个旧时碉堡的废墟，不久又经过一西番人的小村，有三四间农舍，屋顶上插了许多经幡。在此小山谷内种有小麦、大麦、荞麦、燕麦、豌豆和蚕豆，而且已经到了收获期。

三舍驿海拔9200英尺，有几间破烂的小屋建在小溪头。溪水在此分为三个等大的分支，都发源于此处附近。从我们所经过的道路往回看，所有较高的山峰都是光秃、荒芜的，更高的山上还残存有斑斑积雪。整个山系都是大雪山——雪宝顶（Hsueh-po-ting）的分支和侧脉。在三舍驿的东北则是其他的巨大山峰，光秃、裸露，令人不感兴趣。村子周围的外貌纯属藏区风格，农作物稀少，居民赤贫，清楚地说明这地区的海拔和气候不宜开展农业、工业生产。这样的地区让汉人望而却步，移民不会进入。

在三舍驿的晚上我感到身体强烈发冷，可能是受凉所致，最后引起呕吐。生病和许多的狗吠声不容睡好觉，因此次日我们轻轻地拿出东西，一早启程，我坐在轿子上的时间也比平日更多。

三舍驿上行25华里处有一山溪从一狭窄的山谷流下，在其右边有一极有趣的地方。溪水从终年积雪的雪宝顶流下，其中含有浓度很高的钙质，沿途沉积成很厚的一层乳白色钙质外壳。这地方被西番人视为圣地，他们对任何自然现象都非常尊敬。此处建有一座庙，并造了一连串50余个小池，池的高度差别很小，边缘有半圆形的堤埂，溪水自上

雪山山口——我曾栖身的小石屋

而下流经各池，钙质不断沉积下来。每一个池子的底部均为乳白色，但由于每一水池的深度不同，在阳光照射下会反射出不同的颜色。池水现出多色彩的美景，有些天蓝色，有些乳白色、淡红色、绿色、紫色等。庙名黄龙寺（Wang Lung-ssu），意为龙王的庙宇，这很适合作为自然之子的西番人把此处视为圣地。接近寺庙溪水形成了一连串奇妙的瀑布，所有倒在流水中的大树都很快包上了一层钙质的外壳。在寺庙之上溪流足有 80 码宽，底部乳白色，为一松软的钙质层，有美丽的沉积痕迹，清晰可见。这样的钙质沉积延伸有 1 ～ 2 英里，呈现出极奇特的景观。

在寺庙上面不远的溪面上可清楚地看见积雪的雪宝顶。可见到的这一面积雪不多，紧接冰川之下是惊险的悬崖，岩石是红色的，颜色的反差非常显著。据说雪线之上数里，还有一寺庙，但因我太疲乏，未能去探访。

黄龙寺周围是漂亮的云杉（Picea asperata）、岷江冷杉、桦树林，还有多种乔木和灌木。在钙沉积物附近，这些乔木看上去不很健康，不少已变白死去，还有些已变黄将死。从植被可明显看出，这些钙沉积物年代不久，但扩展很快。溪边和林中有少数杜鹃，但长得不很好。就在水边我采到了红北极果（*Arctous alpinus* var. *ruber*），一种很小的高山灌木，结红色果实，与越橘（blueberries）近缘，也曾在加拿大不列颠哥伦比亚省（British Columbia）的冰川附近发现过。这种漂亮的小植物高仅 4 ～ 6 英寸，在这附近很多，但在中国未曾有过记录。在水池旁，有很多正开花的黄花杓兰（*Cypripedium luteum*），是北美所产杓兰（C. spectabile）的对应种（后来我成功地将此种植物的根茎引种到美国阿诺德树木园栽培）。

附近的森林盛产优质云杉木材。云杉树高 80 ～ 150 英尺，干围 6 ～ 10 英尺，枝条短，呈尖塔状，是这一地区的特色。冷杉少一些，但像云杉一样都结有很多果实（二者后来都被引种到西方庭园栽培）。落叶松的分布在其他树种之上，到达海拔 12000 英尺左右。大路沿狭窄的山谷而上，山谷两边山上的植被表现出明显的差别。溪水左边的山，海拔 10000 英尺以上仅有灌丛和草本植被，然而在右边的山上，自溪边至海拔 12000 英尺都有茂密的森林。午后不久，走过 40 华里，我们到达孤独的客栈三岔子（San-chia-tsze），海拔 12800 英尺，位于山垭口下方约 600 英尺处。在这一天行程的前 25 华里，我们经过数栋大农舍，但几乎全都无人居住，倒塌成废墟，屋子的周围有少数地块种有小麦、大麦、亚麻和马铃薯，也有少量的白菜、大蒜和其他蔬菜。在三舍驿周围栽种有少量供家庭自用的黄花烟草（Nicotiana rustica），而且看起来长得很好。这种零星的栽种可以看出汉族移居者欲在这块荒凉的土地上寻求生存的徒劳和无助。山口的这一边明显比松潘那一边更冷，因为在那一边更高海拔的地方，小麦、大麦、豆类还能长得很好。

除了上面已提及的森林，草本植物占有群落的优势，很多种类还在开花。多种千里光和龙胆最为令人注目。扁蕾（*Gentiana detonsa*），茎纤弱，高 1 英尺余，开许多深蓝色大花，在阳光下招展，特别喜人。在多石的斜坡上，开黄花的甘青铁线莲（Clematis tangutica）极多，以其陀螺形的花覆盖坡面。在地边长成绿篱状的植物中主要有野生的长刺茶藨子（Ribes alpestre）和高丛珍珠梅（Sorbaria arborea），后者花正盛开。自溪边矮林上至海拔 11500 英尺，鹅耳枥、樱桃、红桦、柳树、槭树和榛子树很多。榛子主要是果实有刺的藏刺榛（*Corylus thibetica*），外观与板栗很相像。

三岔子客栈开设在这里主要是供旅客住宿，但有一队士兵驻扎于此，防止匪患。客栈是一宽敞但简陋的小屋，墙用页岩石片垒成，屋顶是用石块压住的木板，底下是泥地，凹凸不平。除门以外，没有排烟的出口，没有窗户，即使是中午，在里面行动也得点蜡烛，以免跌倒。几度经过，一次遇上 3 天连续下雪，我在此度过了好几个寂寞的日日夜夜。小屋坐落在一狭窄山谷的坡地上，近于东西走向，位置在森林分布上限约 1 英里以上，北倚具坚硬碎石的山脊，南面的山脉一直延伸到裸露的山峰和终年积雪的雪宝顶。周围的沼泽地区属典型的西藏东部类型，因此，请容我稍加描述：没有树木的山梁和山谷为大面积的石楠状灌丛覆盖，其中主要有数种绣线菊［包括毛叶绣线菊（Spiraea mollifolia）、高山绣线菊（S. alpina）、细枝绣线菊（S. myrtilloides）］、鲜卑花（Sibiraea laevigata）、刚毛忍冬（Lonicera hispida、*L. chaetocarpa*）、毛花忍冬（*L. prostrata*）、岩生忍冬（*L. thibetica*）等，数种小檗（barberries）、茶藨子（currants）、灌木状的委陵菜（potentillas）、黄芪属（Astragalus）、沙棘（sallowthorn）、叶小、枝弯曲的杜鹃（rhododendron）、刺柏（juniper）。当海拔不断升高，这些种类一个接一个消失，最后只剩下刺柏一种。这种演变约终止于海拔 15000 英尺，高山草本植物还可上升 1000 英尺，植被分布的上限约为 16000 英尺。刺柏灌丛高 1 ～ 2.5 英尺，非常密集，难以穿过，但为人类提供了优良的薪柴。与灌丛混生一起的还有大量的草本植物种类。绿绒蒿（Meconopsis）特别多，在海拔 12500 ～ 14000 英尺最常见的草本植物可能当数红花绿绒蒿（Meconopsis punicea）（1903 年我从这附近成功地引种了这种植物），花大，深鲜红色，下垂，非常可爱。花呈紫罗兰色的川西绿绒蒿（M. henrici）常见于海拔 13000 ～ 14000 英尺，但远不如打箭炉附近多。带刺的总状绿绒蒿（M. racemosa）很多，花蓝色，生长在海拔 13000 ～ 14500 英尺的多石处。美丽的全缘叶绿绒蒿（M. integrifolia）在海拔 11500 ～ 13000 英尺均有分布，但不很多，植株高可达 3 英尺，花似牡丹，鲜黄色，直径 8 ～ 11 英寸。众所周知，高山植物花的颜色多艳丽，此处亦不例外。黄色多是千里光、风毛菊和其他菊科植物，此外还有细小的虎耳草等；蓝色和紫色有多种乌头、飞燕草和龙胆，其中蓝玉簪龙胆（Gentiana veitchiorum）花大，直立，成片大面积生长。马先蒿和紫堇各有数种，花有各种颜色。报春花也有分布，但种类不多。点地梅、景天、蓝钟花（Cyananthus）等属的高山种类很多。

有大群的羊在这些高地上放牧，但牦牛在这一带饲养较少。野生动物种类不多，岩羊常见，鬣羚在森林带有发现。在更高的山崖上偶尔可见有小群的黄羊或西藏岩羚出现。雪鹧鸪、西藏松鸡、雪鸡和类似的野鸟，还有西藏野兔非常之多。狼是唯一的肉食动物，确实很多。

当天气晴朗，在成都的城墙上可看见雪宝顶山上的积雪，那被认为是“成都平原之福”。中国人认为，只要山峰上有积雪，成都及其周围平原的福祉就有保证。我上一次逗留于三岔子，那是一个月光皎洁的夜晚，在深夜我看见了“成都平原之福”，月光照射在终年积雪形成的冠顶上。在白雪覆盖之下，这地区的凄凉、四周极度的沉寂和奇异的山峰，是最令人难忘的景色。

度过了一个美好的夜晚，接着是一个晴朗的清晨。在山垭口上（海

雪山山口西南方向远景，近处为碉堡废址

拔 13400 英尺）我再一次清楚地看到了雪宝顶，在西南偏西方位，并拍得一些照片。主峰高约 22000 英尺，形若整齐的四面体，西南坡有大量的积雪，东北面非常陡峭，积雪很少。周围的山峰看上去裸露荒凉，看不见有生命的迹象。虽然沐浴在灿烂的阳光之下，整个景象荒凉，令人难以亲近，甚至令人恐惧。

三岔子下面是旧时碉堡和栅栏的废墟，古代战争时期的遗物，现在已为各种草本植物覆盖，特别是虎耳草属植物，开出黄色和其他颜色的花丛。山垭口上有塔楼和碉堡的废墟，顶上还飘扬着藏人的经幡。在垭口附近见到一没有完全遮盖的棺材，这使我们认识到土匪还出没于这一地区。数周前一穷苦民工前往龙安府购米，在此遭到袭击，被抢劫、杀害。匪徒们逃之夭夭，只留下民工的“排子”（背货用的架子）和一些附属物品被放在棺材上，诉说着这一罪行。四周都是草场，在我们来到的这个季节，草场上多种高山花卉开满了蓝色、黄色的花。

垭口顶部周围散布有小块的砂岩、大理石、花岗岩和其他石块，紧接其下的基底类似煤灰，可能是火山产物。

从垭口我们直下到一山谷，然后很快来到一片金色的麦地，种有小麦和大麦。麦子已成熟，人们正忙于收割。经过一座碉堡废墟、数栋西番人农舍和一座喇嘛寺，路通向一草山的山顶。下坡数百英尺后，我们见到松潘县城坐落在一狭窄、风景明媚的山谷中，四周都是金色的麦地。岷江的源头，一条清澈、欢快的溪流蜿蜒流过，形成一连串优美的弯曲。田间一片繁忙景象，男人、女人和小孩（多为当地部族人）忙于收割，他们穿着古雅的民族服装，全都像图画中一样粗犷而健康，一边劳作，一边歌唱。蓝天之下，整个地区沐浴在温暖的阳光之中。这农业丰收的繁忙景象，使我们这些在经历艰难险阻、穿越具有壮丽景色和新奇植物的荒山峻岭之后筋疲力尽的人都从内心感到高兴。

第十二章

松潘厅

——西番人的领地

松潘城位于四川省的最西北角，约为东经 103° 21'，北纬 30° 41'，海拔 9200 英尺。周围地区，特别是西南部、西部和西北部为西番人居住。西番人是一个很少为人所知的民族。城初建时原为军事要塞，清乾隆年间（约 1775 年）周边地区平定后，松潘发展成为一重要商贸市场。它属于第二级城市（称之为“厅”），但其主事官员却享有府一级官阶，其全称为“抚夷利民府”（Fu-I-Li Min-Fu），意为“安抚夷民的中国政府官员”。这个奇异的头衔寓意官方对周边西番族的控制——实际上纯属名义上的控制。这个要塞在军事上的重要性至今仍然存在，其战略价值毋庸置疑。一位中国将领（镇台）统领 10 个团，将总部驻扎于此，其管辖范围南至灌县，东至龙安府，东北达甘肃省的南坪[①]（Nanping）。

松潘城的位置极佳，如在图画中，占了一狭窄山谷相当大的空间；山谷已大部开发为耕地，两侧是高 1000 ～ 1500 英尺的陡峭山坡。发源于城北约 35 英里处的岷江从山谷迂回而下，流经城区时做了一个 S 形

① 今四川省九寨沟县。

弯曲，在流入和流出城墙处水深不可趟越。城西面背靠陡峭的山坡，两侧筑有城墙。城的西门就建在山坡顶上，高出河面足有 1000 英尺。除了衙门和一两座庙宇，城内山坡上的土地开成了梯田种植庄稼；城市本身聚集在山谷河边。环绕城镇的三面城墙用非常坚实的青砖所建，足有 20 英尺厚，高度超过了厚度，但沿山坡上升时，有些地方厚仅 2 英尺，高 4 英尺。紧靠城墙外是一道深沟，以增强其防御能力。此城自从汉人第一次建城于此已经历了多次兴废。西番人反复对此城进行扫荡、占领，杀戮所有落入他们手中的人。这样的袭击是如此之频繁，汉人是如此之害怕西番人叛乱，直到近几年，西番人才被准许在城内过夜。

1910 年，松潘常住人口约 3000 人，流动人口如不超过也与此数相当。房屋几乎全为木结构，通常建筑良好，有雕刻相当精美的门廊。建筑木材自东北面约 15 英里处从岷江顺流运下，多为方枝柏（Juniperus saltuaria）。1901 年 10 月，此城三分之二毁于火灾，但当我上一次（1910 年）到此地时，毁坏的城区已重建起来。街道铺设较差，维护不善，建筑物缺乏美感。靠近南门是军队驻扎区，还有不少种植并销售果蔬的园圃。人们非常喜爱花卉，几乎每一户人家都会在花盆、墙头或花坛中栽种花草。高大的蜀葵开出多种颜色的花，是一特色。通常栽培的还有卷丹、翠菊（*Callistephus hortensis*）和小花的罂粟，整体效果亮丽喜人。翠菊在这一带是野生的，小花的罂粟与高山罂粟（Papaver alpinum）很相近。这里大多数的居民是回族，他们与周围的部族人进行货物交换获取利益。茶成为最重要的交换中介，用这一商品和其他几种杂货交换当地部族人的药材、皮革、羊毛、麝香等。每年 7 月开一次交易会，人不论远近都来参加，有大量的生意成交，有的商队从西北面靠近青海湖地区远道而来。羊毛、羊皮和大量的各种药材由松潘销往中国其他地区。

我相信，松潘的贸易额不但比原先估计的要大，而且每年还在不断增长。1903 年我有幸与汉尼斯 - 沃森（W. C. Haines-Watson）先生结伴来到此城，那时他是皇家海关驻重庆的官员。这位绅士调查过这一地区的贸易，估计销往西藏的货物价值为 801000 两（银子），销往中国内地为 512000 两。[①] 我们来到时，此城遭 1901 年大火灾后还没有恢复过来，贸易也受到影响。到了 1910 年，贸易明显兴旺起来。我没有数字来说明，但对比两次到此的情形，我断定仅与中国内地的贸易额就达百万两（银子）。商贸有三条路线：第一条为东向，经龙安府至中坝；第二条为东南方向，经茂州、石泉县至安县；第三条路线通过灌县直达成都。前两条路线分别自中坝和安县可转水运由长江至重庆，从这两条路线大多数的货物都被运往重庆和更远的地区。经灌县一线主要目的地是成都和平原上的其他城市。此路线虽被认为最重要，其实重要性不及前两条路

松潘城

① 见 Journey to Sungp'an，*Jour. China Branch Roy. Asiat. Soc.*，1905，XXXVI。

线中的任何一条。

第一个访问松潘的西方人是已故的吉尔上尉，他在 1877 年到访此地。此后有数名外国人到此，同时新教不同派别的传教士也在此进行了建立根据地的尝试，结果以失败告终。我前后三次到此，每一次都流连忘返。如果命运注定我要生活在中国西部，我最大的愿望就是能住在松潘。虽然海拔相当高，但气候终年温和，非常好，通常天空碧蓝，像西藏一样。在夏季晚上睡觉要盖毯子，到了冬季须要生火取暖和加衣服。牛肉、羊肉、牛乳、奶油价廉物美，供应丰富。在狩猎期有各种野味。优质的蔬菜如马铃薯、豆类、大白菜、萝卜、胡萝卜和桃、梨、梅、杏、苹果等水果都有生产，还有野生的黄果悬钩子（Rubus xanthocarpus）。在中国内陆，没有任何地方能胜过松潘，使一个西方人生活得更美好了。有一个善于骑射、多趣而奇特的民族可研究，更不用说多种多样的植物了，这里较中国西部的其他城镇更具吸引力。

这个山谷宽度的变化在 0.25 ～ 0.5 英里之间，山坡的相对高度在 1500 英尺以上。上面全是麦地，种有小麦和大麦，偶尔可见有豆类和亚麻地，后者主要取其种子，榨油供照明用。在 8 月的中下旬，整个郊野是一片无边的金色麦浪在风中摇曳。麦子收割后留下大量的麦茬，麦地很快就被翻耕。犁很简单，由一个铁犁头、一根直木柄和一根长辕组成，辕上套两头黄牛或杂种牦牛。

收获谷物时，来自大金河上游的部族人扮演了重要角色。他们从西南偏西方向、距此有数日行程的地方跋涉而来。每年如此，都是为这一特定工作，事实上已成了不可缺少的力量。庄稼收割后被绑成小捆，麦穗朝下，晾在栏状的晒架“开可”（Kai-kos）上等待脱粒。脱粒用木连枷，男女都投入此工作。麦粒用水磨打粉。

“松潘”一名与云杉、冷杉森林和迂回弯曲的岷江有关。岷江还在原来的河道上流，但森林在很久以前就不存在了，只在庙宇周围和墓地上尚有树木存在。山上已完全没有树木，在没有耕种的地方长有灌木和高草。山地的表层为肥沃、疏松的壤土，可能源自冰川作用，稍黏重，但特别适合谷物生长。在附近田野的草丛和灌丛中野鸡非常之多，长耳灰毛的野兔也很多。麝鹿、赤鹿[①]、白鹿在附近有出现。在泽地中有一种叫作“雪猪”的土拨鼠有很大的群体。

松潘的西北面是安多地区，为草原，汉人称之为“草地”，可翻译为“Prairie”。这一地区是平坦的原野，海拔在11000英尺以上，这里饲养有大群的牛、羊和许多矮种马。区内的大部分居民为西番牧民，但更远一点的地方则落入果洛（Ngo-lok）和阿坝（Nga-ba）游牧民族手中。那地方的人抢劫、偷盗，名声不好，为汉人及较平和的西番人所憎恨。这些抢劫的人有些来自唐古特地区，总部在青海湖附近。他们具有游牧习性，可游荡到很远的地区，抢劫商队，杀害实力弱于他们的定居者。1910年到松潘时，我发现约有200名士兵专程从成都来讨伐这些土匪。约在一年前，一位中国官员在安多地区被谋杀，地点距松潘不过几天的路程，而且未得到赔偿。后来9人被判有罪，但不顾中国政府的要求，部族不愿交出这些人，最后是这支小部队被派去抓了这个部族几个人并杀了作为了结。松潘的羊毛、皮革、药材大部分来自安多地区，所以贸易很大程度上要依赖这一地区的和平。

西番人无疑来源于西藏，他们不是游牧民族，实质上他们过着亦牧亦农的田园生活，其服饰、语言和面部特征与前藏的居民很接近。他们的房屋结构也相似，同样以喇嘛教主导他们的生活。西番人又分为数个分支：位于松潘周边的称自己为“毛尔盖”（Murookai），而西南方向离城稍远一点的为“拉帕”（Lappa）。在城近郊汉语可通，而远离城镇处只讲藏语，每个村里都有一翻译联系与汉人的事务。这些人受头人管理，头人直接对保持正常的法治负责。在西番人承认中央主权的前提下，政府对当地事务的干预较少。

---

① 原文wapiti，为北美赤鹿。

在松潘街头及其附近见到的西番人面色黝黑，平均身高5英尺6英寸或更高一点，走起路来步态有点沉重，当靠近时通常显得有点木讷而严肃。他们的衣服是一种用灰色或鲜红色哔叽[①]做的长袍，腰间束一条腰带，右肩通常袒露在外。这种外套常用皮毛绲边，有时全部用羊皮制成，有毛的一面向内。裤子短，毡靴长及小腿，虽然在街上常见他们赤脚。头上的帽子或为低矮、青灰色的软毡帽，帽檐上翘，边缘黑色，或是高圆锥形浅灰色毡帽，用白色羊皮镶边。住在汉人定居点附近者，偶尔也会戴头巾。头发留得很长，笼在帽子里。喇嘛们把头发剪短或剃光，在街上见到的喇嘛通常不戴帽子。当穿上仪式服装时，他们带上用灰色哔叽做成的鸡冠状帽子，外面覆有黄色毛绒。赶马人和普通人出外时都带有剑、刀和长枪等武器，枪上装有引线和一个叉子，瞄准时用以稳定枪身。每一个人胸前都佩有装护身符的盒子，还带有火石盒和火绒，挂在腰带上。有些地方也带有供饮食用的木碗，常镶有银线。有钱人将豹皮外衣视为最珍贵的物品。

年轻的女孩子偶尔会来市场看看，但由于辛苦劳作和暴露在阳光下，很早就失去了年轻女性的妩媚。妇女通常是扁脸，脸色看上去很脏，一点也不给人以好感。然而在家庭和所有的事务中她们都是相当重要的角色，也具有一定的话语权。在外国人面前她们很胆小，但在只有她们自己时会表现得举止活泼、自由、畅快。他们会一边劳作，一边欢笑或者唱歌。她们的外衣是一块无定形的哔叽布，从头包到脚踝，通常是蓝色，有时为灰色，前面和底部有暗红色或黄色的花边。高筒靴为未经鞣制的皮革做成，高及小腿下部。头发长且黑，从中间分开，后面扎一条大辫子，围绕前额有好些小辫子，装饰有珊瑚珠子、琥珀色的宝石和小贝壳。大辫子通常盘在头上，同时用一块布裹成头巾，上面装饰有贝壳和珠子，偶尔也会戴一顶碟形的毡帽。节日的服装有银环和绚丽的

① 哔叽：密度比较小的斜纹的毛织品，一般指羽缎。——编辑注

西番人

红色和黄色流苏加在帽子上，她们非常喜欢装饰有绿松石和珊瑚的银环、银手镯和大耳环，节日的服装绝对是如画般的美丽。

男人协助耕地、播种和收获庄稼，但妇女承担了主要的农务，男人常在外放羊或游荡。虽然生活很苦，但似乎他们很幸福也很满足，实际上他们绝大多数都患有甲状腺肿大病。他们的房屋用木材和片石建成，单层、平顶，后面有时会有高出的部分，而更多的是两层，屋顶也是平的。他们以牛、马、羊的头数计算财富。小麦、大麦和豆类为主要作物；肉类、奶油、牛奶是主要食物。他们通常喝酥油茶，但特别偏爱用大麦酿制的一种类似啤酒的饮料，也喜欢喝汉人的白酒。

一般是一夫一妻制，但一夫多妻很常见，这仅仅是一个财富的问题。一妻多夫制没有公开实行，但像信奉喇嘛教的各处一样，道德规范很松弛。婚姻须遵得女方同意，新郎须赠送牛、羊给女方父母作为礼

玛尼石

品；孩子很受重视，但西番人不是一个多育的民族。如同全西藏的习俗，第二个儿子通常被送入喇嘛寺。寡妇可以改嫁。死者被埋葬或投入河中。

到处都有很多喇嘛教的标记，经幡在屋顶、山头、溪边和小石堆顶上迎风招展。玛尼石堆在路边，转经轮到处可见，用手、用风力或溪水转动。人们在劳作时或低声哼吟或高声唱颂那神秘的六字真言“唵嘛呢叭咪吽”，声音不断升入天空。西番人的吟唱绝对是好听的，抑扬顿挫，韵律轻柔。我时常以愉快的心情听他们吟唱，但是保持有一段距离，因为你试图靠近，他们就会停止。他们非常迷信，喜欢符咒，害怕鬼怪，尊敬自然现象。虽然我与西番人交往的时间很短，但我一直受到他们最高的礼遇，使我在这群幸福、尚未失去天真的自然之子中领略到很多欢乐和情趣。

第十三章

汉藏接壤地区

——“蛮子边界”

四川与西藏的准确政治边界用任何方法都无法确定。确实如此，从来就没有认定的边界，因此也就不存在边界。除了从打箭炉经巴塘（Batang）去拉萨大路的一个地点，距巴塘有3天行程的宁静山（Ningchingshan）上有一四方的石柱，高约3英尺，立于公元1728年。据西藏旅行指南说：“柱子的东面属北京，柱子西面的领土由拉萨管理。”至于柱子北面和南面的地区没有提及。

从适用的角度出发，西北部沿岷江从松潘至灌县，可视为这一带的边界；再可想象从灌县向南通过邛州、雅州、富林（Fulin）至宁远府[①]（Ningyuan Fu）画一线，然后延伸至长江，或许可当作全部的边界。两边人们的宗教信仰也明显不同。这条线也与成都盆地的西部边缘很接近，那是一条准确无误的自然地理界线。诚然，在某些地方，如理番厅[②]（Lifan Ting）、懋功厅[③]（Monkong Ting）、天全州[④]（Tientsuan

① 今四川省西昌市。

② 今四川省理县。

③ 今四川省小金县。

④ 今四川省天全县。

Chou）和打箭炉成功地建立了贸易中心和军事据点，但所有这些地区的人口都是混杂的，而且这些中心至少有两面在非汉人的包围之中。界线以西汉人只占有限的聚居地区，限于大路边和少数几个适宜种植水稻和玉米的山谷，其中最大者为以宁远为首府的建昌河谷[①]（Chien ch'ang valley）。这条狭窄地带伸展到长江上游，其东面与独立的彝族领地相连。他们占有大凉山（Taliang shan）较高的山坡，从未被汉人征服过。紧接谷地的西面居住着半独立的类似西藏人的部族。确实，从长江边的叙府（Sui Fu）至西北角最边缘的松潘沿紧接岷江西边适合种植水稻的土地划一线，可视为四川西部的边界。从松潘开始，连接巴塘的石柱，再向南沿则曲[②]（Drechu）划一条弧线就粗略地形成了与藏区的分界。名义上这一地区全部属于四川省，在某些书籍和地图中，这地区的一部分被划入西藏东部，从而造成了许多混乱。

包括在前文所述边界内的地区构成了四川与西藏之间的缓冲地带，在没有更准确的名称时，或可称之为中国内地和藏区的边界。此称谓或许太累赘，但同时具备了描述性和准确性的优点。有数条贸易通道经过此边界，但除了其中之一，即从成都至拉萨的大路以外，很少有外国人问津。这条大路由雅州横越此区经打箭炉和巴塘到达边界，在中国政府严密的掌控之下。直至最西部的打箭炉，除了这条大路及其邻近处外，整个边界地区在很大程度上是块“未知的土地”。它由连续不断的巨大山脉构成，山体之间有峡谷切割，低处有茂密的森林，而高峰高出雪线之上。这些山脉只有喜马拉雅能与之相比，而实际上它们就是喜马拉雅山脉向东北的延伸。这一崎岖的地区居住着许多独立或半独立的部族，除彝族外，都发源于西藏。

这一地区是由海拔和气候确定边界，而不是经度、纬度。西北面的

---

① 即安宁河谷。

② 即金沙江。

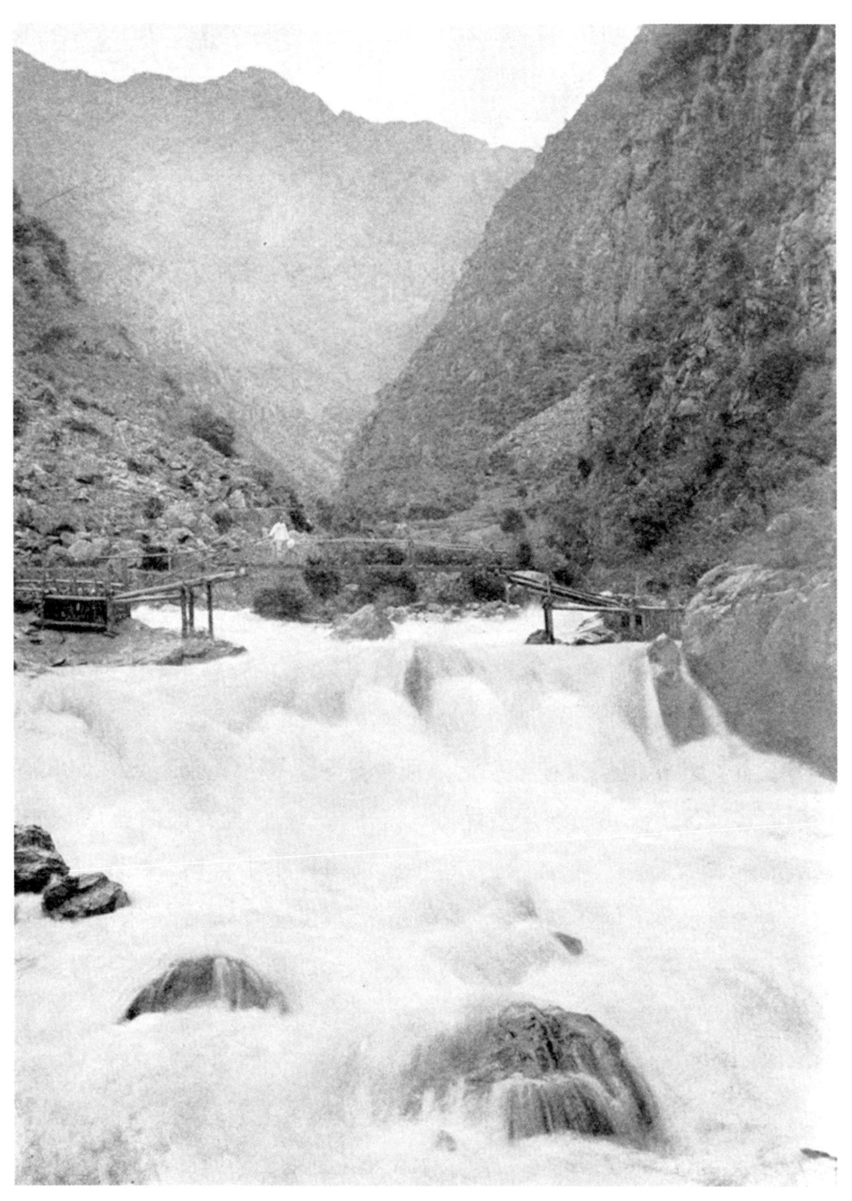

打箭炉河，典型的急流

中亚高原与红盆地的关系比它们与西南面的关系更为密切，高原上有适合放牧牦牛、牛、马和羊群的牧场。这一地区居住着游牧的西藏人，相对而言，农业在这里并不重要。而由高山深谷构成的崎岖地带占了边界地区的大部分，居住着不同的部族，对他们而言，农业至为重要。小麦、大麦和荞麦为主要作物。这一地区的森林中有许多野物，这里的人们也精于狩猎。最后是肥沃的山谷，可以种植水稻、玉米，可见有汉人居住。如前文所述，因远离贸易中心和由成都至打箭炉的大路，这里的汉人人数不多。

本书第一章已对这一地区的山脉、河流作了简短介绍，这里或可对一些更突出的特点作一些详细的说明。红盆地东部的山系主要是石炭纪或奥陶纪坚硬的石灰岩不同，西部这些山系主要为泥质页岩和花岗岩。不少地方，如在峨眉山及其姊妹山——瓦山和瓦屋山，坚硬的石灰岩从更老的岩层中被挤压出来，形成突显的山峰和巨大的悬崖。在整个边界地区确实有大量的石灰岩，但前寒武纪的岩石占压倒优势。这些前寒武纪的岩石和页岩（可能属志留纪）裸露部分很快分解和被侵蚀。在森林遭破坏地区常见有山体滑坡，这地区蕴藏有丰富的金、银、铜、铅、铁和其他矿藏，但很少被开采。煤很少，除了少数几个地点，如峨眉山的周边地区，那里石灰岩占优势。仅知有一处产盐，即白盐井（Pai-yen-ching），在建昌河谷。在打箭炉周围多有水中含钙、铁和硫的温泉。这些温泉多出现在靠近急流处，常常就在这些溪流的河床中。很多温泉水确实达到沸点，我数次在其中煮鸡蛋。附近的人常来这些温泉中洗澡，他们认为温泉水可治风湿、皮肤病和其他疾病。

随同山脉的走向，大渡河、雅砻江、金沙江三条大河大体上从北向南流经此边界地区。这些河流有很多支流，大多数源自终年积雪的雪山，带下巨大的水量和沙石。除了木筏和特制的小船或皮筏可在不连续的河段作短距离行驶外，这些河流几乎不能通航。虽然大路和次一级的道路都沿这些河流和支流的河岸而行，但桥梁和渡口很少。

水从陡峭的山坡或峭壁间流过，这些河谷都遭受严重的水土流失。为了便于叙述，这里也将灌县以上的岷江河谷包括在内。这些河谷都很狭窄，在高耸、没有树木的大山之中，气候与其海拔不相称，显得比正常地带更为干热。整段整段的不毛之地，像沙漠一样，特别是当岩石露头全为花岗岩时。由于干热气候，这些河谷中出现了一些有趣的反常现象。在雅砻江上的河口[①]（Hokou），玉米可种植到海拔 9500 英尺的地方，而在纬度相同、海拔低 1000 英尺的打箭炉，这种谷物就不能生长到成熟。大紫胸鹦鹉（Palaeornis derbanus）作为夏季的候鸟出现在雅砻江和金沙江河谷，可达海拔 10000 英尺高处。岩鸽大量出现在这些河谷海拔 4000 英尺以上的地方，猴子也很常见。植物种类通常都特别适应干旱，更接近云南高原而不是邻近地区的种类。无疑，在某一时期谷地两侧的山坡上曾有树木。虽然较低的山坡未必曾有茂密的森林，但长在山坡上的树木很早以前就消失了，现在只有粗生草本植物和灌木。山体滑坡是这一地区的特点，特别是在化雪季节和周围大山大雨之后。这时在这一带旅行非常危险，几乎每一个旅行者都可亲眼作证。我亲眼见过几起灾难性的山体滑坡，都造成了人员伤亡和重大财产损失。1910 年由岷江河谷而下，我不幸遇上了一次较小的滑坡，造成腿踝关节以上骨折。在很多地方不断有岩石滑落，整个岷江上游河谷到处可见警示过路行人不要逗留的告示。

小村庄和农舍散布于这些河谷中，居民们在贫瘠的土壤中辛苦劳作以求生存。能种水稻、玉米的地方有汉人定居，但海拔高于此两种作物可种植的地方，则全为部族人所有。部族人种植的作物有小麦、大麦、荞麦、豆类和亚麻，亚麻籽主要用于榨油供照明用。这些河谷中种植的辣椒质量极好，某些地区，如岷江河谷的茂州就以出产辣椒而闻名。在居民点周围有少数树木，常见的主要是杨树、桤木、柳树，为

① 今四川省雅江县。

居民提供了可贵的阴凉。干香柏（Cupressus duclouxiana）是一漂亮的材用树种，通常高 80 ～ 100 英尺，在河谷内长得非常好，可能在某一时期覆盖了这附近相当大的面积。对于在暖温带干旱地区造林的工作者，这个树种很值得受到重视。适合这种环境生长的树种还有槐、君迁子（Diospyros lotus）、黄连木、刺桐（*Erythrina indica*）、栾树（*Koelreuteria apiculata*）、刺臭椿、朴树（Celtis spp.）、无患子和皂荚树（Gleditsia spp.）。果树有多种，包括梨、苹果、桃、杏和核桃。核桃最为常见，可生长至海拔 8000 英尺高处。当地人用斧头砍伤树干的下部，声称能使其多结果，这说明，“敲打核桃树”（beating the walnut tree）这一古老的谚语在欧洲以外的地区也知道。桑树、柘树和长得很高的竹子常见，可生长到海拔 4500 英尺高处。

生长在这些河谷中的灌木很多有刺，几乎全都适应干旱，大多数叶子很小，有厚绒毛覆盖。这些灌木通常外观不好看，但花、果有很多可供观赏。数种蒿子（Artemisia spp.）具有银灰色、分裂雅致的叶子和黄色的花，可能是这一带最常见的灌木。小檗是另一特色，到了秋天叶红黄如染，红色的果实成丛，呈现出动人的画面。与之相同的还有多种栒子（Cotoneaster），都有可供观赏的果实。有多种蔷薇，但通常是局部地方的种。川滇蔷薇（Rosa soulieana）这几个河谷均有分布，但以雅砻江河谷最多，花具芳香，初开时硫黄色，后变为白色。漂亮的小叶蔷薇（R. willmottiae）也很多，长有很多稻秆黄色的皮刺，整洁、灰白色的叶子，淡玫瑰红色的花和橙红色的果实。美丽的黄蔷薇（R. hugonis），其分布仅限于岷江河谷一段海拔 3000 ～ 5000 英尺的狭窄地区。这是我在中国见到唯一开黄花的蔷薇，其果黑色，很早就脱落。多苞蔷薇（R. multibracteata）看上去有点怪，花美丽，粉红色，岷江河谷上游极多，而在大渡河河谷则要少一些。不同类型的麝香玫瑰和峨眉蔷薇（R. omeiensis）仅在局部地区有分布。除了蒿属植物外，所有这些灌木都只生长在近水的地方。在更干燥的地方，兰香草和同属其他种于 7 月底开深蓝色花，非常多。同样还有花红色至紫红色的木蓝属（Indigofera）植物。有数种醉鱼草（Buddleja），还有可爱的粉绿铁线莲（Clematis glauca）的两个变种，叶灰白色，花陀螺状，黄色，渐变为古铜色，不可错过。在河边沙滩、碎石岸边，有柳树、沙棘和具鳞水柏枝（*Myricaria germanica[①]）。在大渡河河谷海拔 4000 ～ 5000 英尺处有已归化的仙人掌（Opuntia dillenii[②]）。这一美洲的移民在此非常适应，覆盖裸露多石的山坡数英里，株高 6 ～ 10 英尺，当开满黄色或淡黄色花时，很有观赏价值。当地人已熟知其果可食，但不受重视，将其肉质的茎煎汁，当地人用于治疗痔疮。

粗生的草本植物和灌木是这些地区的主要特征，其中有多种多样美丽的草本植物，而且几乎都具有球茎或不同类型的肥厚根茎。对于各地的园林爱好者而言，这些河谷特别有趣，因为这里是许多美丽百合的故乡。每一河谷都有自己的特有种或变种，分布可高达海拔 8000 英尺。虽然这些百合分布在很局部的地方，个体的数量却特别多。在 6 月底至 7 月可能接连数日行走在真正的野景公园中，而景物中以这些美丽的野花为主。在岷江河谷，在一年中大部分时间有阳光照射的石隙中。岷江百合（Lilium regale）生长茂盛，高 5 英尺，苗条的叶子聚集于茎端，顶上开出数朵喇叭形大花，外面红紫色，内面象牙白色而浸染鲜黄色，通常红紫色部分反卷，有甜美的香气。在大渡河河谷，通江百合比前一种更高大，叶宽，叶腋中有珠芽，花同样漂亮，形状也相同，但外面绿色至红紫色，内面纯白色至黄色，在多石处的草丛和灌木丛中很多。当地人采集此花，用沸水烫熟后晒干，然后切碎，加油、盐炒食，如同腌制的白菜一样。卷丹（L. tigrinum）及其开白花的近亲川百合（L.

① 原文有误，应该是 Myricaria squamosa。

② 据《中国植物志》，生长于大渡河沿岸的是梨果仙人掌（Opuntia ficus-indica）。归化植物通常指原来不见于本地，而是从另一地区移入的，且能在本地区正常繁育后代，并大量繁衍成野生状态的植物。

岷江百合（Lilium regale）

davidii）的鳞茎可供食用。

有一种草本植物——偏翅唐松草（*Thalictrum dipterocarpum*）在大渡河河谷非常多。这种唐松草高 6 ～ 8 英尺，具有很雅致、多次分裂的叶子，开大量蓝紫色的大花，被公认为其家族中最漂亮者。四川波罗花（*Incarvillea wilsonii*）分布于岷江河谷和大渡河河谷很局部的地方，高近 6 英尺，花美丽，很像红波罗花（I. delavayi）。这种植物是一生只结一次果的，虽然我很久以前（1903 年）已将其引种到维奇公司，但在栽培条件下还没有开过花。甘西鼠尾草（Salvia przewalskii）是另一种让人喜爱的草本植物，花大，紫色，在这些河谷海拔 8000 英尺以上的地方均有分布。如果有需要，扩充这份观赏草本植物的名单轻而易举。在裸露的岩石上有数种卷柏生长。毛蕊花（Verbascum thapsus）、天仙子（Hyoscyamus niger）、曼陀罗（Datura stramonium）是路边常见的杂草，当地人很清楚后两种有毒。从上面简短的描述可看出，这些狭窄、干燥，近乎沙漠的河谷具有异常温暖的气候，有很多种植物的用途和园艺价值具有很高的开发潜力。

前文已提及，这一边界地区居住着多个人们知之甚少的独立或半独立的部族。整个地区与分开印度与西藏的地带相似，用事实表述可能比列举大量的细节能传递更清楚的认识。根据他们的正式地位和政权的形式，这些部族可分为四类。

1. 独立状态。不从属于其他部族，对中央政权和喇嘛当局均怀敌意，如彝族领地。我对彝人没有深入了解。彝族曾广布于云南境内，但现在已退居四川大凉山区。在那里他们从未被别人征服过，他们有自己特殊的文字，可能原本就是在这块土地上的土著民族。

2. 实际上处于独立状态。如瞻对[①]（Chantui）、德格（Derge）和三岩[②]（Sanai），敌视中央政府，受达赖喇嘛和宗教会议控制，虽然达赖喇嘛和宗教会议的政策本应受到中央政府指派的高级长官的调控。这些部族占有的地方都在雅砻江以西，与西藏交界。这里的人们一般与前藏人没有区别，从这里再往西边的地区被称为西藏边界。数年前，四川代理总督赵尔丰被任命为边界镇守长官，他带兵实行强硬政策，很快使全部边界在中国政府掌控之下，击败了喇嘛势力，摧毁了主要的喇嘛寺庙，将反叛头目斩首。由于拉萨有事，他的任务完成得很轻松。因为英国人进军拉萨，达赖喇嘛外逃，使拉萨不可能对其属地采取任何支持行动（1911 年赵尔丰被任命为四川总督，后被革命群众杀害于成都）。

3. 从属状态。这些地区由世袭的王公统治，在世俗的事务上服从四川总督，但因信奉喇嘛教，或多或少受到达赖喇嘛的影响。甲拉土司、霍尔诸部（Horba states[③]）和嘉绒部族是这一类型的主要地区，他们占有

① 位于雅砻江上游四川省新龙县一带，东邻炉霍县、道孚县，南接理塘县、雅江县，西依白玉县、德格县，北靠甘孜县。

② 位于金沙江上游四川省白玉县和西藏自治区贡觉县交界处。

③ Horba 为藏语“蒙古（hor）人（ba）”的读音，意为蒙古人的地方，据有今四川省甘孜州康北地区的甘孜、炉霍两县和道孚县的部分地方。

雅州、打箭炉至河口一线以北岷江和雅砻江河谷的大部分地区。甲拉土司我将在写其首府打箭炉时单独介绍，嘉绒部族将于下一章叙述。

4. 有数个很小的部族由半独立的土司统治，间接地受中央政府指派官员和周边从属政府的部族的控制。他们实际上是很小的缓冲地区，对中央政府平衡较大、更独立部族之间的力量非常有益。这些部族很多可视为四川西部和边界地区保存下来的土著民族。这些小块地区分散在这一边界地区的东面，从茂州经安宁河谷至云南边界。酋长们的势力范围要看他们是否靠近汉人密集地区，如果靠近汉人区常徒有其名，相反，如在偏远地区则权力相当大。

除上述情况外，还有一些封地，他们的地位直接受之于中央政府，如有召唤，在军事上有义务听从政府调遣。这些封建领主为世袭制，源自清乾隆年间协助官兵平定嘉绒部族叛乱的奖赏，其中有些如杂谷脑（Tsa-ka-lau）土司对周围从属部族的世俗事务有相当大的权力和影响力。居民大都源自嘉绒部族，各封建领主之间都有紧密的通婚关系。

中央政府对待这些民族的政策道义上虽不可取，但不失机智聪明。以武力和金钱的力量，他们获得了全边远地区的宗主权。以前一位皇帝说过：要使部族臣服，边疆的官员要深入亲近他们，熟悉他们的风俗，这样才能防止他们联合行动。通过这种方法部族就不会太强大，易于管理。在他们彼此间的争斗中，应鼓励他们向政府寻求调停和保护。当然，政府不必急于处理他们的问题。如果部族被调理得敬畏官府，而官员又处事得力，那么很多麻烦都可避免。这一谋略的告诫为统治者长期使用，在他们看来是很成功的。

从这一简短和非常不全面的报道，可得知此边界地带是一个使人向往的地区，具有民族学和其他有趣的问题。解决这些问题，值得西方科学家注意。希望在不久的将来，能组织一支装备齐全的考察队，对四川—西藏边界这一知之甚少的地区进行全面考察。

第十四章

嘉绒部族[①]

——历史、风俗与习惯

按第十三章所划定的四川—西藏边界内，从松潘向南至雅州府再向西至铜河或大金河上游河谷，这一片土地由统称为嘉绒族的许多部落分别占有。这个民族基本上以务农为主，他们把房子建在山谷高坡上。他们属于中国，但由自己世袭的酋长统治。每一个部族占有一定的地域，有自己的首府，整个地区的政治中心在懋功厅。这些部族不是汉人，也不是这一地区的土著，他们也不同于前藏人。他们讲一种理解起来困难而且第一声难以发音的土话，如果是西藏方言的母体，则与当今西藏语言相差甚远，但西藏文字应用于此种语言并无困难。学者、僧人、官员和商人或多或少都能阅读或说西藏拉萨语言。

这个民族的来源不清楚，但有足够的理由相信他们起源于雅鲁藏布江（Tsangpo）源头地区，而且可能与尼泊尔和不丹人有着共同起源。我个人的观点是，在13世纪初他们跟随成吉思汗（Genghis Khan）或他的儿子窝阔台（Ok-ko-dai）而来，并协助征服四川西部。作为军功的回报，他们获得了这块土地，一直延续到今天。在此过程中，他们

① 1954年嘉绒部族被认定为藏族。

增强势力，威胁岷江以东地区，甚至占领了部分地方。对清朝政府来说，他们是动乱之源，直至著名的乾隆皇帝下决心进行镇压。经过惨烈的战斗，这项使命由阿桂（A-kuei）将军完成。首先他征服了小金河地区，然后经过重重困难攻克了嘉绒部族总部——勒乌围（Lo-wu-wei），生擒其首领莎罗奔（Solomub），并绘出全区地图。首领被押送到北京，经重大庭审仪式后凌迟处死。平定金川之役结束于 1775 年初，之后政府在战略要地开始军事移民，土地肥沃的地区被没收，归迁入移民所有。在这场动乱中，嘉绒部族出现了一定程度的分裂，一些部族站在政府这边共同战斗。政府军得到一些部族的帮助。作为回报，某些位于战略要地的地区被划出建立封建领地给这些盟友，每一领地分封给一头领，代代相传。中央政府深谋远虑，掌控了这次成果，所建立的行政管理体系延续至今没有改变。部族的势力完全崩溃，分封的领地和军事移民保卫政府，使之再也不受嘉绒部族联合行动的侵扰。这就很容易理解，当今在远离政府势力范围的部族比靠近汉人区的部族享有更大的独立性。

嘉绒部族原有共同的语言，但由于长时间的隔离和分为不同的部落而产生了很多非常不同的地区方言。现在嘉绒人分为 18 部，各部占有土地面积的大小很不相同。虽然互相通婚，但彼此间并非和平相处。他们争执不断，相互间的战斗也是常有之事。自从使他们的势力转弱后，政府的政策是尽量少加干预。我们尽最大努力，在地图上尽可能地标注这些部族及其领地的准确位置，但有些部族名称的发音几乎无法转换成英语发音。幸好，较重要的部族，如穆坪、瓦寺、梭莫、丹坝、巴底－巴旺、沃日等还不太难发音。他们占有的全部土地从北至南长约 250 英里，从东至西宽 200 英里，人口总数约 50 万。

有两条主要的道路，一条从灌县，另一条从理番厅横过此区，然后在懋功厅附近会合。此外有网状间道，连接各村寨。

嘉绒人基本上是农耕民族，种植小麦、大麦、豆类、荞麦、玉米、马铃薯和各种蔬菜，很有技艺。富人通常还有为数不少的绵羊、牛、小种马和山羊。马卖给汉族商人，羊毛则织成衣物自用，牛奶、奶酪大部分进了他们自己的肚子。他们也精于制造枪、剑，特别是摩梭人。嘉绒部族和西藏东部地区的人所用的这些武器多由他们制造。很多人是工艺水平很高的石匠、建筑工和淘井工，甚至在汉人中都享有盛誉。每年 8 月很多人都会去岷江河谷上游打工，收获庄稼，为那一地区提供了大量劳动力。时常他们也被请到成都和其他城市去淘井和做类似的工作。

岷江河谷的小贩

嘉绒人生活的村寨从数户到上百户或更多，大都在易于防守的地方，通常在山崖或高地上，常常就像鹰巢筑在高高的山崖上一样，其全部结构很特别，很有特色。每个村寨都以一高耸、烟囱状的碉楼为主体，碉楼方形、六角形或八角形，高 60 ～ 80 英尺，从远处看很像西方国家大工厂的烟囱。碉楼的真正意义难说清楚，但很明显，它可充当仓库、瞭望塔和在紧要关头或战时用作藏身处和避难所，也与宗教存在某些模糊的联系，可能与中国中部地区和缅甸的宝塔存在某种关系。房屋或多或少呈四方形，平顶，用片石和灰浆筑成，很坚实。土司和富人的房屋 3 ～ 4 层，墙很厚，有枪眼和数个有格子的窗户。房顶四角都建有高 3 ～ 4 英尺的角楼，有时更多，格式亦不相同。角楼上插有经幡，并常有刺柏的绿色枝条。屋顶上还安放有一香炉，用于祭祀时焚烧芳香的柏树枝，如同烧香一样。屋顶的一部分常被篱笆状的架子占有，此种架子叫作“开可”（Kai-kos），高 10 ～ 15 英尺，用于干燥谷物。屋顶的其余部分用于宗教活动、吃饭、睡觉和休闲，在收获季节用作打谷场。底层是一院子，周围有羊、牛围栏和厨房，通常还有一客房。

角楼、墙的上缘、窗口边、墙脚和墙角的下部都刷成白色，通常墙上画有白色对角斜线、佛教万字符和其他符号，在屋顶边缘之上或在独立的结构上通常画有圆球形、倒置的半月形和佛教万字符标记。喇嘛寺庙结构与此相似，仅大一些，通常楼层要多些。农民的房屋设计相同，但仅一两层。所有这些建筑物都紧聚在一起，有一或数座碉楼高耸于整个村落之上。对自然崇拜的徽章和标记也可出现在西藏人的房屋和喇嘛寺庙，但这高耸的碉楼则为嘉绒人所特有。

桥是这一地区另一有趣的特色，所有桥的构造设计与中国其他地区不同，而与锡金①、不丹和尼泊尔的风格很接近，这也进一步提供了这两地人们的亲缘关系的证据。所有较小溪流上的桥都是用原木排在半悬臂上，无须特别加以说明。但在较大的溪流上则为吊桥，用破开的竹子编成缆索建造。这些桥与锡金和不丹的藤桥非常相近，这种桥在嘉绒全境和夹在岷江河谷和红盆地西部边界之间的狭长地带都能见到。这条

① 今属印度。

溜索桥

狭长地带原为嘉绒人所有，而今天一大部分为他们的后裔或者说有一半汉人血统的人所居住。如第十一章所提及，铁索桥在四川西北角有一两处。桥的风格从雅江河谷、大渡河上的泸定桥，到南面缅甸边境都相同，有可能来源于掸族。类似的铁索桥也见于不丹，在那里他们认为源自中国。[①] 在四川 — 西藏的全部边界上铁和竹的使用同样普遍，然而它们用于建桥只限于一定的地区，这是不争的事实。

溜索桥在全区境内很多，并且向西向南延伸到超越嘉绒地区很远的地方。其简单而极有用的结构为一条大竹缆横过溪面。大竹缆粗 8 英寸 ～ 1 英尺，通常是从高处到低处，如果溪面宽窄中等，其倾斜度不很重要，除非溪水非常狭窄，缆索中部会有相当程度的下沉。如在打箭炉周边地区，那里溪流不宽，有另一种不同的过河方法。过上述溜索桥，过河人需有一条长而坚固的麻绳，活动地吊在一马鞍形、用栎木或其他硬木制成的滑轮上。滑轮紧夹溜索，麻绳绕过过河人的两腿和腰间，绑紧成一兜篮。当一切准备妥当，过河人将一只手伸到滑轮顶端，给予拨动，滑轮沿溜索下滑，逐渐增加速度。来自向下滑行的动力将过河人带过中点，并多少再向对岸滑行一段。如果起动力量还不足以使人登岸，剩下的距离就要过河人用手抓住溜索一手一手往前攀。在你习惯过这种桥之前是非常可怕的，但是其过河的速度很快，而且只要你保持冷静的头脑，绳索不断，实际上是没有危险的。经常可以看见男人肩上背着货物，女人背着孩子过河。较重的货物通常是固定在滑轮上，用绳子拉过去。

嘉绒人居住地区的河流没有真正可以行船的，但在铜河上游的某些河段，阔卵圆形的皮艇可以顺水下行，这种不牢固的小艇在某些需要的地方也用作渡船。这种皮艇是用一根轻而坚实的木料将一张牛皮沿背脊撑开而成，一个男人很容易搬运，样子很像古不列颠人在罗马人入侵

---

① White，*Sikhim and Bhutan*，p.191.

前所用的小船的图片。船由一人坐在船尾用一支桨操控，约可载两名乘客。乘这种小艇下行或过河，小艇大部分时间可说是在水道上快速不断地兜大圈子或半旋转。作为新奇事物，既带来刺激，又未必有危险。这些皮艇和溜索应当推荐给世界博览会的主持人和马戏团的老板。这种皮艇存在于整个西藏东部和四川—西藏交界地区的渡口，并非嘉绒族地区所特有。

嘉绒人一般身高 5 英尺 7 英寸或再高一点，脸通常卵圆形，下颚有点尖，鼻直，有时偏近鹰钩鼻。他们平时的衣服为当地出产、未经印染的斜纹布缝制，穿着方式像西番人一样。小腿上缠有毡绑腿，头戴头巾或一顶黑色布丁盆状的毡帽。那些住在靠近汉人居民点和大路边的人把头发剃去一部分，扎成一条中国式的辫子。每当节日，他们穿上镶有亮丽红边的长袍和高筒毡靴。妇女个头较矮（约 5 英尺），强壮而丰满，有点像吉卜赛人，肤色偏暗，年轻时很好看。她们平时穿的外衣是一件当地斜纹布做的长袍，没有固定的式样，长刚过膝盖，用一头巾扎住腰间，脚和小腿光裸或穿马靴。通常她们头上没有戴饰物，又长又黑的头发从中间分开，在背后扎一条大辫子。她们酷爱银质、镶有绿松石和珊瑚的大项圈、耳环等饰物。当喜庆节日，她们会穿上镶有花边的蓝布长袍。富裕的妇人会用很多银首饰打扮自己，头戴一块布，用大辫子压住；布的周边缀有银器、珊瑚和绿松石珠子；布的下部披在颈部、肩部和背上。这些是有身份的妇女，通常在家庭事务中占主导地位。据我所见，她们也出面处理大部分的商务，这些妇女过着辛劳的生活。她们种地、放羊，将农产品运往市场，伐木和运水，而做饭、缝补衣服和日常家务则由男人承担。然而妇女并非受到虐待更非受压迫，她们性格开朗，一边劳作，一边欢笑、歌唱，似乎很适合户外的劳动生活。嘉绒人直率，态度随和，妇女所享有的自由地位是汉人从未有过的。一次有一队妇女与我们结伴同行两天，当要分别时，她们置酒作乐，真心诚意地邀请我们参加。有她们的欢笑和歌唱使大家都很欢快，离开她们我都感到遗憾。

各家都是小家庭，但孩子们通常都强壮、健康。女孩子在 17 ～ 21 岁结婚，一夫多妻现象普遍；一妻多夫未见有，除非在西藏高原地区可能存在。西藏地区很常见的暂时婚姻在嘉绒人中也没有。在巴底－巴旺，未婚女孩和尚未生育的妇女只穿两个毛皮袋状的毛线绦子或数片毛皮，从系在臀部以上的带子上垂下来，小腿露在外面，但上身通常穿粗斜纹布长袍，直到第一个孩子生下后才会穿裙子，因为这时神净化了她们。怀孕的妇女从她的情人当中选择丈夫，这个人就成为她孩子合法的父亲，她的话就是最后的决定。唯有母性决定婚姻，才真正防止妇女滥交。酋长和头人对处女有初夜权，但常不实行。在路边溪流中，老老少少的妇女裸体洗澡并不少见，这种习俗在打箭炉也很普遍，因为那里的温泉是男女都乐意去沐浴之处。但做了母亲之后，妇女被要求恪守忠诚，结婚后不可离婚。

在瓦寺（Wassu）领地内有数座属于苯波教的庙宇，承蒙头人的允许，我有幸能够观察这些庙宇，并成功地拍得很好的神像照片。代表巨人和具有女性精气的恶魔神像由石、木、稻草和灰泥制成；墙壁上饰有图画，有些在外人看来不雅的内容，男性生殖器崇拜很明显。瓦寺头领告诉我，苯波教用的八字真言是“哦嘛直莫耶萨来德”（Hom ma-te ma-tsi ma-yoor tsa-lien doo）。他好意给我一本八字真言的抄本，但我至今还不能把它译成可理解的英文。用得最多的表征符号是万字符，他们称之为“雍仲”（Yungdrung）。一种神秘的鸟，叫作“Chyong”或“Garuda”，也大受崇拜，被认为是多子的象征。在涂禹山（Tung-ling shan）靠近瓦寺头人住所的苯波教寺庙中，我也认出了观音菩萨、财神和阎王的塑像，其形象与中国内地一般庙宇内的神像很相似。从他们寺庙广纳众神的性质显示这个民族多少接受了佛教和喇嘛教，并把它们与苯波教融为一体。苯波教寺庙多建于难以到达之处，笼罩着隐蔽和神秘的气氛。苯波教文化长期受到喇嘛教徒的迫害，然而仍然牢固

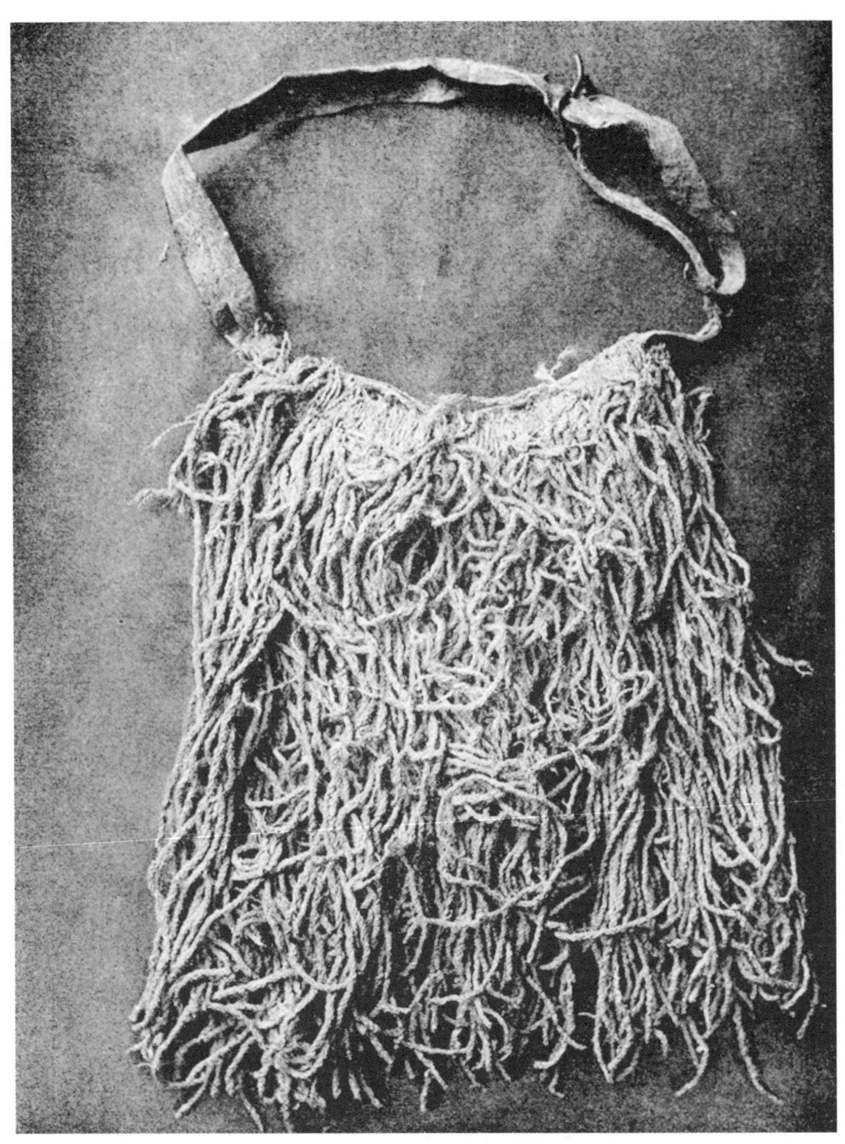

巴底－巴旺少女头饰

地保存在大多数嘉绒人的心中，非其他宗教可比。他们心怀对大自然的崇敬，每天的生活就是不断地与贫瘠的土壤和恶劣的气候斗争，以求获得足够的粮食维持生活。这些人很自然地倾向于祈求增产、丰收之神。

第十五章

穿越汉藏边界

——灌县至诺米章谷；巴郎山的植物

1908 年夏天我在成都，决定去一趟打箭炉。此前，1903 年和 1904 年我曾从三条不同的道路访问过此城。这一次我决定取道灌县经懋功厅和诺米章谷[①]（Romi Chango）。据我所知，已发表的有关这条道路的文章，就只有前英国驻成都总领事霍西（Alexander Hosie）[②] 先生（现为爵士）的一篇报告，1904 年 10 月他由此路从打箭炉返回成都。正是他报告中所写有关该地区的森林使我产生了此行的愿望，而缺少亲身经历愿望是无法得到满足的。再者，通过这条路可进一步熟悉居住在边远地区的部族。霍西爵士对这条路的叙述，描绘了一次艰难的行程。[③] 但我相信，只要不赶时间，轻装前进，我和我的采集队定能通过，没有问题。事实证明，这一信心是正确的。我所见到的森林、山峦风景，加上所发现的各种植物和采集到的植物标本，是我所经历艰辛得到的丰厚回

① 今四川省丹巴县。

② 亚历山大·霍西，英国外交官，1882—1884 年间在四川西部对其物产和经济进行 3 次考察。1890 年出版 *Three Years in Western China* 一书。

③ *Journey to the Eastern of Tibet*, presented to both Houses of parliament, August 1905. ——作者注

报。这次行程估计有1326华里，约合330英里，但仅按里程换算是不准的，在山区我认为250英里较为准确。

以打箭炉为目的地，我于1908年6月15日早上离开成都，并于次日中午抵达灌县。一个下午足以让我安排所有的事务。采集队由18名搬运民工和1名工头、2顶轿子、2名杂务人员、2名护送士兵、我的佣人和我组成，加起来总共30人，从灌县出发共历时23天。下面的文字由我的日记整理而成。

通往懋功厅的著名竹桥——安澜桥（An-lan chiao）正在进行一年一度的翻修，因此离开灌县后我们得沿溪下行5华里，至一处临时架的桥和渡口越过岷江的许多河汊。这样倒给了我们机会去认识（虽然还是有点朦胧）这一地区在李冰奇妙的灌溉工程实现前会是什么样子。没有计算流向成都的溪流数，我们过了5条岷江的河汊，它们散布在1英里宽的范围内，地面上是沙子、鹅卵石和芒草。道路迂回，有15华里。还不到9:00，我们就到了安澜桥的对岸。这一最惊人的建筑长约250码，宽9英尺，全部由竹缆建成。竹缆由7条等距固定在河床上的支柱支撑，中央的支柱为石头。桥面铺在10条竹缆上，每条竹缆围粗有21英寸，用剖开的竹篾扭在一起而成。每边有5根相似的竹缆排成护栏，竹缆都绑在巨大的绞盘上，嵌在石基座上，推动木杆使其旋转，保持竹缆绷紧。桥面铺上木板，两端用竹绳绑紧。侧面竖有竹子以保持不同竹缆的间距，用木楔打进硬木柱中保持桥面的稳定，整个建筑没有用一口铁钉或一块铁片。支撑桥面的竹缆每年更换一次新的，换下来的竹缆又用来更替护栏竹缆。桥的外观非常美丽，也是极为精巧的工程工艺。

路从安澜桥沿岷江右岸而上，路面很宽，维护亦好，但有多处坡度很大。当晚宿漩口（Hsuan-kou），海拔2640英尺，为一集市小村，约有300栋房子，坐落在岷江一支流与主河道交汇处之正上方。岷江从峡谷中出来，在此作了一个急转弯。从安澜桥到此处江上多小急流，江水

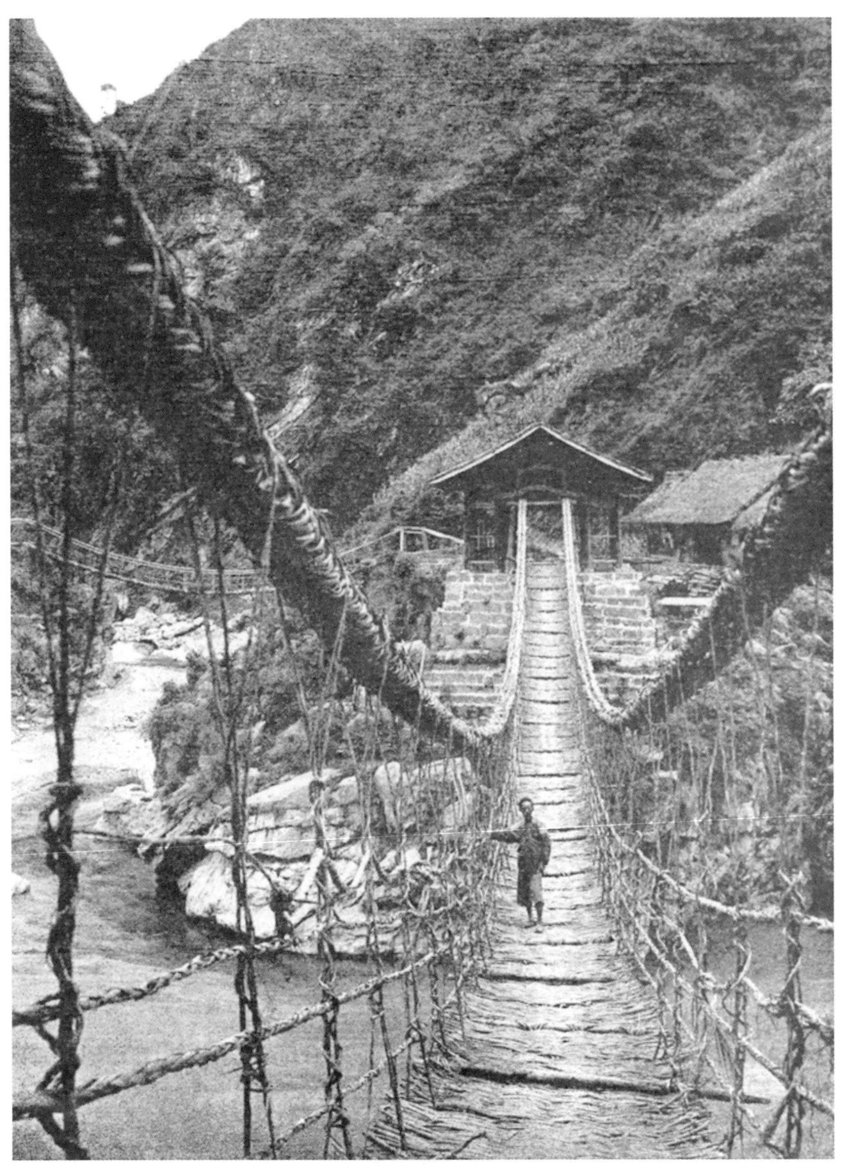

竹索吊桥，长 70 码

流速非常快。木材在漩口附近被扎成木排，顺流下放灌县，然后至成都和其他地方。

在这一天的路程中，我们经过一些较大的树，有香桦（*Betula insignis*）、楠木、南酸枣（*Spondias axillaris*），日本柳杉（Cryptomeria japonica）树较小，显然是栽培的。花喇叭状的通江百合在路边多石处很多。水稻时而可见，但主要作物为玉米。客栈周围广植茶丛。

离开漩口，我们经一小竹索吊桥越过上述岷江的支流，沿左岸而上，路很好走，行30华里到达水磨沟（Shui-mo-kou）。这一段路上常见有日本柳杉，树都很小，很明显是栽培的。水磨沟是一普通有集市的中国乡村，约有50栋房屋排列在主街道的两边。然而有趣的是，此去懋功厅，在这一方向它是最后一个纯汉人的村落，也是最后一个可购买粮食给养或用银子的地方。我增雇了一个人，我的随从人员也都储备了大米和一般的食品。充分估计到我们面临的困难，在灌县我把装备减轻到正常的三分之二，尽管如此，民工们肩上的物品还是超重了，在离开水磨沟时摇摇晃晃几乎走不动。

离村子上面不远就是一陡坡，但数里后路渐好走，蜿蜒于山边。灌木状栎树和生长不良的杉木很多，但植物种类较贫乏。野生的草莓成片生长于多草的山坡上，正结有白色和红色的美味果实。经过数栋房屋，我们来到一山脊顶上。此处叫作鹞子山（Yao-tszeshan），海拔5600英尺。越过山脊，我们进入了瓦寺酋长管辖的地区。酋长住在涂禹山（Tung-ling shan），在岷江河谷内，靠近汶川县。

从一条小路下坡，开始还好走，很快就变得陡峭，而且松动的石头很多，很难行走。下午6: 00我们到达当天的目的地黑石场（Hei-shihch'ang）。下坡时，靠近山口处，中华猕猴桃很多，盛开白色、芳香的大花。路边缫丝花（*Rosa microphylla*）非常多，长成高4英尺的灌丛，开满了粉红色大花。值得一提的是山羊角树（Carrierea calycina），一种小乔木，花蜡白色，形状怪异，组成直立的圆锥花序。但这里的植被多毁于开垦土地种植玉米、燕麦和豆类等作物。

黑石场海拔 4000 英尺，据称距漩口 60 华里，有三四座房子，位于一深谷中湍急的溪流边，四周全是大山。我们的住处够宽敞，主人也有礼貌，很周到。

次日出发时下着大雨，约 9: 00 雨停，但天气一直阴暗，至下午 4: 00 又开始下雨，一直延续到晚上。从一座木桥越过湍急的山溪，立即向上攀上一陡山，此山因上面有很多漆树而名漆山（Che shan）。上坡虽陡峭，但路程短。随后的 30 华里沿山边而行，直至赤龙山（Chiu-lung shan）顶。从山顶而下，最后进入一狭窄的、长满了草的山谷。我们在豪竹坪（Hao-tzu-ping）一孤零零的客栈过夜，该地海拔 6100 英尺。全日行程 50 华里。

直至进入山谷，这一带地面不是玉米地就是被密集的灌丛覆盖。植物种类与四川西部海拔 4000 ～ 6000 英尺的地方相似，仅个别种类较有趣。采集到的灌木标本中最有趣的是一种开黄花的五味子（Schisandra）、一种开白花的藤山柳（Clematoclethra）和云南冬青（Ilex yunnanensis）。云南冬青叶小而匀整，花带紫色，簇生，芳香，小枝有毛。狗枣猕猴桃极多，为一大藤本，花白色，有芳香，有许多白色的叶子更增添其美丽。中华猕猴桃及与其近缘的藤山柳属（Clematoclethra）的所有种类，除被铁锈色毛者外，几乎都有这种白色的叶子，并随着季节的向后推移由白色变为粉红色。这些种类都是漂亮的藤本植物，多数都有美味、多汁的果实，可供食用。

这一带的乔木虽然种类不多，长得也不很大，但有珙桐、白辛树、瘿椒树（Tapiscia）、水青树、山毛榉和七叶树等重要种类。四照花偶尔能见到，开满了白色的花，使郊野充满了生气。房舍周围多有核桃树，路边有野生的草莓。在山谷中美丽的猫儿刺（Ilex pernyi）和七叶鬼灯檠、大百合生长在一起，后两种数量相当多。在豪竹坪周围有零星的玉米地，但凡森林被砍伐处，地面都为禾草和其他粗生的草本植物覆盖。

这一天内我们遇见很多人搬运巨大的铁杉（Tsuga）和红杉（Larix）木料。这些木料经粗加工，捆绑在一木架子上搬运。我用卷尺量了一段木料，长 18 英尺 6 英寸，厚 7 英寸，宽 9 英寸。这样的重物能从如此恶劣的山路运出，令人感到吃惊。有一队部族人运茶叶的小马帮与我们同行，他们前往沃日（Wokje）。

离开豪竹坪我们很快就来到山谷的上端，再往上就成了一条狭窄、长满了灌丛的山沟。由此再上 30 华里，到达牛头山（Niu-tou shan）山顶，海拔 10000 英尺，浓雾模糊了四周的景观。再下 20 华里来到转经楼（Chuan-ching-lou）村，我们在此过夜。

这里的植物令人非常感兴趣，但由于大雾笼罩，我只能观察到小路两边的植物。一天中最常见的灌木当数大叶柳（Salix magnifica），到处都有，且近水边特多。这种特别的柳树叶长可达 8 英寸，宽 5 英寸，柔荑花序长达 1 英尺或更长，株高 5 ～ 20 英尺，长成松散的灌丛。除非开花或有果实，即使走到面前也不会把它看成是柳树（1903 年我首次发现这种植物，1908 年成功将活植物引入栽培）。牛头山有很多种柳树，从匍匐的灌木到小乔木，这座山上的柳树种类确实特别丰富（后来我从这一地点引种 12 种之多）。前面已提到的中华猕猴桃、藤山柳依旧很多。大花绣球藤（Clematis montana var. grandiflora）花大，白色，成为一景。同样还有粉红溲疏（Deutzia rubens），花染美丽的玫瑰红晕。我没见到稍大的落叶阔叶树，但草本植物到处都很茂盛，特别是鬼灯檠属植物覆盖山边范围以英里计，针叶树是一天中见到的最有趣的植物。上坡途中，除了零星的冷杉和紫杉外，只见到云南铁杉（*Tsuga yunnanensis*）。这种树喜生长于多石处，紧紧依傍岩石，姿态特异。然而在下坡途中，冷杉、云杉、落叶松、铁杉、华山松都有出现。但这些树很快就被砍伐，见不到大树，昨天见到的大木料就出自此处。四川红杉（Larix mastersiana）在海拔 9400 英尺的糖房（T’ang-fang）下面开始出现而且很普遍，特别是在路的右边和下到海拔 7200 英尺处更多。

转经楼村海拔 7000 英尺，距豪猪坪 50 华里，有一间大而脏的客栈和另外 3 栋房子，位于一狭窄的山沟中，四周高山耸立。一条喧嚣的急流从牛头山而下绕过客栈，周围的植被非常繁茂。过牛头山的路很难走，不少地方还很危险，多处有从坚硬岩石上凿出的石级以助行人行走，但干道上散布着松动的石块和漂砾，很难行走和通过。

不幸我们遇上天气不好，当我们上路时天又下雨。沿山溪通过一狭窄的深谷，行 5 华里，到达二道桥（Erh-taochiao）。山溪在此与一源自巴郎山相当大的溪水汇合，形成河流，穿越非常荒凉的原野后在娘子岭（Niangtsze-ling）山脚附近靠汶川县的一边流入岷江。从二道桥向左急转弯，我们沿名为皮条河（Pi-tao Ho）的溪流而上，没多久，经一木桥过到左岸。从这里到卧龙关（Wu-lung Kuan）25 华里，经过一狭窄的山谷，比较好走，山谷中偶尔见到房舍和一些耕地。卧龙关以上路变得越来越难走，很多地段路况极坏。河道有很多支流汇入，有些支流还很大，随着山谷收窄成一峡谷，溪水变成狂野咆哮的急流。从云雾散开处露出的景色蛮荒而壮丽，垂直的石灰岩悬崖不时从云雾中显露出来，悬崖顶上长有松树。我们反复越过山溪数次，行 65 华里到达当天的目的地——大岩洞（Ta-ngai-tung）。这个小村海拔 7600 英尺，有一间大客栈，维修得还算可以，完全被包围在陡峭的群山中。山上有密集的灌木和小乔木覆盖，山的上部为针叶林。植物种类基本上与牛头山相同，但不如其丰富。除冷杉外，所有的针叶树都有，但落叶松仅在客栈附近首次出现。在二道桥我拍摄到一巨大的长叶高山柏（Juniperus squamata var. fargesii），此树高 75 英尺，干围 22 英尺，具有雅致、下垂的枝条。还有一种松树，其球果留在树上很多年（后证实为一新种，命名为 *Pinus wilsonii*）。此种松树在悬崖上很普遍，我们路过一高大植株，以前从未见过如此高大的。但是华山松稀少。长叶溲疏（Deutzia longifolia）花淡紫红色，惹人喜爱；翠蓝绣线菊（Spiraea henryi）花纯白色，平展的花序在枝上排成一长串；花玫瑰红色的西康绣线梅（*Neillia longiracemosa*）可能是最常见的开花灌木；杨树是这一带唯一高大的落叶乔木；槭树不少。在大岩洞附近我采到一种香桦，具有粗短、直立的柔荑花序。

第二天一早我们继续上路，用了一整天在一条蛮荒的沟谷中艰难前行，然而四周都是奇异的风景和丰富的植物。针叶树占有主导地位，种类与前文所述相同，增添了两种新云杉。紫杉比以前少，但红杉却非常多，虽然大树极稀少。使我惊喜的是红杉的球果已成熟，我采得大量种子。还有一种川杨（Populus szechuanica），叶大，背面银灰色，非常之多，我们路过一些非常高大的植株。有一种蔷薇，花大，鲜红色，还有前面提到开粉红花的溲疏，花正盛开。有两种杓兰［毛杓兰（Cypripedium franchetii）、黄花杓兰］分别开紫红色花和黄花，但很少。沙棘常见于河道上，植株大小不一，从矮小有刺的灌木到高达 25 英尺的乔木都有。它细长、背面银灰色的叶子与周围更为鲜绿色的乔木、灌木形成了令人愉悦的对照。有多种槭树和椴树，白蜡树也很多。在这一特殊地区，可以长得比其他落叶乔木更高大的水青树有星散分布。绣球花属、绣线菊属、忍冬属、山梅花属、悬钩子属、蔷薇属、猕猴桃属、藤山柳属、荚蒾属和其他有观赏价值的灌木争夺着每一寸可生长的土地。花木的丰富和多样真令人惊叹。据我所知，在中国西部没有任何地方的木本植物的种类比这一天所经之处更为丰富。

天气依然令人恼火，时有阵雨，幸好雨不大，否则山路无法通行。浓雾限制了我们的视野，但当云雾散开时，我们所见只有裸露的悬崖绝壁和陡峭的山坡。山坡上大部分都有混交的植被覆盖，随后为针叶林所取代。道路糟糕得无法用语言形容，有数处是将木桩水平插入凿在悬崖上的孔中，木桩上铺木板修成的栈道，而木板已半腐烂。所有的桥都是用原木搭成，多已腐烂，通常很难走过去。河水简直就是咆哮的激流，冲向巨石形成瀑布，疯狂地奔流入稍平缓地区。在一处有一山溪流入，从水的颜色和温度判断，很明显是从终年积雪处而来。

这一天我们经过几间简陋的小屋，但沿途无空地可供耕种，人们极端贫困。我们在驴驴店（Yü-yü-tien）过夜，该处海拔 8800 英尺，距大岩洞 42 华里，那里有两间简陋的客栈。在这条路上，这些建筑虽有时邋遢点，但很解决问题，都是一个格式：单层，木结构，木板盖顶用石头压住。内面靠近厨房一部分隔开，为店主一家私人住房。四面沿墙都是成排的统铺，房中央有长凳，供放行李货物。旅客自带食物，因为客栈仅能提供极少量的绿色蔬菜，别无他物，到了晚上都会提供做饭和烤衣服的木材，而外国旅客可享有平静和免受人群围观。安睡一晚弥补了日间的劳累，清早醒来，精神和体力得到恢复，又一心渴望陶醉在那奇妙的风景、美丽的森林、悬崖和溪流之中。

在离驴驴店 8 华里处的邓生（Teng-sheng-tang），山沟变得开阔，成一浅谷。路从溪流左岸上山，山上有禾草和灌木丛覆盖。这一带小檗属种类很多，长得很茂盛。经过一段艰苦的上坡，我们越过一道山梁，剩下的时间都是沿着一条山脊的边缘而行，上面长满了色彩艳丽的高山花卉。

溪水的主流发源于一些积雪的山峰（这些山峰我们曾短暂见到并拍了照片），有一相当大的支流发源于巴郎山（Pan-lan shan）山口。在这两条溪水右边的山上，直到海拔 11500 英尺都有云杉、冷杉和落叶松林，谷底为小柳树、小檗和沙棘灌丛覆盖。在有腐殖质的大石上和林缘，黄杓兰分布至海拔 10000 英尺，而且较常见。

这条山梁通向巴郎山山口，其植物种类全都属于高山性质，草本植物种类之丰富令人惊叹。生长旺盛的植物多开黄花，因此黄色成了主要色彩。在海拔 11500 英尺以上，华丽的全缘叶绿绒蒿成英里地覆盖山边，其花大，因花瓣内卷而成球形，鲜黄色，长在高 2 ～ 2.5 英尺的植株上，无数的花朵呈现一片壮丽的景色，在别处我从未见过这种植物长得如此茂盛。钟花报春（Primula sikkimensis）花淡黄色，有清香，在湿润处极繁茂。多种千里光（Senecio）、金莲花（Trollius）、驴蹄草（Caltha）、马先蒿（Pedicularis），还有紫堇加入了以黄色占优势的花展。在有禾草覆盖的巨石上和有干湿适度的壤土处，多脉报春（*Primula veitchii*）开出淡玫瑰红色花，惹人喜爱。所有的沼泽地上西藏杓兰（Cypripedium tibeticum）生长得如此密集，以至走动时无法避免会踩在它的花朵上；其花巨大、暗红色，长在仅有数英寸高的茎上。然而最使人喜爱的草本植物可能当数很特殊的独花报春（*Primula vinciflora*），其花大，单朵，紫罗兰色，外形极似长春花，生长在高5～6英寸的花梗上。这种不像报春花属的报春花在草丛中很多，各种草本植物真是多到不可胜数，整个原野成了色彩的盛宴。这些高山地区一片寂静，寂静得使人感到压抑，只有偶尔冲向天空的云雀，其歌声可打破此寂静。我们惊起过一只不常见的雪鹧鸪，见到过一两群雪斑鸠，但总体而言，鸟类很少。除了少数鼠类，没有见到其他哺乳动物，但据说此处有岩羊（Bharal）和狼出没，前者数量还不少。

再前行38华里到达向阳坪（Hsiang-yang-ping），海拔11650英尺，并在此地客栈过夜。此处一部分是寺庙，一部分是客栈，由一僧人负责管理，从他的衣着和谈吐能看出明显是外地人。药材川贝母（*Fritillaria roylei[①] 及其他种）在这地区很多，当晚与我们同住的房客中有好几个人是专门来此挖掘这种植物的白色小球茎。有些汉族商人也在此收购这种药物，60个铜钱1盎司。到了成都，其批发价为400个铜钱1盎司，他们的利润非常可观。在药材收购商中有数个沃日部族人，他们身高约5英尺8英寸，身材壮实，鼻直，表现大胆。他们当中还有两名妇女。如果他们盥洗干净，穿上体面的衣服，肯定是很帅气和漂亮的。这一天中偶有阵雨，中间我们还是享受到不少阳光。但我们到达向阳坪不久就大雨滂沱，并一直下到晚上。

① 川贝母，学名为Fritillaria cirrhosa。

多脉报春（*Primula veitchii*）

天亮前雨停了，我们极为高兴。我们一早出发，艰难地慢慢前行翻过可畏的巴郎山，在极寒冷而飘动的浓雾中通过山口。一路上坡并不困难，尽管此山口有产生高山反应的恶名，我们无人因空气渐稀薄而感到严重不适。山脊狭窄，尖削如刀；山顶为砂岩，其中嵌有云石，成锐角叠起，上面没有植被。冬天未融化的雪还成小片地留在山口之下，而在四周又有很多新下的雪。浓雾使我们看不到远处，所能见到的一点地方都裸露而荒凉。有两三只蓝大翅鸲（Grandala coelicolor）在雪地周围飞来飞去，其深蓝色的羽毛与白色的雪地形成鲜明的反差。我测得此山口海拔 14250 英尺，树木分布上限约为 11800 英尺。

海拔 12000 英尺以上的植物纯属高山性质，与松潘周围及整个四川—西藏边界同一海拔地区具有相同的特点。全缘叶绿绒蒿数以千计，多到数不清；让我惊喜的是，还有开暗紫红色花的红花绿绒蒿（M. punicea）。虽然远不如松潘周围那么丰富，但也有数以千计的这种美丽的草本植物散布在这周围。报春花的种类很丰富，独花报春分布至海拔 13000 英尺，再上则为匙叶雪山报春（**Primula sino-nivalis*[①]）及其近缘种所取代。

翻过山口时我把这山口拍摄下来，然后急速下山，赶到海拔 13700 英尺处万尖峰（Wan-jĕn-fen）的一间简陋的小客栈，在那里午餐已准备好等待我们。客栈下面不远开始出现数丛小叶的柳树、杜鹃和锦鸡儿，向下走逐渐增多，很快落叶松和少数云杉出现，到了海拔 11300 英尺处，树木就非常之多了。一种灌木状、常绿、有刺的川滇高山栎（Quercus aquifolioides）是这些山腰风口带的特色，背面金褐色的叶子使其极为显眼［此种栎树几乎与美国加利福尼亚州的金橡树（Castanopsis chrysophylla）一样漂亮，而我也很高兴已成功引种栽培］。

---

① 应该是心愿报春，学名为 Primula optata。

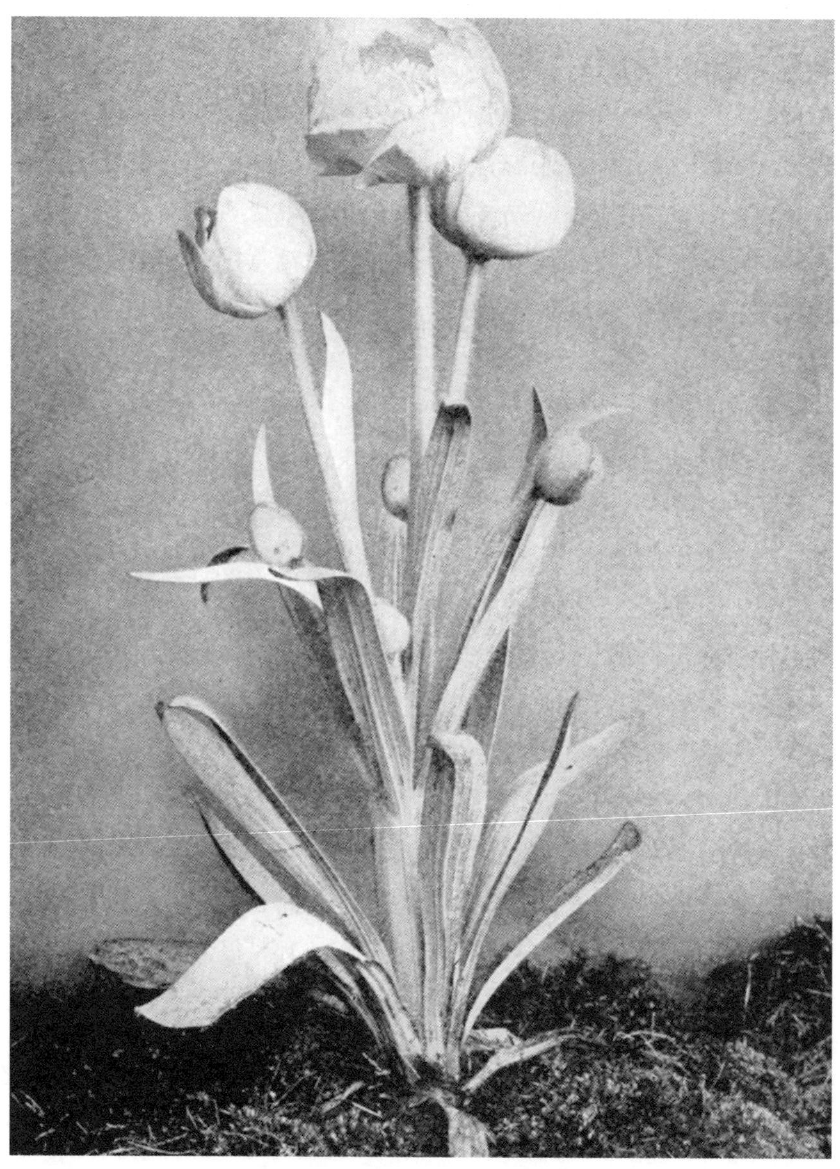

全缘叶绿绒蒿（Meconopsis integrifolia）

除上述灌木外，铺地柏、绣线菊和沙棘也很多。这片沼泽地非常有趣，明显比山口另一面气候更干燥。

发源于山口附近的一条急流因有支流汇入而增大，很快变成了一条咆哮、无法通过的河流。山坡收窄，在高店子（Kao-tien-tzu）小村处路进入一条山沟。山沟两边有树木，落叶松、云杉很多，还有各种各样的灌木。高雅的毛丁香（Syringa tomentella）极常见，其花芳香，组成分枝的圆锥花序。我们越过溪水的一支流，其湍急狂暴程度较主河道犹有过之。走出山沟，呈现在我们面前的是一片开阔的旷野，大部已开垦为耕地。

我们的采集队本应在高店子小村过夜，但高涨的热情超越了理智，又赶了20华里路前往日隆关（Reh-lung-kuan）。这次冲动打乱了我的计划，把事情搞乱，采集工作不得不减少，直到晚上10: 00我才吃上晚饭，很多工作得留到明天来做。

巴郎山是两个嘉绒部族的分界线。翻过山口我们离开了瓦寺土司的领地，进入了沃日土司的管辖范围。瓦寺土司的领地为广大山区，林木茂盛，但适合农耕的地方很少，因此人口稀少，在途中我们很少遇到居民。大路上的客栈和房屋都属于汉人或半汉化了的人。瓦寺人个子高（5英尺8英寸左右），骨架大，肌肉发达，坦诚、开朗，是森林中和山崖上动物的优秀猎手。妇女壮实、健美，坦诚可爱。男女肤色均较汉人稍黑，但恕我直言，看上去不够清洁。他们非常喜爱珠宝，男女都佩戴银和铜镯、镶嵌有珊瑚和绿松石的银环。妇女还带很大的银耳环，通常嵌有绿松石。男人吸鸦片成瘾，有可能这仅限于靠近大路工作的搬运夫和马帮等与汉人接近的人。

日隆关海拔10900英尺，是一沃日人的村子，约有20户人家，一座小喇嘛寺，一座高大的方碉楼，我们在这里找到一宽敞的好客栈。这里的人们也很亲切和有礼貌，我的民工可在此购买鸦片和一些食物。这就是他们宁愿走75华里，而不愿在近20华里的高店子停留的原因。

离开日隆关，我们沿河右岸而下，此河发源于巴郎山垭口附近。行33华里到达关金坝（Kuan-chin-pa）小村，因要完成昨日留下的工作，必须缩短行程。当天天气晴朗、温和，凉风阵阵。回望来路，巴郎山的积雪终日可见。路维护得很好，沿山腰而行，高出山溪之上。在古时此山谷堆满了冰川碎屑，强大的洪流将其切割成深而窄的沟谷。这条溪水当地叫尼曲（Neichu），实际上是小金河（Hsaochin Ho）的主要分支。以往有相当数量的金子从此河谷开采出来，途中我们经过许多旧时采金的场地。

这地区经常使我强烈地回想起岷江上游河谷，靠近松潘海拔8000英尺以上的地方。在河左岸的山腰非常陡峭，大部分有云杉、冷杉和少数松树组成的森林覆盖；右岸山坡主要为耕地。小麦为主要作物，8月初即成熟；其次是荞麦，接着依次为豌豆、蚕豆和马铃薯。沃日人显然是有技艺的农业生产者，用他们自己的方法做得很好。这地区的富裕程度充分表现为有众多的大房屋和喇嘛寺，以及相对密集的人口。然而这些客栈都在早期汉人移民的后代手中。较大的房子和喇嘛寺通常建在由冰川淤泥、粗沙和巨砾构成的高地上，多少呈四方形，两层，泥面平顶，每个角上有一小塔，其上有经幡飘动，靠近经幡通常有一松柏类植物的枝条。雕刻的玛尼石很多，很多地方还能见到佛塔（Chortens）和其他喇嘛教标记。农民的房屋较矮，一层，用砂页岩砌成，屋顶平或稍有坡度。这里的植被显然属旱生型，从此可明显看出此山谷的气候相对较干燥、温暖。两种栒子（Cotoneaster），数种铁线莲、沙棘、高山栎、小檗、蔷薇是群落中的主要成分。有一种奇特的忍冬——管花忍冬（Lonicera tubuliflora），叶小，花管状、白色、芳香，成对而生，在局部地方很多。另一种常见的植物是灌木铁线莲（Clematis fruticosa），单叶长圆形，花金黄色，下垂。还有一种有趣的植物——小叶巧玲花（*Syringa potaninii*），花玫瑰紫色，排成直立的圆锥花序，在此山谷中很多。路边常见的乔木树种有杨树、球果近于带刺的高山松（*Pinus prominens*）和一种白桦，其树皮用于编制草帽。我还采到了几株晚花的四川波罗花，此种一般性状与红波罗花很相似，但平均株高4～6英尺。采到的另一新植物为一种报春花，极似天山报春（*Primula sibirica*），但花葶较高，花梗较长。

关金坝海拔9500英尺，有两间简陋的小客栈和一座大方塔的废墟。

达维（Ta-wei）村位于关金坝下12华里，也在河的右岸，因有一大喇嘛寺而出名，是这一地区的重要地点。这地方名声不好，但对我并无恶意表现。当我拍摄此村时，很多喇嘛披着紫红色的袈裟聚集在我周围观看，对我的相机、狗和枪很感兴趣。然而这个村子的坏名声已根深蒂固，我奉劝旅游者应避免在此过夜。有一条路自达维村过河、翻山去

沃日的达维村

穆坪[①]（Mupin）。

我们继续前行，沿河右岸行27华里至木垭村（Mo-ya-ch'a）。此处由于有一旧时塌方，又须过到河的左岸，过河是通过一木结构半悬臂桥。这种桥之前路上很常见，但在这次行程中是第一次遇到。过桥后路高出河岸，沿左侧而上直至我们当天的目的地官寨（Kuan-chai）。整个河谷非常干燥，虽然相当大的面积种植了小麦。近河边有少数杨树、柳树，除此之外直到山腰才能见到树木。植物种类如第十三章所述，与这一地区各主要河谷相似。川滇蔷薇（Rosa soulieana）非常之多。我采到数种新植物，但这地区太干燥，没有多少使人感兴趣的植物。

官寨位于海拔8500英尺处，为一小村落，是沃日土司的住地。土司的房子很大，上层全为木结构，建筑精良，整体以数座高塔为主，周围散生有漂亮的核桃树。这块小领地的富裕情况在今天的行程中进一步显现出来。大房舍随时可见，常建筑在高而陡峭的山腰上。小麦是主要作物，在官寨麦子刚吐穗。玉米和马铃薯同样也常见有栽培，还种植有少量的亚麻和大麻，其种子可榨油，通常用作照明。我们经过一些零星的罂粟地，地里的罂粟仅数英寸高。官寨坐落在扇形坡地的上端，生长茂盛的庄稼尽收眼底。

在Ma-lun-chia[②]有一相当大的溪流由右岸汇入沃日河，有条岔道沿此支流而上，通向抚边（Fupien）再到理番厅。我们所走的路大部分很好，轻松地走过了67华里，整天享受着灿烂的阳光。

刚过土司住地不远，路攀上一座陡峭的山崖，小官寨（Hsao-kuan-chai）村即位于其上。一百余年前官兵来征服此河谷时，此处因进行过坚强的反抗而闻名，后因长期的围攻而失守，残余的护墙和旧时的碉堡至今犹历历在目。从此处路继续蜿蜒于河左岸，前行40华里至懋功厅。

---

① 今四川省宝兴县。

② 未查出原地名，位于溪流与沃日河交汇处，应在陈麻子桥附近。

河谷两边非常干燥，植物种类贫乏无趣。河谷内很少有房屋，但在山腰之上我们见到不少散布的房屋，在麦地环绕之中。在老营（Laoyang）有一流量几乎相等的支流与主河道汇合，从理番厅经抚边而来的大路沿此支流而下，在此与我们现在所走的路会合。从我们所能见到的抚边支流河谷的一小部分，可看出它像我们由日隆关下来所经的河谷一样干燥、荒芜。继续前行，转过一个河弯，懋功厅突然展现在我们面前，坐落在一多石的岬（jiǎ）角上。通过一道大门，我们注意到一分开的镇区，看上去较富裕，位于大路左边一点的侧面山谷。这是懋功厅的行政官府所在，主要行政长官、文武官员居住于此。经一木桥越过湍急的山溪就进入了我们在河道拐弯处看到的地方。这里是旧时的兵营，破烂的房屋散布在约有 100 码长的街道两侧。距兵营 200 码开外，我们到达称为新街子（Hsin-kai-tsze）的热闹商业区。懋功厅由三个分开的镇或村组成：官府镇区、旧兵营区、商业区，三个镇区都没有城墙，虽然每个镇区都要经过一道大门进去。懋功厅的地理位置极为漂亮，且具有重要战略地位。它是这一地区的政治中心，非常重要。沃日和穆坪两个嘉绒部族的领地在此分界，通往诺米章谷的其他山谷划分为另外的封建领地。

新街子街道上挤满了人，主要是部族人，他们出售药材，购买各种所需的用品。他们聚集成如画般的人群，妇女们戴着银质的衣饰，如银镯、银耳环，特别亮丽。客栈都住满了人，但当地的行政长官热情地给我们安排了两个房间，以礼相待。人们天生好奇，成群聚在我们周围，但他们态度还是很恭谦的。

新街子海拔 8200 英尺，是一极为重要的药材市场，以出产贝母（Fritillaria spp.）、大黄、虫草（一种毛虫感染 Cordyceps sinensis 真菌）和羌活（Chung-hoa，一种伞形科植物，可能是 Ligusticum thomsonii）而闻名。所有这些药材都是部族人采收，然后拿到市场出售。麝香、鹿角市上亦有交易。

有好几条路以此地为中心呈放射状伸展出去，其中一条从官府镇区翻过夹金山口通往穆坪，据说此山口比巴郎山口还高，四周都是积雪的高峰。

沃日土司领地始终给人以富庶的形象，显然是个兴旺、幸福的小国度。这里的人极像瓦寺人，虽有可能个头稍矮点，脸型稍尖一点。汉语在这里能听懂，沿大路人们普遍应用汉语，并模仿汉人剃发留辫子。从我们所见喇嘛寺之数量，可见喇嘛教在人们心中占有牢固的统治地位。

我原打算在懋功厅停留一天，但由于镇内人太拥挤，决定把此假日推迟到抵达章谷后。客栈给我们准备的两间房里挤满了人，喝酒、谈生意一直吵闹到深夜，使人无法安睡。

一出新街子即从一原木搭成的桥过到河右岸。此桥已经修理过，只有两条不平的原木，一根细绳子从左侧拉到对岸作为扶手。桥下水深且湍急，过河实在危险。地方官员为我们找来了当地的能人把我们的装备运过河，他们完成运送的方法使我感到赞叹。我给他们 1000 枚铜钱作为报酬，他们为之惊喜。我的狗被紧紧地捆绑在一块平板上，由一人背负过河。狗拼命挣扎，过到对岸绳索已挣脱了一半。我走在背狗人的后面，等平安走过这 30 码无底深渊才松了一口气。过河一切都顺利，但我的随从过河时抓住当地人死不放手，大多数都紧张得发抖。这样危险的经历不值得回想，我衷心希望不要再过这样的桥。从此桥开始下坡，路不好走，经过荒芜地区，行 60 华里，到达僧格宗[①]（Sheng-ko chung），海拔 7600 英尺。河在此增宽并变得湍急，两岸陡峭，都是松动的石头。少数杨树，偶有干香柏和开满了成簇黄色小花的栾树，是仅能见到的树种。这地区人口很稀少，但在高处，特别是河左岸有少数与沃日建筑相同的房子。

① 今四川省小金县新格乡。

这一天我们与一群部族人结伴同行，主要是穿着节日服装的妇女，她们兴高采烈，大多数时间都在欢笑、唱歌。在僧格宗道别时，她们备白酒相邀共饮，甚为欢畅。妇人们当家作主，在她们看来好像是天经地义的事。

夜间下大雨，次日清晨空气清新凉爽，我们重新上路，沿小金河河谷而下。从僧格宗下行 30 华里经过一格鲁派（Gi-lung）的大喇嘛寺，寺庙白色，美如图画般坐落在河右岸，有一百余名喇嘛居住于此，对周围地区行使相当大的权力。在此喇嘛寺以下约 10 华里处，河道突然变成了一连串奔腾咆哮的瀑布。水流的狂暴使人胆战心惊，这段河道的险恶令人难以想象。这一天，先前我们已过到河左岸，就在这一段狂野的河段下面，我们又从一座已开始腐烂、极危险的木桥过到右岸。从此处下行约 7 华里我们到达盘古桥（Pan-kuchiao）小村（海拔 7100 英尺），并在此住宿，全天共行 70 华里。就在此小村的上方有一急流从左岸流入大河，这条侧面河谷的山上明显可见有积雪覆盖。这里桥极少，仅存的几座看上去好像一百多年前这地区被征服后就没有更新过。有一点是肯定的，这些桥都不能维持多久，这一天我们走过的两座都已歪斜，而且极端危险。

这地区没有懋功厅附近那么干燥，然而植物种类贫乏。杨树最常见，还有栾树正开满了花，很好看，显然很适应这干热的环境。亚灌木状的角蒿（*Incarvillea variabilis*）和两头毛（*Amphicome arguta*）都具有筒状、淡红色大花，沿路边很多。其他常见的灌木有羊蹄甲（Bauhinia）、白刺花、花蓝色可爱的岷江蓝雪花（Ceratostigma willmottianum）、女贞（Ligustrum）和川滇蔷薇（Rosa soulieana）。在山崖上星散生长着干香柏。玉米为主要作物，在此季节占满了每一寸能种植的土地。房舍很多，但大多数都建在山谷中较高的山坡上。有些地方的景色峥嵘而壮观。在盘古桥的客栈前，石灰岩悬崖自开垦的坡地边耸立约 2000 英尺，坡地上散生有核桃树。悬崖顶上有一高大的碉楼，附近还有另一碉楼的废墟，诉说着往日的辉煌。

离开盘古桥，我们沿小金河右岸下坡而行，约 42 华里到达小金河与大金河（即铜河）上游的交汇处。小金河的最后一段其实就是前面急流的延续，汹涌的河水中含大量棕色泥沙。一眼望去主要是高而裸露的山崖，间中有稍平缓的扇形耕地，有房舍掩映在杨树、柳树、核桃树树阴下。附近常见的其他树种有君迁子、北枳椇和女贞。玉米显然是这地区主要的夏季作物，但也种有麦子，有一红色无芒变种，穗子粗壮，正在收获中。岩鸽很多，正忙于觅食成熟的谷物。

过岳扎（Yo-tsa）后，我们见到对面（左岸）有一大喇嘛寺掩映在美丽的树丛中。再过一点就是中路（Tsung-lu）村，一个看上去很怪异的地方，以有 20 多座碉楼而闻名，这些地方渡河均用皮筏。

小金河被一石嘴阻断不能成直角流入大金河（Tachin Ho），显然此石嘴有时被淹没。大理石和花岗岩是附近常见的岩石，花岗岩中有很多云母片，在阳光下闪烁。沿大金河左岸而上，前行约 2 华里，通过一长达 90 码的竹索吊桥即到达小镇诺米章谷。这一天只走了 45 华里，但由于天气炎热，道路崎岖，我们到达时都感到非常疲乏，非常想要休息一天。

就我所知，从懋功厅至诺米章谷沿河地区约在公元 1775 年被中央政府平定后被划分为数个封建领地，分封给某些部族首领作为参与平乱的奖赏。这些首领被称为“守备”（Shao-pe），是世袭的，他们直接对中央政府负责，确保地方安定。一旦有需要，他们必须派遣军队协助中央政府，仅有喇嘛可免除这种军事义务。一般而言，这些封建领地中的人们都以务农为主。这些守备均受驻扎在懋功厅的军事统帅管辖，有两个主要的守备，一个住在懋功厅，另一个住在宅垄（Che-lung），为一距懋功厅 60 华里、离小金河左岸 20 华里的山村。第三个守备住在距懋功厅东北面 120 华里的 Ta-ching[①]；第四个守备住在汗牛（A'n-niu），位于此地区西南部山区，受宅垄守备控制。除了最初封赏的土地外，这些首领没有从中央政府得到金钱和其他报酬。这一制度显然得到推广，很起作用。它既保持了中尖政府的最高权力，同时又让当地人们由他们自己承认的首领管理。半独立的嘉绒部族首领领地与守备领地的不同在于，前者是在本部族土地上长期世袭下来的绝对统治者，而后者统治的是中尖政府粉碎嘉绒联盟，平定这一地区后分封给他们先辈的一块土地，在性质上属于外来人的统治。分封给这些守备的土地原属于嘉绒部族，人们也主要出自同一祖先。汉人与当地人通婚，居住在大路附近的人多为他们的后代。居住在小金河下游的是一弱势民族，体格单薄，极为邋遢。

① 按拼音应是“大井”或“大金”，但是懋功厅（今小金）东北方向无发音与此相近的地名。

第十六章

穿越汉藏边界

——诺米章谷至打箭炉；大炮山的森林

诺米章谷，通常称为章谷（Chango），是一贫穷、没有城墙、零落的小镇，约有 130 栋房屋。它有一位地方长官，从属于打箭炉府，还有一位军事长官，受懋功厅管辖，两人都驻留于此。此镇为汉人移居点，位于甲拉部落的最东北角。此镇建于大金河右岸，在河道由北向东急转呈一直角并与从西面而来的一条近乎等大的急流汇合处。大金河宽 100 码，流量稳定，河水混浊含泥沙，绕镇而过。其左岸有高大的悬崖，右岸是陡峭的山坡，东西两面是高山将小镇夹在中间，在西面的入口耸立着一巨大的方塔。章谷是一个非常贫穷的地方，只有少量的药材和杂货贸易。大米、纸张和内地的商品大都从灌县运来，这些东西都贵得惊人。考虑到路途的遥远和困难，这也理所当然。

沿大金河右岸的一条小路下行，虽非常困难，但可到达泸定桥。另一条路沿右岸上行，通向嘉绒部族的巴底（Badi）和巴旺（Bawang）领地，在那里苯波教占统治地位。巴底是这两个领地联合的首府，距章谷仅 60 华里。酋长已经去世，他的遗孀在一位管家的协助下作为摄政者辅佐其未成年的儿子。巴底－巴旺是中国历史上古老的母系部落之一，长期以来妇女在部落中都占有重要地位。巴底是两个领地中较大的一个，有丰富的金矿，虽然直至近年仍尚未开采，但被严加保卫。外来的客商，不论贫富都严加盘查，他们逗留期间的商业活动也受到密切注视。巴底－巴旺人常去章谷做生意，我们在章谷时就见到数人。他们大都是农家少女和妇人，穿着很少，并不在意身体裸露。他们个子较矮，似乎自出生以来都没洗过澡。然而这些人都是伐木者和运水工，为穷苦阶层，用他们来判断部族全体，恐有失公允。

在章谷我们入住了一舒适的客栈，房间清洁，远离街道，还可俯视河面。我们度过了安静的一天，休息并为前去打箭炉做最后的安排。这里的人们并不过分好奇，客栈主人也特别有礼貌。到后不久，地方长官带口信来，说他胃痛、呕吐，很希望我能给他一点药来解除病痛。我给了他一些泻盐和鸦片制剂，第二天他回复说已好多了，只是太困乏，不能离开住所。一个旅行者会遇到很多这种医药方面的请求，我发现通常奎宁、泻盐和鸦片制剂最能派上用场，人们对此也非常感激。

离开这寂寞的章谷镇（海拔 6700 英尺），去打箭炉的路沿一条湍急支流的右岸而上。我们被告知这段路须通过森林和高山，非常难走。这种情况不久就出现了。这条支流很快成了一条狂暴不羁的溪流，路多处被冲毁，须蹚水过去。这给我们的搬运工造成极大困难，当道路被水淹没数英尺深时，简直无法通过。所有的桥都已腐烂，极不安全。在山腰高处有数个稍大的村落，但山谷下部很少有房舍。然而这已足够了，因为每当道路经过一栋房子，我们就得蹚过一条敞开的臭水沟，常是深达 1 英尺的粪便和垃圾，藏民房屋的周围环境很脏。汉人会把污物收集作为肥料施到地里去，而藏人还是一个蹩脚的农人，还没有懂得肥料的价值。碰到这样的地方，我通常爬过围篱，从庄稼地里过去，而我的民工要蹚此臭水则大声咒骂，发泄愤怒。甲拉人是典型的藏人，他们平顶房屋的下层都用作马厩和牛栏。从章谷上行数华里，植物种类开始有所改变，不再是喜干的那些种类了，越往上走植物变得越茂盛。较高的山坡上有很好的混交林，但靠近路边则很少。朝向溪水的山坡很陡，常为陡峭的悬崖，这种地方散生有干香柏和叶有刺的常绿栎树。

前行 60 华里我们到达东谷（Tung-ku）村，海拔 7800 英尺。此处有数栋西藏人的大房子，装饰有经幡，但仅有两三间客栈，而且条件很差。我们入住的那家主人是位出色的猎人，在他家有很多扭角羚、鬣羚和黑熊的皮被用作床褥。他的家人告诉我，猎人已外出追逐麝鹿。从他们处还得知藏马鸡和白腹锦鸡在这一带都常见。村子周围核桃树极多。小麦是最常见的作物，快要成熟。玉米也很多，很明显是这地区夏季的主要作物。

第二天我们走了 60 华里，在贫穷的铜炉房（Tung-lu-fang）小村过夜。我们前后四次从木桥过河，桥一次比一次腐烂得厉害。河有点涨水，道路好些部分要么被水冲毁、被山体滑坡湮没，要么被淹在水下。我们经常得在山坡上自己开路。过那段被水淹没的路时，一个从章谷带来的士兵背我过去，结果他滑倒把我也投入水中，我们成了落汤鸡。此后我都自己蹚水过去。在这所谓的路上没有其他行人，我的民工是怎样将驮子运过去的，我感到惊异。我们的轿子被拆成零件搬运，即使这样，在路最坏处搬运也很困难。这一天的行程都是在这条咆哮湍急的河道上，有些地方急流直冲巨石，或好像着了魔似的翻腾，确实见到都令人胆战心惊。有几处我们的小路就悬在急流之上，一失足就意味着死亡。

东谷村以上约 10 华里河道呈现出一个直角拐弯，并与另一从西面而来、流量近相等的溪水汇合。从此处开始，路沿溪流通过一狭窄、蛮荒而树木茂密的山沟。槭树、白蜡树、鹅耳枥、水青冈、杨树、铁杉和其叶有刺的栎树为林子的主要成分。也有吴茱萸属植物、悬钩子、柏树、柳树、榆树、沙棘、竹子和多种灌木。槭树属的青榨槭（Acer davidii）、色木枫（*A. pictum* var. *parviflorum*）比我在其他地方所见到的长得更高大。白蜡树和鹅耳枥都是漂亮的乔木，云南铁杉大都高过 100

英尺，干围 12 ～ 15 英尺。

离开这片壮丽的原始森林，情况就不如此前有趣了。山崖不甚陡峭而裸露，山坡上的树木大部分已被砍伐。山沟扩展为一狭窄的山谷，有灌木覆盖。悬崖和山坡的高处长有稀疏的柏树、华山松、高山松、云杉、冷杉和铁杉，景色很壮观。

我们经过几间房屋，都极为简陋。耕种的土地很少，玉米为主要作物，也有零星小块的小麦、燕麦地。这地区不适合耕作，使人感到惊异的是少数居住在此的人是怎样维持生计的，哪怕是维持最粗陋的生活。昨天我们见到一群小种牛。这里的人个子矮于一般人，完全可称为矮人者很常见。自从离开懋功厅，经常见到甲状腺肿大的居民，在此河谷中尤其常见。

铜炉房海拔 8800 英尺，约有 6 栋分散的房子。我们入住的一栋为藏式建筑，非常整洁，为一汉族移民所有。这些房屋均不为民工提供床铺，当然也没有物品可买，旅行者必须自备所有的食物。

铜炉房人告知，我们无法去牦牛（Mao-niu）这地方，因路有数处被严重冲毁，在有些悬崖的下面洪水深达 4 英尺或更深。幸运的是，这一出于好心但令人丧气的信息后被证实并不准确。经过一番努力，我们还是设法通过了。我的民工头领声称这是我们走过的最坏的一段路，我也倾向于同意他的观点。路已坏得不能称其为一条路了，因为足有一半距离的原路轨迹是在水下或完全被冲毁，我们不得不蹚水而过，或者在山腰另辟小路。我实在无法描述是怎样走过这 30 华里的，幸运的是我们都安全通过，仅衣衫尽湿。

牦牛是这地区较大的一个村子，大部分建筑在急流以上 200 英尺的一平地上，周围有相当大面积的小麦地，是一片真正的绿洲，实际上，四周有高山环绕。从前它是有自己名称的一个小领地，现在属于甲拉领地。牦牛的景色和植物种类与东谷周围相似，无须赘述，其突出的特色是高山松林。地方越陡峭越适宜高山松的生长，其树皮深裂，在树干上部常为红色；球果有很多刺，可留在树上许多年；木材富含树脂，很适用作建材。铁杉很多，而且都是大树。

牦牛的一条主要溪水发源于西面的泰宁（Th’ai-ling），那是一个有100多栋房屋和数座喇嘛寺的大村子。泰宁是金矿开采业的中心之一，也被誉为没有法律的地区。我们被告知，去到那里的路年久失修，状况极坏，大多数的桥都被最近的一次洪水冲掉了。

走出牦牛周围的耕地，我们立即进入了一条狭窄、有茂密森林的山沟，下面一条颇大的急流声若雷鸣。此处森林以针叶树为主，云杉特别多。我们见到一些巨大的树木，林木平均高80～100英尺。白桦和红桦很普遍，很幸运我采到了红桦的种子。沙棘极多，长成大树，高30～50英尺，干围4～10英尺，这些树木之大使我吃惊。不同种的柳树、樱桃树和梨树也很多。溲疏、绣球花、山梅花、蔷薇、铁线莲为主要灌木种类，很多正在开花。开橙红色花的鹅黄灯台报春（Primula cockburniana）是这一带最有价值的草本植物。

漫游数英里穿过森林后，我们到达小村奎拥（Kuei-yung）。此地海拔10100英尺，距铜炉房60华里。此处有6栋房屋，纯属西藏风格，建筑在山坡上；周围耕地颇多，种有小麦、大麦和燕麦。四周的山上都有茂密的针叶树林，在远处可见一白雪覆盖的山峰在地平线上闪烁。

我们入住的房子为三层楼房，照例是泥顶，墙由页岩石片砌成，非常结实。由一低矮的门进入，首先要通过一个满是牛粪的院子，然后是猪栏，那里有一很陡的梯子上到两个昏暗的空房间。我们就在这里安顿自己，房间里有梯子可上屋顶。如果不是因为下雨，我宁愿睡在屋顶上。房子里既没有桌子、凳子，也没有椅子，我们得自己临时拼凑解决。藏人蹲在地上用膳，因此不需要桌椅。主妇是一位极乐观的人，虽然脏一点，但笑声很好听。她对很平常的事情都觉得很好笑，笑声很悦耳。我的随从对这里的新奇事物十分感兴趣。

我们在奎拥停留了一天并非出于喜爱我们的住所，而是为了拍摄和调查各种针叶树。在森林里拍照很费时间，有三次我费了一个多小时清理灌木和枝条才能看清拍摄主体的树干。我辛苦地工作了一整天，拍得12幅照片。落叶松和其他针叶树、水青冈和杨树都长得很漂亮。红杉虽然不多，但都很大，有的高达100英尺，干围12英尺。而这片林子中最突出的特点是沙棘的大树，难以想象沙棘竟能长到这么高大。我拍摄了两株老树，高达50英尺，干围分别为12英尺和15英尺。此地另一有趣树种是细齿樱桃（*Prunus serrula* var. *tibetica*），茎短而很粗，树冠开展；叶似柳叶，长3～4英寸；果红色，卵圆形，长在下垂的果柄上。这种树平均高约30英尺，树冠宽60多英尺。

次日早晨与奎拥快乐的女主人告别，继续我们的行程。路立即进入森林，蜿蜒于高大的树木之间。林子非常好，针叶树高100～150英尺，干围12～18英尺，大树比比皆是，其中有4种云杉、3种冷杉和1种落叶松。最漂亮的是鳞皮冷杉（Abies squamata），树皮紫褐色，像桦树皮一样呈片状剥落。往上走，落叶松逐渐增多，最后数量超过所有其他树种，一直伸展到树木分布的上限，仅有红桦、白桦、杨树和沙棘是常见的落叶阔叶树种。很多帽斗栎（*Quercus aquifolioides* var. *rufescens*[①]），其叶有刺，像冬青，是一种常绿树木。在林荫下，帽斗栎可长得很高大，而在更暴露的地方则成灌木状，其木材很坚硬，可烧制优质木炭。灌木的种类不多，但忍冬、小檗、绣线菊和铁线莲灌丛有很多。草本植物，特别是钟花报春、雅江报春（*Primula involucrata*）、银莲花（Anemone）、驴蹄草、金莲花（Trollius）和各种菊科植物遍布各处，生长茂盛，在林间空地和沼泽地中花团锦簇。走在我前面的人见到数群猴子和马鸡，但我未见到野兽，鸟也很少见到。

我们在树木分布的海拔上限附近，约海拔12000英尺处宿营。在一

---

① 原著误将 *Quercus ilex* var. *rufescens* 写成 *Q. aquifolioides* var. *rufescens*。现在的正确学名：Quercus pannosa；中文名：帽斗栎。

株大鳞皮冷杉树下用云杉枝条搭了一小棚，我的仆人宁愿在他的轿子里过夜，民工们围着篝火。这里曾有过拦路打劫的土匪，但我们很放心，土匪几乎不可能来袭击我们。白天下了点雨，傍晚又来了一场急速的阵雨，但夜间无雨。然而高海拔影响了我们的睡眠，天气也很寒冷，大家都盼着天亮。我那条狗也和我们一样的遭遇，它难受得甚至拒绝吃晚餐，我从来没见它这样可怜过。民工们是最忧伤的一群，冷得发抖，衣衫尽湿，他们似乎不知道怎样使自己舒适一点。本来用云杉枝条搭个窝棚对他们来说是很简单的事，但他们意见不一，甚至连拾柴火都不愿意。我们从奎拥请来一个向导，是藏人，还是他收集来所有烤火用的木材。

晚上出现了一点霜冻和很大的露水。初升的太阳像火球一样，很快温暖了我们，使露水消散。路极好走，沿一条小溪蜿蜒于树木和灌丛间直至距大炮山（Ta-p'aoshan）垭口 1000 码处，此时上坡路变得陡峭，然而只有最后的 500 英尺可以说得上是困难的。在我们宿营地之上，针叶树的体态迅速缩小，落叶松越来越多，最后成为纯林，超过其他树种，一直分布到海拔 13500 英尺。就在落叶松分布的海拔上限之下，出现一种矮刺柏，一直分布到山垭口顶端。树皮鳞片状的冷杉分布到海拔 12500 英尺，有两种云杉分布到海拔 13000 英尺。山口的这一边气候湿润，树木分布上限明显较高（约海拔 13500 英尺）。树木分布上限至山垭口数百英尺的山坡为此地区常的灌丛覆盖。灌木种类有柳树、小檗、小叶子的杜鹃、绣线菊、刺柏、伏毛银露梅（*Potentilla veitchii*）、金露梅（P. fruticosa）和陇蜀杜鹃（*Rhododendron kialense*）。陇蜀杜鹃是大叶杜鹃中分布最高的种类。当然，草本植物也大放异彩。除了前文已提及的种类外，还有其他种类的报春花，开黄色花的全缘叶绿绒蒿和开紫蓝色花的川西绿绒蒿，数种景天（Sedum spp.）和虎耳草非常之多。但所有草本植物中最为动人的是一种大黄——苞叶大黄（Rheum alexandrae），一种很特别的植物，花序呈金字塔状，高 3 ～ 4 英尺，从叶丛中抽出，圆形宽大的苞片反转向下，淡黄色，像房顶上的瓦片一样，一个覆盖在另一个之上；叶相对较小，卵形，有光泽，状如酸模叶。当地土名为“马黄”，喜生长于肥沃的沼地。这种地方生长着茂盛的、牦牛爱吃的青草，其塔状花序散布于草地中，尤为显著。此种大黄和开黄花的绿绒蒿通常在有牦牛群的地方最为繁茂。

山垭口下还有去年未融化的小片积雪。山脊裸露、狭窄，上面有一石堆插着许多经幡，海拔 14600 英尺。此处狭窄的山隘由板岩和砂岩组成，散布有少量大理岩，把两条巨大、终年积雪的山脉连接起来。这一天阳光灿烂，是很难得的机会，能这样尽情地欣赏这高山地区。除了屈身时有点头晕和气短，我没有因海拔高而感到不适。尽管我的民工负重而行，除两三人外，其他人无严重反应。我想，这次运气如此之好，应归功于我们是逐渐上攀。根据过去的经验，我原本很担心翻越此山口会让随行人员产生高山反应。现在他们能这样轻松地越过山口，也让我惊喜。

由于天气情况如此之好，山垭口顶上景色之美远超出了我的想象。我所见过的这类景色无一能与之媲美，须有文笔优于我的人才能胜任描述。我们视线的正前方稍偏右一点，是一巨大、终年积雪的耀眼山体，估计（但我确信）高在 22000 英尺以上。在雪之下连着冰川的是巨大的漂砾和岩屑堆，看上去很是凶险。在远处，可看到打箭炉周围常年积雪的高大群山。在近处，山垭口的西北偏西方向有另一排长年积雪的高山拔地而起。回首我们来时的路，那狭窄的山谷两面是陡峭的群山，最高的山峰为白雪覆盖，虽大多数未高达雪线，但裸露而荒凉。四周的景色蛮荒、嶙峋，是严酷的高山环境。寒冷的风阵阵吹过山垭口，当摄影工作完成后，大家很高兴，赶快下山。有几只老鹰和秃鹫在高空盘旋，但我们未见有兽类，据说此地区常有野牛和藏羚羊出没。

下山的小路像峭壁一样极危险，路上是松动的板岩、砂岩、页岩和湿滑的黏泥，行 15 华里到达宽阔山谷的上端。山垭口这边的

雅加埂峰（康定，海拔 21000 英尺）

路比我们上来的那一边更难爬，到达山谷后我们所走的路与通向泰宁[1]（Th'ai-ling）、瞻对（Chantui）和昌都（Chamdo）的大路连接。从商业方面而言，这是从打箭炉进入西藏的大路，通过草地，沿途有很好的草场提供给牲畜。虽然平均海拔相当高，但山垭口没有经理塘和巴塘的官道陡峭。大炮山地区是出了名的有拦路抢劫的地方，我们遇见 5 个部族人，得知前一晚他们的宿营地被一帮武装土匪袭击，所有财物被洗劫一空。有些人生来就有匪性，当他们相信不会受到惩罚时就会付诸行动。他们随意抢劫，少数民族是他们最适合的掠夺对象。

从山谷的上端到第一个有人居住的地方——新店子（Hsin-tien-tsze）有 30 华里，路宽但不平，靠近山溪，蜿蜒于山谷间。山溪为大炮山流下的雪水。山谷两边群山的上部都高出雪线之上，其下部长有禾

① 今四川省道孚县协德乡街村。

草、小针叶树和灌木。山谷内长得较高大的灌木主要有柳树、忍冬、小檗和沙棘；乔木很少，有落叶松和云杉，都很小。成群的雪斑鸠很多，我射杀数只作为食物储备。

自奎拥出发，120 华里内除新店子外没有任何房舍。新店子海拔 10800 英尺，为一简陋、肮脏的客栈。在奎拥附近我们经过一烧炭棚，有数人在作业，否则一路上直至翻过山垭口都没有见过一个人。这真是一个寂寞的地区，但对自然爱好者来说极为有趣。能在翻越山垭口时遇上好天气我感到特别幸运，特别是这一天也是我们离开灌县后第一个没有任何下雨迹象的日子。

第二天早晨起来，气温表读数为 36° F，虽然是 7 月 8 日，我们的耳朵、手指都冻得发紫。客栈内的烟太大，眼睛受不了，我搬到路中间用早餐。我想每个人都会为离开新店子的臭虫、跳蚤和恶臭而高兴。客栈周围种有小片的小麦，但长得不好。在此海拔地区，气候严酷，都不适宜作物生长。

因受牲畜过往践踏，路宽而不平，行 60 华里到达热水塘（Jě-shui-t'ang），海拔 9800 英尺。下坡路稍平缓，这一天的行程是在一灌木覆盖的山谷中轻松闲游。我们遇见数以百计的牦牛和矮种马，都驮有包装在生皮革中的砖茶前往西藏。这些藏人货主是一群邋遢、相貌野蛮的人，备有长枪、剑和显著的护身符盒子。其中很多人把头发留成一条长辫子，把一种黑纱编在里面，整个包起来盘在头上成一头巾；少数人带有圆锥形高顶的毡帽。商队里有一两名妇女，像男人一样管理牲口。能有目的地吹口哨和甩石头好像是赶牦牛者的基本功。牦牛动作慢而迟钝，当见到陌生事物时会发呆不动一阵，然后疯狂向前冲去。它们好像经过充分的训练，但它们的长角看上去很可怕，我们还是尽量离它们远点。每个商队都带有一只或多只大狗，这种动物走在商队旁不理会任何人，但一旦拴住看守营地，则不容许任何生人靠近。这是一种体形硕大的狗，主人在其颈部带上一巨大的红色、有流苏的项圈作为装饰，更增加它的凶猛模样。

这里的植物种类和昨天下午途中所见相同。山谷和邻近的山坡除多处被清理作牦牛圈外，都有灌木覆盖。除上文提到见于新店子周围的灌木种类外，常见的种类有高山栎、高山柏、数种蔷薇和岩生忍冬（*Lonicera thibetica*），不同种类的小檗是一特色。针叶树很少，而且树都不大，所有的大树都早已被砍伐运走。在距新店子 40 华里的龙铺（Lung-pu）小村开始出现小麦、大麦、燕麦和豆类等作物，从山谷往下走逐渐增多。在热水塘周围谷物正处抽穗期。

这一天天气晴好，我们见到打箭炉周围白雪皑皑的山峰和城东南偏东方向陡峭的群山上尖塔般山峰的壮丽景色。在热水塘周围有数个温泉，其中有些水真的在沸腾。这些温泉富含铁质，但在我察看过的数个泉眼中没有明显的硫黄。

我们在热水塘的住处环境比在新店子的大有改善，然而一到天亮我们都急于离开。从此地去打箭炉据说是 90 华里，但我认为 60 华里比较接近。我们享受到又一个阳光的日子，路很好走，继续在我们从大炮山下来进入的山谷中前行。山谷及其上 300 ～ 500 英尺的山坡上越来越多被开垦为耕地，谷物、豆类和马铃薯为主要作物。马铃薯正在收获中，我注意到主要为红皮品种。这地区树木一般都被砍光，没有种庄稼的地方都为灌木和粗草覆盖。在多石处有华山松和高山松的小树，还有少数比较大的树，是一种看起来很特别的桃树①，叶窄，披针形，先端长尖；果较小，外面有绒毛。

居民点周围高大的杨树很多，偶尔还能见到云杉和白桦。此种白

① 当时我没有太注意这种桃子。1910 年我采得其成熟果实，使我惊奇的是其果核十分平滑，与果肉分离，相对较小。这些特征说明这是一不同于普通桃树的种，后证实为一新种，命名为 *Prunus mira*。我认为这是我诸多新发现中最重要者之一。此种新桃树现已栽培，并与普通桃树（*P. persica*）的老品种杂交，将来可能获得这种水果经改良的全新品系。——作者注

皮云杉（*Picea aurantiaca*）特别漂亮，针叶横切面四方形，暗绿色，长在展开的枝条上；球果红褐色，成簇垂挂在接近于树端处。苹果、杏、桃、李和少数核桃树均有栽培。田地间栽种大刺茶藨子（Ribes alpestre var. giganteum）和美丽的高丛珍珠梅作围篱，后者花色雪白，聚集成一直立的大球。有多种铁线莲攀缘在这些绿篱和其他灌木上，最常见的是长花铁线莲（Clematis rehderiana），开出许多乳黄色下垂之花。然而最美丽的灌木是毛丁香，高 12 ～ 15 英尺；其花淡红色或白色，具芳香，组成巨大的圆锥花序，开满枝头。

从一座木结构的悬臂桥过河，再绕过一道河湾，我们这次长途跋涉的目的地就展现在眼前。我们都疲倦极了，但见到这些紧密排列的房屋，坐落在一狭窄的山谷，构成这重要的边城——打箭炉，心情既感激又喜悦。

第十七章

打箭炉，西藏的大门

——甲拉土司的领地、人民及其风俗习惯

打箭炉位于东经 102° 13'，北纬 30° 3' 左右，海拔约 8400 英尺，取最直的路线，从省府成都出发要走 12 天。它处于向西通往拉萨的大道上，是西藏和其他地区进行商品交易的繁荣市场，也是甲拉土司的领地。甲拉土司统治着相当大的一片土地，并对居住着藏人的毗邻领地有强大的影响力。除罗马天主教传教士外，已故的库珀（T. T. Cooper）[①]先生在 1868 年是第一个到此访问的西方人。此后有数十个旅行者来此访问，使此处闻名于外。这是一个非常有趣的地方，关于这地区虽已有很多报道，但还远远不够。

现在的城镇建在一峡谷顶端极狭窄的山谷内，其下雅拉河（Lu River）成瀑布状，在 18 英里外与铜河（Tung River）汇合，落差达 4000 英尺。雅拉河的一支流穿城而过，其上有 3 座木桥，在北门下与另一从大炮山雪域流下的溪水汇合。镇子的四周都是大山，山上没有树，为草坡和裸露的悬崖，最高处终年积雪。总而言之，其地理位置如此优越，是一个有望出现繁华商贸集散地的地方。过去，打箭炉的地点

① 库珀，英国人，1868 年从打箭炉经巴塘沿金沙江而下，到达云南维西县。

在现今地址的 0.5 英里以上，约在 100 年前全部毁于因冰川移动而造成的滑坡。某一天同样的命运无疑还会降临到现在的镇子。

纵然打箭炉在政治上和商业上都很重要，但只是一个建筑简陋、邋遢的市镇。除了南门附近有一段围墙外，周围没有城墙，而且没有西门。狭窄不平的街道铺有大块的纯大理石，但只有大雨将污物和烂泥冲掉之后才能显露出来。房屋低矮，基础为片石，上面是木结构。主要店铺的门面都不显眼，唯一值得一提的是两座汉人庙宇和甲拉土司的府邸。府邸由数座高大的木结构建筑物组成，建筑物为斜屋顶，弯翘的屋檐，顶上有镀金的尖塔。整个建筑形成一复合体，围在高石墙内。中国官员的住所条件很差，有些地方近于倒塌，客栈的情况也是这样。大多数商务都在客栈内办理。我去看过几间客栈，收藏有贵重的瓷器和青铜器；还有很多法国老式自鸣钟，虽然很少还在运转，但很多个头很大。他们是怎样把钟运来这遥远地方的，对我来说是个谜。

打箭炉的人口组成中约有 700 户藏人，400 户汉人，加上流动人口共约 9000 人。镇内和近郊共有 8 个喇嘛寺，喇嘛和一般僧人多达 800 人。人口混杂，有纯血统的藏人、纯血统的汉人和二者通婚的后代。在打箭炉很难找到纯血统的汉族妇女。

就打箭炉附近所见，藏人身材中等而灵活，肌肉发达，步履从容，显得自信。青年妇女容貌秀丽，眼睛深棕色，通常活泼开朗，无时不是欢快的。无论男女都酷爱有绿松石和珊瑚装饰的珠宝，但对香皂和水却很陌生，对个人卫生既不重视也不屑一试。肉类、牛奶、奶酪、大麦（青稞）粉和茶是他们喜爱的食品，他们也很喜爱中国内地产的白酒。每一个人都带着自己的用餐碗。一般藏人都会散发出强烈的有如变了味的奶油桶的气味。这些人平时的服装是一暗红色或灰色毛哔叽的宽松、不成形的长袍，有时一部分是羊皮的。男女都穿软皮靴，毛在里面，通常高及小腿下部。男人把头发编成辫子盘在头上，并以银质、珊瑚或玻璃的珠子、环作装饰。左耳上通常带一大银耳环，环上有长长的

打箭炉城

银链和珊瑚坠子。妇女的头发在中间分开，编成许多小辫子，再集成一条大辫子，末端扎上鲜红的绳子，盘在头上。银子和珊瑚大量地用在她们的发饰和日常个人生活用品上。每逢节日，穿戴得更漂亮，这时红色的装饰在她们的长袍上更加醒目。富人则爱穿丝绸和皮袍，佩戴大量镶嵌有珊瑚和绿松石的金银首饰。喇嘛们剃去头发，穿暗红色或带褐色的粗哔叽外套。这种外套不成形，实际上就是一大块布披在左肩上，右肩则露在外面，类似这样的一块布在腰上缠两三圈下垂到脚踝有如褶裙。他们通常光头裸脚，每人手里拿一串念珠和一小经轮。他们以傲慢的姿态在街上大摇大摆，缺乏普通藏人美好的风采。喇嘛寺通常得到丰厚的土地馈赠，都位于最好的地方，在杨树和其他树丛中。几乎所有的藏人富裕家庭都在家里供养一位喇嘛，以此履行他们的宗教义务。另外，许多喇嘛则被不那么富裕的家庭在婚、丧、病痛时请作临时法师。

打箭炉是重要的商业中心，对这一带的贸易占有独特地位，估计年贸易额达白银 175 万两。藏人带来麝香、羊毛、鹿角、皮革、金沙和各种药材，交换砖茶和各种杂货。交易多以货换货，但规模还不如松潘厅大。过去只有中国的细丝银和印度卢比为此地的流通货币，但前几年中国专为此贸易中心在成都铸造了自己的钱币，并下令使用这种钱，结果印度卢比在此处被停用。大多数的大生意一部分掌握在喇嘛寺院手中，另一部分掌握在从陕西和其他省份来的汉人手中。在打箭炉东北约 30 华里海拔约 11000 英尺处发现有金沙矿，并在此进行金沙矿开采。淘金的方法与中国西部各地一样，但付给淘金人报酬的方法却很特殊。合约是前六篮属于矿主，第七篮属于淘金人。此处亦有银矿。藏人认为金子和其他贵重金属是会生长的，因此如果一次采挖太多，会使它们死去。很难说他们对这种说法的迷信程度真正有多深，但有时候却是毋庸置疑的。几年前，在利益分配的问题上，甲拉土司（矿主）与中央政府驻打箭炉官员产生了不同意见。这位官员在这个问题上显然过于贪吝，土司很平和地提出了上述理论，并且不定期地关闭了矿场。打箭炉西面的理塘（Litang）有大量的金子，北面的泰宁周边也有很多地方开采金矿。

由于地处于经成都前往拉萨的大路上，打箭炉成为官员们来往必经之地，具有重要的政治意义。虽然只是一个二线城市，但驻守的最高政府官员却享有“府”一级的地位，并统领中央政府驻藏部队。更准确地说，虽然西部距此尚有 18 天行程的巴塘才是真正的边界城镇，但打箭炉是名副其实的入藏大门。驻守士兵和少数几个政府驻守官员时刻注视着当地头领的行动，维护中国的利益。

本章开始已提及，打箭炉是甲拉土司的住地，有关这个甲拉王领地及其人民的一些细节可能也饶有趣味。据《西藏旅行指南》（*Guide Book of Tibet*）介绍，此地区在明朝，约在公元 1403 年受中央政府的管辖，其部族首领被封为二级地方官，管理铜河以西，南至宁远府的部族。清朝政府依据上述考虑，将当时的部族首领封为三级地方官，权力在另三个部族首领之上。设立次一级新首领（土司）、土千户、土百户多达 56 个。这位著名的土司自此就控制有 6 个次一级土司，1 个土千户和 48 个土百户。自任命之日起，清政府加强了对这一地区的控制，削减了土司的势力和权威。然而这地区的藏人仍然视土司为自己的最高统治者，土司对内部事务有绝对权威。当地人称土司为“甲拉甲布”（甲拉王），政府给他的封号是“明正土司”，意为光明正大的官员。甲拉土司与政府派驻的府台按理应是同级，但实际上甲拉土司处于从属地位，当官场会面时，甲拉土司须向府台鞠躬。在我与他们的接触中，发现他们双方都谦虚有礼，但互相猜忌、嫉妒。

1908 年在位的甲拉土司是一位身材苗条、有才智的人，40 岁出头，对我们在打箭炉周围的采集工作相当感兴趣。他的兄弟是一位很有名的猎人，两人一道对我们进行过多次非官方访问。他不知疲倦地看着我的伙伴哲培先生剥制鸟皮，对我的花花草草则兴趣不大。临别时，哲培先生送给他一只已制作好的戴胜鸟（hoopoe）标本，他高兴得像孩子一样。他也回赠给哲培先生和我数件礼物，并希望我们下次再来。我们发现这些西藏人对他们自己这一地区的鸟类和兽类有很深入的了解。当他的兄长——前一任甲拉土司在位时，这位甲拉土司遭到驱逐，在流亡外地时境遇悲惨，常靠乞食度日。住在邻近的传教士不止一次帮助过他，从传教士处我得知他没有忘记传教士给予的仁慈帮助。这个家庭的历史是一悲剧，有人怀疑现在这位甲拉土司的兄长是被毒死的，两个姐姐也早死。据说这与喇嘛的不法活动有关。

甲拉土司的地盘相当大，实际上包括了北纬 28° ～ 32°，铜河河谷、建昌河河谷与雅砻江河谷之间的全部面积。霍尔五家[①]（Five Horba States）在一定程度上也受到甲拉土司的影响。就我所获得的所有信息，这一地区最有条件被认作是由欧洲出版的地图中的Menia或Miniak王国。Miniak 王国在什么地方一直是地理学家感到迷惑的问题。但证据似乎表明甲拉代表了这一地区的大部分。甲拉的西北[②]面是大而富庶的德格（Derge）土司领地，以出产铜、银和刀剑而闻名。法国驻成都领事安蒂（Bon d'Anty）先生于 1910 年秋季曾访问过德格，回来时给了我有关该地区极有趣的记述。据他告知，德格是一有大量农业耕种的地区，三面有雪山围绕。区内各种著名的产业的生产并不在城镇中，而是分散在农民个体家中，然后把产品拿到镇上出售。在雅砻江上游河谷，与甲拉的西北和德格的东南毗连的是一楔入的地区，被称为瞻对（Chantui），居住着一群遭到社会遗弃的人，他们总是与周围的邻居产生矛盾。还有一群类似的人占有巴塘以北金沙江河谷地区，该处被称为三岩（Sanai）。安蒂先生认为这些人来源于掸族——这地区土著人口的残存者。这位权威花了好几年的时间对这一边界地区的人种学问题进行研究，最有资

① 霍尔五家又称为霍尔五大地方官，即霍尔孔扎（Hor Kangsar）、霍尔白里（Hor Beri）、霍尔章谷（Hor Changku）、霍尔朱倭（Hor Chuwo）、霍尔麻书（Hor Mashu）。

② 原著为“东北”；从下面对瞻对方位的记载，可判断应属作者笔误。

格发表有关观点。众所周知，掸族曾统治过云南西部，没有理由怀疑，在很久以前他们曾深入雅砻江和金沙江河谷，并在那里发展。但无论瞻对人和三岩人来源于何处，他们都使邻近的人感到害怕，而全被视为土匪和杀人者——甲坝（Ja-ba）。

甲拉人的宗教信仰为喇嘛教，其中黄教和红教两个教派都有，但前者人数较多，势力更大。他们主要用手、用水力或风力转动经轮，数佛珠和不断地低声默念或大声朗诵神秘的六字真言“唵嘛呢叭咪吽”。拉萨是喇嘛教的精神圣地，所有的僧人都渴望去那里学习，这一教派的首领即达赖喇嘛。有中央政府的帮助和鼓励，甲拉土司在世俗事务上并未屈从于达赖喇嘛。尽管在他管辖区内有喇嘛们的严重威胁和反叛，他始终保持自己的自由和管理人们不受拉萨干预的权利。1903年达赖喇嘛对甲拉土司发出了最后通牒，威胁他和中央政府要把铜河以西的土地都夺过去。英国远征军阻止了这一计划的实施。达赖喇嘛无疑想从中央政府那里扩张自己的领地。中央政府得知此事，正好此时英国人闯了进来，粉碎了拉萨的势力。据1903年和1904年我在打箭炉时的所见所闻，很明显英国不情愿地“火中取栗”行为，帮助了中国。达赖喇嘛的势力被挫败后，中央政府也很快看准了这个机会，立即向西藏进军，开展了一场征服理塘及其他领地某些鼓吹要脱离中央的喇嘛寺院的战争。这场战争由赵尔丰指挥，进行得非常残酷，最终取得胜利，结果中央政府收复大片地区，间接地也使甲拉土司的地位大大削弱。

甲拉的领地由大山、沟谷和高地组成，基本上属高原地区，为牦牛、羊和马提供了优良的草场。一连串积雪的山峰排列在其东部边界附近。这地区的海拔高度决定了人们的生活方式、财富和婚姻习俗。居民的游牧性不如其北部和西部的人那么强，但和其他西藏人一样，他们的财富多少由其拥有的牦牛、马、牛、绵羊及山羊的数量多少来决定。他们是狩猎麝、鹿、熊和其他野兽的高手。他们用这些猎物和生长在高原上的丰富的药材，与汉人交易。在海拔高度适宜的地方也有农耕，但只

通往西藏之路

是牧业的补充，相对不很重要。小麦、大麦、燕麦、荞麦、豆类和马铃薯为主要作物。在冬季的几个月，藏人住在山谷中建筑甚好的房屋中；而到了春季，他们则迁徙到高地。放牧人不是无目的地移动，而是有指定的地区，并有头领负责管理。可从事农耕的地方，妇女多留下照看作物和做其他农活。

财富状况和实际利益决定了人们联姻的形式，是一夫多妻、一夫一妻或一妻多夫。在海拔 12000 英尺以上地区，一妻多夫成为常规，不少地方妇女共同佩带有别于其他人的荣誉徽章。这些妇女通常都是他们家庭事业和管理的主人。这种一妻多夫的风俗是西部高原的特点。

第十八章

圣山峨眉
——寺院与植物

巍峨而神圣的名山——峨眉山，位于东经103° 41′、北纬29° 32′，[①] 距离嘉定府一日行程。山体为一巨大的坚硬石灰岩上冲层，从海拔1300英尺的平原拔地而起，巍然耸立，高出海平面近11000英尺。当天气晴朗，从嘉定城可见其美丽身影，在平原的衬托下似乎显得越发高大。从远处看确实很像一只匍匐的狮子，齐肩处切去了脑袋，前肢还保持着原来的位置。下断面形成令人可怖、几乎垂直的悬崖，足有一英里高。峨眉山是中国五大超级圣山之一，但其神圣的起源因年久已无从考据。据说在西晋时期有位名叫"蒲"的长者在此山一寺院供佛，普贤菩萨——峨眉山的守护神，驾一有六颗长牙的巨象降临峨眉山。至今在山上的一座庙宇（万年寺）仍供奉着一大象，以示纪念。大象大如实物，用青铜铸造，工艺精湛。山上共有70余座佛教寺院，在通往山顶的主干道上，每5华里便有一寺院，而且在接近山顶时更为密集。这些寺院均由方丈掌管，可容纳2000余僧人和居士。整座山都是，或曾经都是寺院的财产，地势较低适合耕作的坡地时常被寺院卖掉。信众自愿

① 该经纬度数据与现在的稍有不同。

捐款是现在这些寺院的主要收入，虽然不少寺院也同时得到金钱和土地的捐赠。

每年有数以千计的信众从中国各地来此朝圣。我在山上就遇见了几个朝圣者。他们从上海一路步行 2000 余英里，专程来峨眉山神龛前朝拜，以表虔诚。西藏人，甚至尼泊尔人也前来朝拜。神像和圣物无数，其中很多是纯青铜和黄铜的。有三尊“肉身菩萨像”，表面涂漆、镀金，被奉为神。上文提及的大象，还有佛祖的一颗牙齿是最受关注的。这颗牙齿约有 1 英尺长，重 18 磅，极可能是大象的臼齿化石。山的最高处因曾有纯铜建造的古寺，故称为金顶，现庙已成废墟。据说此寺建于明朝万历年间，1819 年毁于雷击。经此大灾难后，前后有九或十个高僧大德来过，但都没能筹足资金重建。现在成堆的金属堆放在周围，其中有柱子、横梁、板材和瓦，全是青铜的。板材的工艺特别精湛，我量过一块，其体积如下：高 76 英寸，宽 20 英寸，厚 1.5 英寸。有些稍小一点，均有坐佛、花卉和经卷文纹饰，反面有六角形阿拉伯图案。很多板材已用于现在悬崖顶端两座小寺院中的一座。昔日悬挂在古寺铜殿中的万历御笔匾额，现今与柴草一起放在户外，匾额为青铜铸造，中空。冠顶构件已拆下，放在外面，冠顶构件和柱基高 90 英寸、宽 32 英寸、厚 7 英寸。另一被抛弃于露天场所的主要遗物是一口大钟，高 54 英寸，中部周长 120 英寸。悬崖边有两座铜塔，每座高 12 英尺；还有第三座的残余，原是古寺的一部分。眼看周围这些极为珍贵的遗物是如此无情地被忽视的景象，实在可悲。

当天空清朗，云雾在深谷中浮动，从峨眉山最高处可见到类似“布罗肯幽灵”（Spectre of the Brocken）的自然现象。我没能亲身见到，因我停留在山顶的一周雨几乎没有停过。但根据描绘，那像是“一个有彩虹环绕的金球在云雾上面浮动”，这一现象被称为“佛光”。信众坚信这是佛祖发出的光轮，也是峨眉山之神圣可见的标志。悬崖的边缘设有护栏铁链和木桩，但曾有朝圣者出于宗教的热诚，当见到佛光时纵身跳下悬崖。因此，这地点称为“舍身崖”。此处不仅最高，也是悬崖最壁立处，并向南面延伸有 2 英里。

第一个登上此名山的西方人是巴伯（E. Colborne Baber）[①]，他于 1877 年 7 月到访此地。他对这一地区独到而准确的报道尚无人能与之媲美[②]，可惜他很少注意到植物。著名的旅行家和作家霍西（Alexander Hosie）[③] 也是这样，他 1884 年登上峨眉山，直到 1887 年都没有任何在峨眉山的植物采集记录。这一年基督教礼贤教会的传教士（Rhenish missionary），也是热情的植物采集者——费伯（Ernst Faber）[④] 博士到访峨眉山。在他逗留的 14 天中，这位热心人进行了令人感兴趣的采集。经过认真研究，他采集的标本中不少于 70 种为新发现的。1890 年英国博物学家普拉特（A. E. Pratt）[⑤] 先生登上峨眉山，采集了少量植物。自从巴伯到访以来，有数以百计的外国人登上峨眉山，但除费伯和普拉特两人外，再没有任何人有采集植物的记录。因此，我希望这能成为我写这一章的正当理由。

对峨眉山及其寺院，巴伯和其他人已有很好的描述，我不想再重复那些文笔优于我的作者们的文字。在此前提下，我仅将自己的访问经历补充如下。

为了调查这座名山的植物，我于 1903 年 10 月 13 日早晨从嘉定城出发，通过高度开发的耕作平原，其间不时穿插着一些低丘陵，上面长着漂亮的树木，傍晚到达小城峨眉县（Omei Hsien），这里的海拔高度为 1270 英尺。第二天早晨，沿着一条有桤木和楠木遮阴的道路在平原

---

① 科尔伯恩·巴伯，英国外交官，1877 年到重庆、成都、嘉定、峨眉山、瓦山、大相岭、会理、屏山采集；1888 年又到康定采集。

② Royal Geographical Society, Supplementary paper, vol. 1. ——作者注

③ 霍西（Alexander Hosie，1853—1925），英国外交官，曾在华任领事，中文名谢立山。

④ 厄恩斯特·费伯，英国药商，曾在厦门开药店多年，1887 年到重庆、嘉定、峨眉山采集。

⑤ 普拉特，英国人，1889—1890 年在四川西部采集植物标本，其中有 155 个新种。

上行走了 10 华里，到达坐落在这座圣山脚下的两河口（Liang-ho-kou）村。路在此处一分为二，两条岔道从不同路线通到山顶，全程都铺有石板。这是一项要花费大量劳力和金钱的工程，但如果没有铺石板，有些陡峭的地段则无法通过。我从一条路上山，从另一条路下山，这样可更多地观察此山极其丰富的植物。

在峨眉县和两河口村之间有数株高大雄伟的榕树，当地称为黄葛树。这些树体形巨大，庇护着一些古寺。我测量了最大的一株，其高约 80 英尺，离地 5 英尺处干围 48 英尺。我们还路过一些漂亮的枹栎和枫香树（Liquidambar formosana）。水稻田边布满了截去顶部的白蜡树（Fraxinus chinensis），树上养着的一种昆虫能生产有价值的白蜡。在沟渠中，花白色、芳香的姜花吐出花穗，还有花金黄色的齿叶橐（tuó）吾，数种凤仙花和湿生草本植物生机盎然。

离开两河口即开始上坡，经过三天缓慢而艰难的攀登，我们上到"金顶"。

为了便于对山上的植物进行归纳，现将峨眉山分为两个区：①从山脚至海拔 6000 英尺处；②从海拔 6000 英尺处至山顶（海拔 10800 英尺）。这就把峨眉山的植物分成两条界线明显的垂直带。在下面这条带，植被由喜温暖气候的种类组成，常绿乔木、灌木占优势；在荫蔽的沟谷内，卷柏和蕨类植物生长繁茂。一天之内，我采到的蕨类植物超过 60 种！上面那条带则完全由适应寒温带气候的植物组成。除杜鹃和冷杉外，几乎全由落叶乔木、灌木和草本植物组成。在海拔 4500 ～ 5500 英尺这条带可称为中间地带。在这里竞争激烈，上述两个垂直带的植物争占上风，但二者的融合也极显著。到了海拔 6000 英尺处，界限就非常清楚了。

耕地向上延伸到海拔 4000 英尺处，玉米和豆类为主要作物，水稻仅限于山谷底下。为生产白蜡而种植的白蜡树可上升到海拔 2600 英尺处。山脚低丘处有马尾松、柏木和栎树林，蜿蜒于山丘间的溪流边有桤木、枫杨和奇特的喜树生长。寺院和农舍周围有很多闽楠

（*Machilus bournei*）和高大的竹子。在阳光充足的山丘边攀缘的蕨类植物芒萁形成难以穿过的密丛，其他路边常见的植物有野雉尾金粉蕨（Onychium japonicum）、野牡丹（Melastoma candidum）、玉叶金花（Mussaenda pubescens）。到了海拔 3000 英尺处，上述这些植物都让位给其他种类了。在山谷内星散分布的杉树向上数量逐渐增多，在海拔 2500 ～ 4500 英尺处出现了大面积重要用材针叶树——杉木的纯林。在海拔 2000 ～ 5000 英尺处，除杉木外，樟科树种占乔木植被的 75%，因此可称为“樟带”，主要由常绿乔木和灌木组成。润楠属（Machilus）、山胡椒属（Lindera）和木姜子属（Litsea）的种类特别丰富。在这条带内还有下列有趣的单种属植物：瘿椒树属（Tapiscia）、山羊角树属（Carrierea）、栀子皮属（Itoa）、香果树属（Emmenopterys）、山桐子属（Idesia）。常绿的水红木（*Viburnum coriaceum*）具有蓝黑色的果实，有 5 种常绿小檗（Berberis）亦可在此见到。

攀登任何高山，特别是在这一纬度上，留心观察温带植物种类的入侵现象也极为有趣，还能给人以启迪。峨眉山为研究这一现象提供了特别的便利条件。我们周围的一切看上去都在微笑，自然界好像处于和平状态。然而，在这些日子里，我们每一个人都生活在这样的现实中：一场以征服为目的的严酷无情的战争正在各地继续进行，而且寸土必争。好在植物不会说话，不然胜利者的欢笑、失败者的呻吟会多到使人类难以忍受！且看这场竞争：大叶的梾木（Cornus macrophylla）试图把它的领地扩展到近山脚处；紧密参与这场竞争的还有数种槭树，其中青榨槭树皮有白色条纹，特别显著。亮叶桦（Betula luminifera）、数种荚蒾（Viburnum）、梨属、苹果属、悬钩子属和樱桃属的种类也在其中，但这两条分布带的主战场是在海拔 4500 ～ 5500 英尺的地带。在这条狭窄的地带里木本植物种类特别丰富，其中特别值得提到的有：白辛树、云南枫杨（*Pterocarya delavayi*）、领春木、猫儿屎（*Decaisnea fargesii*）、天师栗、单种属水青树（Tetracentron）、香果树（Emmenopterys）和珙桐（Davidia）。至少有 5 种槭树，每种都有许多长得很漂亮的植株。数种卫矛、野木瓜、猕猴桃和冬青属植物也很常见。大量的樟科植物放弃了竞争，它们的地位为常绿的栎属和锥属植物所取代。猴子在这一条带内很多，它们喜欢吃猫儿屎的蓝色豆荚状果实。我注意到其黑色、扁平、发亮的种子不会被消化。

走出密集的灌丛，进入一海拔 6100 英尺的狭窄山梁，一片壮丽的景色展现在面前。上面有耸立近 1 英里高的巨大石灰岩悬崖，下面是山谷和平原，白云密布，山峰从云端露出，有如海上之岛屿。西面是西藏和四川边界终年积雪的大山，直线距离只有 80 英里；南北两面，极目遥望呈现出壮丽的全景。植物分布带之间的差别同样使人吃惊，印象深刻。由下往上直至被云雾遮蔽处，是种类丰富、深绿色的植被；而云雾上的区域已是一片秋色，从淡黄色至深红色，色彩丰富，在深绿色的冷杉树丛的衬托下显得格外突出。全部的景物都沐浴在阳光下，微风阵阵，处处有美丽的蝴蝶飞来飞去，好像并不觉得冬天已经临近。这寂寥与宁静极为肃穆，只偶尔被附近树上或灌丛中鸣禽的歌声打破。这景色真令人毕生难忘。

到了海拔 6200 英尺，杉木经过顽强的挣扎，直到体形缩小成不显眼的灌木状，退出了竞争。一种冷杉（*Abies delavayi[①]）接手担任了主角，而且不失威严，有王者气概，因为在远东地区没有比它更漂亮的针叶树种了。它大而直立、对称的球果呈紫黑色，通常大量生长在树端枝条上。在此山较高处的寺院几乎全是用此树木材所建。在峨眉山此树初见于海拔 6000 英尺处，树不大，外形亦不美观，到了海拔 6500 英尺处，就成了漂亮的乔木。然而在海拔 8500 ～ 10000 英尺处，这种冷杉的体形达到了最高。在这条带上，高 80 ～ 100 英尺，干围 10 ～ 12 英尺的大树数以百计。零星出现的云南铁杉通常长得很高大，树形很

① 原著有误，峨眉山的冷杉为 Abies fabri，非分布于云南的是苍山冷杉（A. delavayi）。

好。在山顶偶尔能见到一株红豆杉（*Taxus chinensis*）。生长于此山高处的针叶树剩下就只有矮化的高山柏（Juniperus squamata）了。前文提及的那无法用语言表达的美丽秋色，主要是由荚蒾属（Viburnum）、葡萄属（Vitis）、苹果属（Malus）、花楸属（Sorbus）、梨属（Pyrus）、槭属（Acer）的许多种类组成；还有毛叶吊钟花（Enkianthus deflexus），在秋色中从橙黄色至深红色，其色彩之丰富，胜过其他所有种类。

到了海拔 6200 英尺处，上坡路变得无比困难。攀越了一段高 800 英尺、令人可畏的台阶后，我们很高兴能在洗象池（Hsiah-hsiang-chüh）寺中休息。峨眉山所有的寺院都建在景色秀丽和有传奇故事的地方，但没有任何一处能与此地媲美。它一边与悬崖齐平，另一边在冷杉林荫下。好客的僧人以茶和甜品款待我们，并告知很多奇怪和有趣的事情，使我们很愉快。他们声称就是在这块特殊的地方，普贤菩萨从其坐骑大象上下来，让脚痛的大象到附近的池子里洗澡。此处现今是一储水池。

一离开这座寺院立即就是两段陡峭的石级，接着一小段下坡路，来到一小块从垂直的悬崖伸出的台地，上面生长有树木。这附近有西康花楸（*Sorbus munda*），灌木，果实白色，最为显著。一种攀缘的冠盖绣球（Hydrangea anomala）爬到最高树木的顶端，还有另外几种绣球花及 2 ～ 3 种花楸附生于大树上。杜鹃极多，特别是靠近悬崖边。在海拔 4800 英尺处开始见到数丛杜鹃，总共在此山采到 13 种杜鹃，但与峨眉山以西地区比较，杜鹃的种类还是相对贫乏。报春花属也是如此，一共只遇到 4 种报春花。

在海拔 9000 英尺处出现了最困难的梯级，当我上到顶端 10100 英尺处时已筋疲力尽。冬季的肃杀之气已降临此处，大多数的木本植物已落叶。在海拔 10000 英尺处，出现了竹子灌丛，接近山顶时不断增多，直至最后几乎排挤了一切，形成高 4 ～ 6 英尺、不可穿越的灌木矮林。

走完最后的梯级，一条平缓、铺有木板的小路通向山顶，我们到达时正当落日下沉到西藏边界雪山的背面。

白天过去，一夜安好，我们对明天的期望很高。一早醒来，唉！见到的是浓雾和毛毛细雨。前面是令人生畏的悬崖，后面是我们所能见到的多少有点斜展的地势。为了弄清山顶的面目，我们出外走了很长一段路，但除了一身湿透外，收获很小。山顶不很平，以很平缓的坡度从悬崖向外伸展。到处灌丛密布，主要由矮生竹子组成，还有灌木状柳树、桦树、花楸、小檗、杜鹃、绣线菊和峨眉蔷薇散生其中。靠近水边，这些灌木就特别多，晚花绣球藤（Clematis montana var. wilsonii）常见攀缘于灌木上。至少有 5 种杜鹃生长于山顶，但从果实甚少这一现象来判断，其开花应亦稀疏。在避风处，还有生长得很好的冷杉，但在充分暴露处，这些树因饱经风霜而变得矮小。矮生的高山柏茎干屈曲、短缩成瘤状，在多石处极多。

寺院周围有小片土地种有白菜、萝卜和马铃薯；也栽培有相当数量的大黄、黄连、党参和当归等数种贵重药材。

在山上我们不时经过小贩的摊档，他们出售各种当地产品，其中主要有药材、豪猪刺、长石晶体、甜茶和朝山进香的拐杖。拐杖用桤木制作，雕有精美的龙和菩萨图饰。甜茶是峨眉山的特产，用茶荚蒾（*Viburnum theiferum*）加工而成。这个种我已成功将其引种到庭园栽培，其果实很有观赏价值。

第十九章

穿越老林

——从嘉定经瓦屋山至马烈

1908 年 9 月 4 日，我们离开嘉定府从大路去雅州府，夜宿夹江县城（Kiakiang Hsien），那是一座小城，海拔 1200 英尺，距我们的出发地 70 华里。一早天下大雨，但刚好在我们动身前雨停了。天气凉爽宜人，虽然整天都灰蒙蒙。路宽，大部分都铺有石板，所经之处皆为高度开发之农耕区。在嘉定周边地区，水稻已收获，多数农田已翻耕，其他作物主要是荞麦、萝卜已播种。然而离城数英里外，水稻生长期滞后，虽然一部分正在收割，而大部分还要数周后才能成熟。

水稻田边种有很多放养白蜡虫的树种，主要是截顶的白蜡树，但有些地方也用女贞。大部分白蜡已收获，我们很幸运在一处能亲眼看到采收白蜡的全过程，并且拍了照。养蚕业在此很发达，所有的冲积平地都种植桑树，而种植柘树（Cudrania）的不多。特别在这一地区，同时用这两种树叶养蚕，人们认为这样的混合饲料能使蚕丝更坚固。

黄葛树（*Ficus infectoria*）是这一带最引人注目的树种，路边的神龛常建在其宽展树冠的浓荫下，卖饼、花生、水果的小贩也会在这美丽的树下摆一临时摊档。有相当长的距离路沿着红色砂岩低丘陵边缘而行，能清楚看见青衣江（Ya River[①]）。丘陵上有普通的马尾松、柏木，矮灌木丛和攀缘的芒萁，小栎树、板栗树和较大的桤木亦常见。当然，高大的竹丛到处都很多。在砂岩的岩壁上有很多方口的蛮子石窟，景色美丽，令人心情舒畅。

次日早晨 6: 30 离开夹江县城，很快到达一渡口，从此渡过青衣江。这是一条宽而浅、多石的溪流，离此不远有两座大而漂亮的古寺[②]，分别叫作毗卢寺（Ping-ling-ssu）和惠灵寺（Kuei-ling-ssu）。特别是前者，里面有很多精美的神像，然而二者都显得荒废、破败，给人以辉煌不再的印象。渡口的砂岩石壁上曾有大量题刻，但很快被风化，很多已不可辨认，湮没于植物中。

这儿的“里”显得很长，一整天不断行走，至下午 7: 00 还未到止戈街（Che-ho-kai），全程为 80 华里，要渡河 3 次，这延误了相当多的时间，见到洪雅县（Hongya Hsien）已是下午过半了。接近县城时我们见到大面积种植的白蜡树，专供放养白蜡虫之用。水稻是这里的主要作物，其产量比一般要高，人们正忙于收割和脱粒。美丽的榕树不少，桤木很多，漂亮的楠木常见于寺院和房舍周边。我们还见到南酸枣的小树，结了很多长圆形、黄色、可食的果实。这里的植物种类大致与嘉定附近相似，但杉木更多，松树、柏木稍少。

止戈街海拔 1400 英尺，坐落在青衣江右岸，是一大而重要的农村集市。客栈非常好，我住在一个大房间，可俯视江面，但我后来才发现房间下面就是猪圈和厕所。

第二天我们开始了真正的征程。我们没有过河走去雅州府的大路，而是沿河右岸上坡，然后在距止戈街约 2 华里处渡过主河道一相当大的支流。粗大的杉木扎成的木筏从另一个农村集市——柳江镇（Liu

① Ya River 即青衣江。

② 译者曾请华南农业大学徐源博士赴实地调查，并查阅夹江县志，确认此二寺分别为毗卢寺和惠灵寺，今已不复存在，原址在今夹江县中学内。

ch’ang）漂流下来，而普通的竹筏可上行到此处。爬上一些低山顶后，路在水稻田和有树木的小山丘间弯弯曲曲前行，可见到青衣江谷地不寻常的美丽景色。经过小集市东岳镇（Tung-to-ch’ang），上午 10: 45 我们到达观音铺[①]（Kuang-yin-pu），共走了 30 华里。

从观音铺出发，我们由一条虽狭窄但铺设得很好的路上陡坡，经过 4 小时的攀爬，上到风浩泽（Fung-hoa-tsze）山顶，海拔 4100 英尺。这道山梁全是红色砂岩，上面有许多杉木小树。这种针叶树从路两边的山坡上一直长到山顶，形成纯林。虽然树还不够大，但据我所见，这种树在这一地区生长最为适宜。在林木稀疏的地方，灌木丛则生长茂密，具有暖温带性质，不很有趣。

开始一直下坡，经过小山丘，上面长有杉木和极密的丛薄。这种丛薄由蕨类植物芒萁组成，如此之密集，我从未见过。很快我们到达一片玉米地，从这里经一段陡峭的下坡进入一片平旷的耕地，然后蜿蜒行走于水稻田间，周围是长有树木的小丘，再翻过山梁，到达两岔河（Liang-ch’a Ho）小村。此地海拔 2350 英尺，距我们出发点 65 华里。我们找到一处各方面都很合适的住所，但饥饿的蚊子极多，令人扫兴。

第二天清晨雨下得很大，所以我们推迟到 11: 00 才启程。我们发现所有的溪流都涨水，要渡过一条比平时更大的溪流，我们不得不雇请当地人帮助。从两岔河攀爬 500 英尺的陡坡后，我们翻过一狭窄的山脊，然后下行至农村集市宴场镇（Ngan ch’ang）。宴场镇坐落在溪流右岸，是个贫穷的地方，部分已成废墟。此溪在止戈街以上 2 华里处与青衣江汇合。离开宴场镇我们沿溪右岸而上，来到海拔 2600 英尺的宝田坝（Pao-tien-pa）。这个分散的小村没有客栈，但我们找到一所开展“新学”（西方知识）教育的学校的校舍作为住处。这里的一位学生最近已去日本学习，增长知识，教员对此成就感到非常骄傲。这个小村为有一

① 今四川省洪雅县柳新乡。

坍塌的亭子、一座庙宇和一道石门而自豪，很明显，这些标志着往日的繁华。

在后面 25 华里较短的行程中，路经水稻区，周边为长有树木的山丘和砂岩峭壁。植物种类很一般，在一些地方山桐子（Idesia polycarpa）和刺楸（*Acanthopanax ricinifolius*）极常见，但植株不大。沿沟边和路边秀丽的忽地笑（Lycoris aurea）很多，其花金黄色，花被片反卷，有皱波，开得正欢。也有一种开红花的石蒜（Lycoris radiata），但数量少很多。这种植物的当地土名为“老鸦蒜”，意为“乌鸦脚大蒜”，就其花的形状而言，这是个很合适的名称。

次日天晴，但多少有点云，很热。因为只有 35 华里的路程，我们一早动身，但走得慢。经过 15 华里坡度中等的上坡路，我们到达柴山（Tsaoshan）山顶，这里海拔 4100 英尺。这道山梁为一般的粗生禾草和灌木丛覆盖，有生长不良的杉木，但在上坡时我采到锥属（Castanopsis）的一个新种，作为标本。

在柴山山顶我们第一次看到了瓦屋山，一座特别巨大的山，外形特别像瓦山，有如一条大船浮在云雾中。随着一条容易行走的小路，穿过有常绿栎属、楠木和锥属植物的树林，我们来到麻榨沟（Ma-chiao-kou），此处有一铁索吊桥在一宽阔的急流之上。此小村由一所大房子和一间纸厂组成。纸厂生产一种特别优质坚韧的竹纸，在雅安用于包装砖茶，竹子取之于周围的山上。这种竹子的茎秆暗绿色，有人的大拇指那么粗，高 12 ～ 15 英尺。过铁索桥时，我拍摄到一幅漂亮的赤杨叶（Alniphyllum fortunei）照片，这是一种中国的稀有树种。经过一段短而陡的上坡，然后是颇艰难的下坡，最后到达一条水清且相当大的溪流岸边。我们从铁索桥过河，桥长 50 码。过河后很快就到达农村集市炳灵祠[①]（Ping-ling-shih），海拔 2900 英尺。这是个小而脏的地方，约有

① 炳灵祠即炳灵镇，原址今已被水库淹没。

50 间房屋，坐落在溪流的左岸。此溪在雅安市以下约 10 华里处与青衣江汇合。炳灵祠是洪雅县内能清楚看到瓦屋山的地方，也是这地区最重要的地方。

这天行程中所经之处多是有树木的山包，所见到的植物种类较前几日更有趣。常绿树，特别是栎属、锥属的种类很普遍，而且它们的植株长得很大。我采到锥属植物 4 种，都是漂亮的乔木。有一株特别的川榛（*Corylus heterophylla* var. *cristagallii*）高 60 英尺，干围 5 英尺，是所见最有趣的种类。这个变种的坚果包藏在鸡冠状的总苞内。杉木极多，也是唯一在此地见到的针叶树种。很明显，自离开青衣江河谷后再见不到松树和柏木。这地区的地形大体上很破碎，砂岩峭壁嶙峋，树木稀疏处都为一般的灌丛所覆盖。

为了从炳灵祠登上瓦屋山，我们必须改变计划绕道而行。上到山顶的路程据说是 70 华里，但因路陡难行，需要 2 天的时间。出炳灵祠后路沿山溪一条满布岩石的支流而上，通过已弃耕的水稻田和一般的耕作地带，上行 30 华里后，在午前 11: 00 到达双洞溪（Tsung-tung-che）一座较大的寺院，海拔 4000 英尺，登瓦屋山从此处真正开始。我们把所有不用之物统统留下，只带必要用品轻装前进。此寺由木材建构，非常古老，却维护不善。寺内有一僧人和一侍从。房间内昏暗潮湿，满是跳蚤。但从此处到山顶再无别处可住宿，必须把这里作为最佳选择。我把床安放在一个大厅，3 尊巨大的佛像慈祥地向下看着我。早晨时有阵雨，但到了中午时大雨就下个不停，这空旷、破烂的住处让人感到更加阴森。

在到达寺院之前，我们经过铜厂河（Tung-ch'ang Ho）村，那里有一大生铁铸造厂，雇用了相当多的人。铁矿石在周围山上很丰富，每 10000 斤矿石价值 12000 ～ 13000 个铜钱，每 10000 斤矿石可产 4000 斤生铁。据说铁的质量很好，每担（100 斤）售价 2500 ～ 3000 个铜钱。炼铁炉用木炭加温，每斤铁需增加成本 12 ～ 13 个铜钱。炼铁大多在冬季进行，夏季只是用来收集木炭和铁矿石。这里也生产相当数量的大铁锅。

铜也在产铁的同一山脉发现，但在山的另一边，以前也在这里加工提炼，"铜厂河"一名即由此而来。就我所知，自从铜矿开采成为政府专营由官员控制之后，这一产业已停止了 10 年以上的时间。人们告诉我，同样生产 1 担铜，老百姓的支出不低于 35 ～ 36 两银子，而官府只需支出 28 两银子。结果铜的冶炼被放弃，而代之以炼铁。附近有坚硬的无烟煤，但没有被大量利用。总之，铜厂河有自己的炼铁厂，煤矿和被遗弃的炼铜业构成了一个有趣的矿业中心。

寺院的周围有很多漂亮的锥属树木（Castanopsis）和一株有趣的单种属植物瘿椒树。此树高足有 80 英尺，干围 2 英尺，是我所见过的最标致的一株。寺院内种植了很多桂花（Osmanthus fragrans），现正盛开，空气中充满了芳香。溪边桤木很多，在小山上则多为杉木。

整夜大雨不停，早上 6: 30 出发时仍下着毛毛雨，后渐变成倾盆大雨，而且越下越大，下了一整天。路况一开始就极恶劣，开初的 2500 英尺好像还能看到点路的轨迹，有一部分路用碎木片横斜铺于其上，此后的 2500 英尺则是一段极崎岖的上坡，通过竹丛、灌木林直到山顶。我们从山的东北偏北角处上山，虽没有真正的危险，但都非常困难。我们抓着灌木往上爬，令我吃惊的是这些民工怎么能负重而上，没有稳定的立足处，往往进一步要后退两步。

上到山顶我们沿着一条弯曲的小路走了 20 华里到达观音坪（Kwanyin-ping）的一座寺院，这里海拔 9100 英尺。山顶上起伏不平，像公园一样，上面覆盖着无法穿过的灌木状竹丛。这种竹子从泥炭藓中长出，高约 6 英尺。有一定数量的冷杉（*Abies delavayi[①]）——中文名意为仅见于寒冷地方的杉树——星散分布，但见不到真正长得漂亮

① 此外应为作者的错误。

的植株，全都显示出受风蚀、老化和腐烂的影响。横穿山顶的小路宽约 2.5 英尺，全部铺有劈开的木材，到处有倒下的冷杉树，用刀斧稍加工就用来铺这条路。我们途经三座已完全成为废墟的寺院，未见有任何可描述的生命痕迹。大雨和浓雾遮蔽了所有的景色，除了周围 30 码视线之内，看不到更远的原野和风景。全身尽湿，透及肌肤，且不谈我们到达寺院里时的狼狈相了。我们的装备同样湿透，并比预计时间迟到 2 小时。我们花了一些时间才把衣物烤干并整理就绪。

观音坪寺院很大，有许多附属建筑物，全为实木结构；有数十尊佛像，但都处于年久失修状态。至此的大路始自荥（yíng）经县（Yungching Hsien），距离为 120 华里。每当中国农历的五月和六月（公历 6 月、7 月）有 2000 ～ 3000 个朝圣者来此礼佛，但一年中的其他时间则很少有人问津。除了朝圣季节，僧人都住在荥经县，只留一小沙弥看管。小沙弥孤独一人生活，连一条作伴的狗都没有。作为报酬，他每天可得到 1.5 斤大米作为口粮，每年 2000 个铜钱（约合 1 美元）作为薪金。尽管生活如此孤单，他在此工作已有 3 年，是一个非常乐观的人。他动作敏捷，总带着笑容，无论走到哪里都哼唱着圣歌和经文。他迅速地为我们点着了一堆火，给我们取暖、烤衣物，凡事都帮忙。在他乐观情绪的影响下，我的随从们也很快停止了埋怨这恶劣的道路和我的疯狂决定——要来到这样一个地方。小沙弥告诉我们，此山的第一座寺院建于东汉时期，有一段时期此地寺院多达 40 座，但到了明朝，大部分被毁，寺院里的装饰物被熔化。现今能住人的只有两处，每处只有一人长年看管。这位权威人士好心告诉我们一个信息，即这样的大雨是由于砍伐树木所致。乡下人都持这种观点，反对进一步砍伐，但荥经县地方官员对此全不理会，坚持继续滥伐，造成的恶果是每天倾盆大雨不停，除了冬天，下雨变成了下雪。

次日清晨天阴暗，有下雨之势，但终于日出，我们迎来了晴朗的一天。此寺院在洪雅县境内，坐落在一悬崖边缘。东北面俯视青衣江河谷，西面可见美丽的西藏高山。有些靠近寺院几乎垂直的石灰岩悬崖上面长着形状有点特别的冷杉，整体环境蛮荒而神奇，难怪这块地方被认为是庄严和神圣的。

瓦屋山常被误称作瓦山，是当地三大圣山之一。这三座名山形成了三个犄角，涵盖了一块三角形、人烟稀少、被称作“老林”的蛮荒地带。即使在最新的地图上，彝族（Lolo）一词被加在这一地区上，但实际上并无彝族人生活于此。少数几个能见到的人都是汉人，其中有农人、烧炭人、采矿人和采药人。另外的两座山是峨眉山和瓦山，以前的旅行者已有报道。除了有罗马天主教教士来过的可能性外，我是第一个到访瓦屋山并上到山顶的外国人。

和她的姊妹山一样，瓦屋山也是一巨大的坚硬石灰岩上冲体，但海拔高度稍低，距海平面仅 9200 英尺，是一巨大的长圆形山体，由一系列从红色砂岩上拔地而起、高 2000 英尺陡峭的悬崖组成。山顶平坦，散布有砂岩和泥页岩。据说长有 60 华里、宽 40 华里，但这是夸大之词，可能长30华里、宽15华里比较接近实际。远观的外形前面已说过，越近看越像是垂直的石墙。此山与真正的瓦山外形相似，前文曾间接提及。我非常怀疑，在峨眉山顶所见，被称为瓦山者实为瓦屋山。超乎寻常的垂直侧面和平坦的山顶，在中国西部诸山中，为此峰所特有。

从植物学的观点来看，瓦屋山颇令人失望。原因有三：其一，其海拔高度比我原估计约低 1500 英尺；其二，所有的混交林都因烧炭或其他原因而被砍伐，留下的只是密集的灌丛，植物种类不多；其三，除冷杉外，针叶树种类稀少。无法穿过的小竹丛莽使你无法深入考察。植物种类大体上与这一地区海拔高度接近的山地相同，当然和中国境内其他各山一样，也有数种自身特有的种类。突出的特点是灌木状竹丛有很多，大量的泥炭藓像地毯一样覆盖山顶，这种藓也见于瓦山。实际上，这一带海拔 8000 ～ 11500 英尺的山上都有。但在其他地方我从未见过有瓦屋山这么多，而且长得这么茂盛。

炳灵祠村，远处可见瓦屋山

这一天晴朗无云，我能清晰地看到一切。山顶由长有树木的低矮小丘、小山谷和林间空地组成。到处都有松软的湿地，在一处湿地还惊起了一只沙锥鸟。一种竹子披散的竹秆非常美丽，而星散如哨兵状的冷杉老树形状十分独特。有几株云杉出现，但数量极少。有些冷杉高达100英尺，干围有12英尺，但这些树的树干存在不少的坏死部分。幼树到处都可见到，但它们无法与竹子竞争领地。曾有一个时期，珙桐（有毛和无毛的变种）、水青树、木兰、多种槭树、梨属、锥栗属、常绿栎和樟科植物覆盖着小山坡，但今日只能见到从这些砍伐后的树蔸下长出的灌丛。杜鹃极多，我见到约有10种，其中一种为乔木，高25英尺，干围3～4英尺［后确定为一新种，并以雅州奥彭肖（Harry Openshaw）牧师之名命名为尖叶美容杜鹃（*Rhododendron openshawianum*）］。五加科植物种类很丰富，而且果实多已成熟。杉木分布上升到海拔4500英尺，常绿树种除杜鹃外很少分布到6000英尺以上。草本植物当然有，但无任何有重要价值或有趣的种类。

这个季节当地的一项相当重要的产业是采集、加工供食用的竹笋，这在我们到此之前6周已开始进行。产竹笋的这种竹子有大拇指那么粗，高达10英尺。竹笋长到8～12英寸被从地面拔起，剥除外鞘和顶端，只留下白色、幼嫩、肉质的中心部分，经水煮后晾挂于架子上，移入封闭的房间内，用当地出产的煤饼不断加温烤干。干透后打包成捆运往成都和其他城市，被认为是一种极好的美食。我们见到足有20间简陋的小屋正紧张地进行此项生产。在这里毛笋每斤（16两）售价6个铜钱，采收前已订合同。加工后的产品称为“笋子”，在炳灵祠出售每100斤（每斤20两）售价8～9两银子。这一地区因出产干竹笋而闻名遐迩，而这一产业也为大量的民众提供了就业机会。

据说许多野生动物，包括扭角羚、鬣羚、斑羚、豹和熊在瓦屋山均有分布，但要猎获它们几乎不可能。我未见到任何种类的动物，但我不怀疑在这些丛林覆盖的大山中有它们存在的报道。

我们的调查有一天的时间已足够了。第二天早上 9: 00 我们离开，经过一天艰辛的跋涉，下午 5: 45 回到炳灵祠。

我们的目标是从这片“老林”区的最宽处穿过，到达铜河流域的某一点。我们重新调整了行装，次日继续我们的行程。从一座摇摇晃晃的铁索吊桥越过一条溪水支流，很快就把炳灵祠抛在后面。一条小路沿溪水干流右岸而上，路多在离水面甚高处，而有时又离水面很近。当进入石灰岩地区，河道立即变成了峡谷。这地方的“里”有点长，路又崎岖不平，我们用了 5 小时到达余家坪（Yueh-ch’a-ping），才走 30 华里。此处只有一栋房子，坐落在溪水一分为二处。其中一条支流同时伴随一条路伸向东南方向，沿着这条路可能到达黄木场（Huang-much’ang）；另一条支流从西南方向沿瓦屋山脚回转。我们所走的小路沿着这条支流而上，翻过已开辟为耕地的山梁，进入一深而狭窄的峡谷；路很难走，通常高出溪水很多。景色非常美，四周是峻峭的山崖，或裸露或有灌木覆盖。我们缓慢行进，约在下午 5: 00 到达只有一栋房子的长河坝（Chang-ho-pa），这里海拔 4000 英尺，这段行程有 50 华里。

在这一天的行程中见到数种有趣的树种，并采得标本，同时拍了照片。山羊角树为一种树冠平展的乔木，在溪边多石处极多，结满了鱼雷状、天鹅绒灰色的果实，但尚未成熟。瘿椒树数量很多，但植株都不大。在这一地区最值得提及的可能是山青木（Meliosma kirkii），树形美好，枝条粗壮，漂亮的羽状复叶长达 2 英尺。常绿的栎树、多种樟科植物、高大的竹子和棕榈（*Trachycarpus excelsus*）都很多，表明这里的气候温暖湿润。杉木是唯一的针叶树，它是实用的树种，数量多，且有许多植株非常漂亮。这种景象也是我此次行程中见到的主要特色之一。我们终于离开了水稻种植区，进入了只种玉米的地带。每一寸土地都被开垦耕种，但这地区人口稀疏。炳灵祠地区栽培有一定数量的茶叶，但不具有重要的商业价值。

长河坝的老百姓告诉我们，前方的路比我们来时所走的路还要差得多。在离开住处的头十里我觉得他们言过其实，但不久情况果然如他们所说。溪水流经狭窄、蛮荒峡谷或一连串的峡谷，路在溪水之上数百英尺或下降到水边，不断频繁地上下使人感到单调而焦急。小路长满了杂草和灌木，通常很窄，上坡或下坡都陡峭难行，把它称为“路”那是误解或愚弄。如果山羊经常走过，也能开出一条比这更好的路！

虽然有雾和毛毛雨影响我们的视觉，但是景色很壮观。山崖大多有灌木植被覆盖，在溪边有很多大树。可以判断这里的气候湿润、温暖，因为常绿阔叶树种很丰富。最常见的灌木或小乔木可能当数山核桃（Juglans cathayensis），其总状果序上有 6 ～ 12 颗果实；叶长可达 1 码。其他较有趣的植物还有天师栗、小花香槐（*Cladrastis sinensis*）、鹅耳枥和多种槭树。在砍伐的林地和抛荒的耕地上长满了美丽的野棉花的白色变型（Anemone vitifolia alba）。这种草本植物在此处生长极佳，高 4 ～ 5 英尺，开花无数，十分动人，在我所经之处从未见有生长如此繁盛者。在山崖下有滴水的潮湿处，秋海棠、凤仙花、蕨类和苦苣苔科植物成丛生长，美丽非常。杉木分布的上限为海拔 4800 英尺，此树对石灰岩地区不甚适应，离开了红色砂岩区其数量迅速变得稀少。

房屋和小块的耕地甚少，而且相距很远，但令人惊奇的是这样崎岖有如悬崖绝壁的地区也有人居住，可以生存。三栋小房子共同组成了白沙河（Peh-sha Ho）小村，我们在其中的一栋过夜。此地海拔 5000 英尺，距长河坝 40 华里。此屋建在陡坎上，俯视溪水的分叉处，较大的一分支从南面流入。

离开白沙河，我们朝两条溪水中较小的一条的源头前行，那只不过是一条山溪。一整天我们都处于辨认和跟随小路痕迹的困难中。清晨我们迷了路，在矮竹丛林中浪费了 2 小时，我的仆人在中午也遭到同样的不幸。如同瓦屋山的另一边，采收竹笋在此处也是一项产业，采笋人踏出的痕迹很多。我们应走的小路时常还不如这些痕迹明显，而且多被植物覆盖。数次通过山溪急流，但很难找到可涉水过去的浅处。见不到房屋也见不到人，必须自己探路。大雨下了一整天，更加增添了我们的困难和艰辛。

我们当天的目的是去到一些铅矿，但一过中午我们心中就清楚，天黑以后还到不了那里。夜色笼罩着我们，看来我们要在溪边的林子里过夜了。突然间一道光线从烧炭人的棚屋里射来，使我们满心欢喜。爬下一段陡峭的山坡，越过山溪，我们很快来到这能避风雨的安全去处，却原来只是一可怜的小木屋，但炭窑散发出来的热气使我们感到舒适，因为我们及所有的物品都湿透了。我的床安放在窑主准备存放木炭的棚子里。谢天谢地，总算找到一栖身之所！

这一天大部分的行程是奋力通过竹子灌丛和用各种办法涉水过山溪。当云雾散开时，可见四围的峭壁和山峦，有茂密的植被覆盖。植物种类显然很丰富，但我们无法进行调查。所有的大树都被砍伐，变成了木炭。珙桐、水青树、连香树和四照花在路边很多，都呈灌木状。槭属（Acer）种类很丰富，粗大的藤本植物如猕猴桃属（Actinidia）、藤山柳属（Clematoclethra）、八月瓜属（Holboellia）等植物生长繁茂。

炭窑由两人掌管，他们告知此地叫作炭窑嘴（Tan-yao-tzu），我们只走了 30 华里。所有的硬材树已砍光，现在不得不砍材质较软的树种，如冷杉、铁杉和云杉，这些树木在较高的山崖上还有相当数量。所有的木炭都用于铅矿冶炼。

棚顶漏雨漏得厉害，只得铺上油布使我的床位保持干爽。这个晚上我睡得很好，天亮不久醒来时发现雨还下个不停。离开木屋（海拔 7250 英尺），我们越过两条山溪，爬上山坡，回到原来的山间小道。不久我们就进入了一狭窄、灌丛覆盖的山谷，经其尽头一段陡峭、迂回的上坡，我们上到山梁顶端，铅矿就在此处。在上坡途中疏叶杜鹃（Rhododendron hanceanum）及另外两个种特别多，长成密灌丛。长叶毛花忍冬（*Lonicera deflexicalyx*）也很多，结出大量橙黄色果实。在有腐殖质覆盖的石上，常见有匍匐的四川白珠（Gaultheria cuneata）结出雪白的果实。铅矿的简陋小屋很破烂，但很高兴，小屋尚能为我们遮雨避寒。看来整座山都富含铅，矿石非常丰富。从山边往山体里打洞，洞深有一段相当长的距离，且用支柱做好支撑，矿石用装有滑轮的筐子运出。矿石用人工粉碎成小颗粒，铅在液体中用分步沉降法分离，储存于大木桶中，最后熔炼成长圆形的大铅锭运往成都和叙州府（Sui Fu）。搬运下山到最近的码头运费相当高。附近开采铅矿已有很多年，铅矿为一住在嘉定的人所有，劳工每月可领到 1800 个铜钱。我们被告知前一年的产量为 10000 斤，但不太可信。这样的产量太小，且提炼方法原始，效率低而成本高。由于炼矿和其他原因，山上的木材被砍光，现在山的上部全为草本植物和灌木覆盖，一片荒芜。我测得铅矿的位置在海拔 9400 英尺处，也就是说，在提供炼矿所需燃料的炭窑 2000 英尺以上。开矿的这一面山已是光秃多石，长满一种开黄花、类似景天的植物，我不认识。

离开铅矿，经过一平缓的斜坡，我们来到一潺潺而流的小溪，后面数华里此小溪就成了道路。离开小溪，经一非常陡峭的上坡到达多草的山梁顶端，海拔 10400 英尺，与真正的分水岭仅一深沟相隔。经过极陡峭的 1600 英尺下坡，从一多石、难走的小道到达一溪流的底部。我认为此溪即曾在白沙河所见的小溪，从南面流来。

到达小溪时雨已停，雾也很快消散，太阳 4 天后第一次露面。周围的景色蛮荒，由一连串壮丽的石灰岩峭壁构成。最陡峭的危岩上长有饱经风霜的冷杉树，其他地方的树木全被砍伐。

从小溪我们奋力攀登了 1000 英尺的陡坡，到达分水岭山顶，海拔 10100 英尺。此处我们能清楚地看到整个地区的景色，简直就是一个接一个悬崖和绝壁，顶上长有苍老的冷杉树，在更难以到达的小块地方长有密集的阔叶树。

这一天剩下的行程都是从一条恶劣的小道向下走，下午 6: 00 我们到达仰天池（Yang-tien-tsze）小村，这里海拔 7600 英尺，这段路程总共30华里，用了11小时。两个背运食品的民工天黑才到达，并告知其他装备还远远落在后面。我们的住处实在是差极了，但经过这样一天的步行劳顿还是乐意接受的。晚饭后，我尝试将一张油布盖在店家原有的床铺上睡觉，但很快被饥饿、折磨人的跳蚤骚扰，无法入睡。大约凌晨1: 00我的行军床和其他装备才到达，因为民工们不得不等待月亮出来后，能见到路时再走。我不能抱怨，他们在这令人心碎的路上尽了自己最大的努力。其他的行李天亮不久也到达了，于是我们早上7: 00离开仰天池。经一条比较好走的路下坡行30华里，中午前到达马烈（Malie）。这里海拔5300英尺，是一个非常贫穷的地方，位于峨眉县经瓦山至富林（Fulin）之间。

这样我们就从东北面翻过老林来到马烈的西南面，就个人而言，我不想再重复这次行程。这段路即使在好天气也极难行走，连续不断的下雨使得行程更加困难，令人疲惫不堪。雨和浓雾毁掉了这次行程中的最大亮点，即风景。除了少数偶然的机会，我看不见半径50码以外的任何东西。恶劣的天气也使我们的调查仅限于路边，无法深入。迄今就我的观察，这地区的木本植物多与四川西部相同海拔地区所共有，不同的很少。种类的丰富程度不可与峨眉山和瓦山相比，然而仍有几点有趣之处。这地区显然享有温暖、湿润气候，常绿阔叶林带，特别是栎属和樟科植物的分布上升到了更高的海拔。大量的杉木和诸多有趣的树种，如珙桐、水青树、香槐、木兰、七叶树、连香树和山核桃可能是一大特点。强壮的藤本植物如八月瓜、猕猴桃和藤山柳很多，我还采得其中数种的种子。有好几种花楸，结出白色、红色和紫色的果实，也采到了种子。忍冬、悬钩子和杜鹃也很多。桦树、山毛榉、落叶栎树和板栗稀少，同时完全不见有松树、柏木和杨树是这地区明显的特点。高海拔处针叶树几乎仅有冷杉和铁杉，虽然我在一山崖高处发现了几株云杉。这些针叶树中我没有见到长得很漂亮的植株，现在保留下来的植株都长在峭壁上，另一些也长在人们无法到达的地方，经受到更多强风和恶劣气候的影响。在海拔 6000 ～ 10000 英尺的地方植被的最显著的特点是：芒萁长成丛莽，竹子长成无法穿越的丛林。开矿是导致林木大量被砍伐的原因。

没有像样的道路，人口稀少，极差的住宿条件，蛮荒的悬崖峭壁，丛林覆盖的山坡，足以使这一地区被称为“老林”，亦即“蛮荒之地”。

第二十章

瓦山及其植物

瓦山[①]（Wa shan）是圣山——峨眉山的姊妹山，约位于东经103° 14′，北纬29° 21′，距嘉定府有6天行程（约80英里）。这之间的地区非常荒凉、崎岖多山，道路很差。据第一个登上此山和峨眉山的外国人巴伯的记载，海拔10545英尺，高出附近山谷4560英尺，而我测得的读数是高出海平面11250英尺，高出周围地区5150英尺。抛开海拔计的误差，我认为此山高度不低于海拔11000英尺。从其植物种类（通常是很好的海拔指标）可看出其高于峨眉山（海拔10800英尺）。这也与当地人的看法相同，他们断定：两山相比，此山更高。

从峨眉山顶远眺，此山就像一巨大的挪亚方舟的侧面观，高高地停在云雾中。从近处看则是一连串一级叠一级的石灰岩悬崖，仅在一处有断裂，山顶特别平坦空旷。从位于山脚下低地（海拔6100英尺）的大天池（Ta-t'ien-ch'ich）小村看，此山明显呈四方形，四面或多或少都是垂直的。看上去高出此小村不超过2000英尺，而实际上高出5000英尺。当有人第一次在距离约20英里处指给我看时，我简直不敢相信这

① 今四川省乐山市金口河区。

是瓦山。它看起来就像是一巨大的悬崖，因巨大而掩盖了高度。

前面已说到，第一个到访瓦山的外国人是已故的巴伯，他于 1878 年 6 月 5 日登上此山。他对瓦山的描述是如此之准确和优美，我无法超越，只能引用他的文字：“这座最具特色的山的上层是 12 或 14 个连续的悬崖，一个叠在另一个之上，每个高度都接近 200 英尺，而且四个面从下面一层向内退缩很小。单独每一层周边四面整齐连续不断；或可认为是 13 级台阶，每级高 180 英尺，宽 30 英尺；或者还可把它形容成 13 层四方形或略呈长方形的石灰岩石板，每块厚 180 英尺，每一边约 1 英里，被细致、整齐地叠加在一起，从平整的基部算起高达 8000 英尺；或许还可比作一块立方形的水晶镶嵌在一排不整齐的宝石之中，再无可与之相比的了。有朝一日旅行者来到这里，欲用‘优美的英文’进行写作，他会发现自己打错了主意，这地方的景致是再好不过了，但远非文字所能表达。如果他是比较聪明的，他将观看、惊叹，不说什么，然后离开。”

1903 年 6 月 30 日下午，我们到达大天池这个分散的小村，从此处可登瓦山。小村坐落在一卵圆形低地，封闭在四周的高山中。此低地长约 1 英里，最宽处还不到 0.5 英里，在下端有一茂密绿树环绕的小湖。有一种飞燕草开着美丽的蓝色花，非常之多，这里人称之为“乌头”，并说对人畜都有毒。农舍周围种有玉米、豌豆、菜豆、荞麦和马铃薯。这里的人多数信奉基督教，罗马天主教堂是这小村里唯一体面的建筑。

觅得一向导，7 月 1 日清晨 5: 45，我们离开客栈登山。出发时周围的一切都在雾气弥漫中，使人感到潮湿而寒冷。山路仅能看出一点路的痕迹，非常曲折，陡峭难行。下午 2: 30 开始下雨，一直延续到我们下山。我们下午 6: 30 回到客栈，全身彻底湿透。

曾有一个时期满山都是茂密的冷杉林，但很早已被砍伐，而这些树大多数还躺在采伐地任其腐烂。现在通常见到的是杜鹃灌丛，高 20 英尺或更高一些，生长在腐烂的树干上。这些冷杉树中有些高不下 150 英尺，干围不少于 20 英尺。在山顶还留有一些树木，但已无大树，而且几乎都被风或雪截断顶部。这座山和我到访过的其他山一样，清楚地体现了当地人的破坏天性。再过 50 年，在现政权统治下，中国中部、南部和西部将不会有 1 英亩可进入的森林，仅烧炭一项就给硬材乔木、灌木造成重大消耗。生产钾碱是西部山区的一项普通产业，也是另一无情破坏植被的行为。这一带见不到栎树、山毛榉和鹅耳枥，我将其原因归为烧炭。

除冷杉之外，其他针叶树只有云南铁杉、刺柏（Juniperus formosana）和油麦吊云杉（*Picea complanata*）。杜鹃构成了植被的显著特征，其木材烧炭质量不佳，才得以幸免。它们在海拔 7500 英尺处开始出现，而上到 10000 英尺处最多。在上山途中我采到 16 种，植株最小的 4 ～ 6 英寸，大的高达 30 英尺，甚至更高。花有多种颜色，包括淡黄色。上山时观察到一个种被另一个种所取代，极为有趣。最常见的一种是秀雅杜鹃（*Rhododendron yanthinum*），其花有不同深浅的紫色。

上山从距客栈约 100 码处开始，耕地在海拔 6200 英尺处绝迹。在此之上有一条 1000 英尺的带，过去某一时期被砍伐开垦，但现在为密集的粗草覆盖，其中羽叶鬼灯檠的白花变型（*Rodgersia pinnata alba*）、绣线菊属（Spiraea）、假升麻属（Aruncus）、落新妇属（Astilbe）和马先蒿属（Pedicularis）的数量较多，还有数种灌木：长叶溲疏、毛柱山梅花（*Philadelphus wilsonii*）、毒漆藤（*Rhus toxicodendron*）掺杂其中。在此之上，有 500 英尺为难以穿越的竹灌丛。这种华西箭竹（*Arundinaria nitida*）长得非常密集，竹秆细瘦，平均高 6 英尺。再往上走直至上面的台地均为灌木、草本植物混交带，其中较显著的植物有西蜀丁香（Syringa komarowii）、冠盖绣球、马桑绣球、川康绣线梅（Neillia affinis）、云南双盾木（*Dipelta ventricosa*）、腺毛茶藨子（Ribes longeracemosum var. davidii）、毛叶吊钟花、粉花安息香（Styrax roseus）、溲疏属（Deutzia spp.）、悬钩子属（Rubus spp.）、荚蒾属

（Viburnum spp.）、绣线菊属（Spiraea spp.）、槭树属（Acer spp.）、苹果属（Malus spp.）、花楸属（Sorbus spp.）的一些种类，以及椭果绿绒蒿、纤细草莓（*Fragaria filipendula*[①]）、大百合和较低分布带中的草本植物。有数种杜鹃，主要分布在悬崖上。

台地（海拔 8500 英尺）宽约 0.5 英里，有些地方为沼泽，被密集的灌木丛和竹丛覆盖。除上面提到分布于较低处的种类，我们在此还发现有挂苦绣球、峨眉蔷薇和黄毛楤木，还有一种驴蹄草和针叶树。往前走，杜鹃种类更加丰富。越过此高地，我们来到上一层的西北角，从一狭窄、崎岖多石的小径，穿过密集的杂灌木丛向上攀登，到海拔 10000 英尺处，灌木丛已为杜鹃所替代。在低海拔处的峨眉蔷薇花已开过，而此处正是它们的花期，白色的花开成一团团，非常可爱。在此分布带上有两三种忍冬和多种唇形科植物。在荫蔽的石上至少有 3 种报春花，包括大叶宝兴报春（Primula davidii）。

从海拔 10000 英尺到山顶，在木本植物群落中杜鹃足足占有 99%。数种针叶树、忍冬、峨眉蔷薇、晚花绣球莲、马醉木（Pieris）和红粉白珠（*Gaultheria veitchiana*）构成剩下的 1%。在草本植物中，报春花最为瞩目。此属有 5 种分布于此，其中有开黄花的雅砻黄报春（Primula prattii）。其他好看的种类有：一种开蓝色大花的紫堇、开黄花的杓兰、凉山悬钩子（Rubus fockeanus）和一些草本植物。在荫蔽的石上，奇特的岩匙（Berneuxia thibetica）很多。最初弗朗谢把这种有趣的植物放入岩扇属（Shortia），后来德凯纳（Decaisne）把它作为一个新属的模式种发表。其花小，不显著，白色或淡红色。在裸露的石上，我采得美丽的岩须（Cassiope selaginoides），花白色，呈钟状。

然而我的注意力和兴趣主要集中于杜鹃花，其花之华丽难以形容。它们数以千万计，长成不同大小的灌丛，有些足有 30 英尺高，直径还要

---

① 原著有误，可能是 Fragaria gracilis。

挂苦绣球（Hydrangea xanthoneura），高 15 英尺

瓦山，海拔约 11200 英尺

大些，上面开满了花，几乎把叶子完全遮盖。花有洋红、鲜红、肉红、淡红、黄、纯白等色。巨大、苍老的茎干扭曲、增粗成各种形状，上面垂挂着苔藓和地衣，后者中最显著的是长松萝（Usnea longissima）。杜鹃如何生根于这些悬崖绝壁之上令人惊奇，有些长在倒下的冷杉树干上，有些本来就是附生植物。在杜鹃丛的下面，生长有茂盛的泥炭藓，形成美丽但不牢固的地毯。我在裸露的岩壁上采到 2 种小杜鹃，每种仅有几英寸高，一种花深紫色，另一种淡黄色。

浓雾遮蔽了我们的视野。10: 00 左右太阳短暂露面，云雾散开，我们因此渴望能见到更多的景色。在一处，我们靠在岩壁上能听到下面 2000 或 3000 英尺处急流奔腾的声音。接近山顶有 3 座悬崖，每座高 40 或 50 英尺，须登木梯向上爬。上去时，我牵着我的狗，可没想过怎么下来。回程时狗很惊恐，虽然我们蒙上它的眼睛，它拼命挣扎，有一次几乎使我失去平衡。当安全下到底下，我感到十分庆幸。爬上高 40 英尺垂直固定于悬崖上的木梯，而且没有扶栏，两侧都是不测之渊，须有最大的勇气。第一段木梯出现在海拔 10700 英尺、宽不足 8 英尺的狭窄山脊处。从这里直到距山顶仅数英尺处，小道极陡峭难行，而且危险。爬上最高一层的木梯，出乎意料，我们从一条很平缓的小路上到山顶，就像在家乡的树林中漫步一样。

山顶为略有起伏的高地，范围有数英亩，有高大的杜鹃灌丛，上面爬满了晚花绣球莲，像彩饰一样。还有巨大冷杉的树桩和小苗，这个“巨人”曾一度覆盖这座壮丽的大山，林间空地里长满了秋牡丹和报春花，到处是蜿蜒的小溪。巴伯对这里的描写是“世界上最美丽的天然公园”，确不过分。

曾有一段时期山顶上存在数座寺院，如今大部分寺院只剩下废墟。现在只有一个寺院，里面供奉有普贤菩萨像，骑在一泥塑大象上。佛像用冷杉木材制成，保护完好。寺院附近种有小片的药用大黄、少量白菜和马铃薯。

亚灌木状的血满草（Sambucus adnata）和数种草本植物，包括马先蒿、微孔草（Microula）、纤细草莓和东方草莓（*Fragaria elatior*），从山脚一直分布到山顶。野草莓是一种新的草莓，值得重视，其果红色，多少呈筒状，常长达 1 英寸，味道非常好，广布于中国西部。在打箭炉我享用过许多碟加入牦牛奶油的这种果实。

两天后我们登上了此山的另一高耸的山峰，海拔 10000 英尺，采得数种新植物，其中我要提到川赤芍（*Paeonia veitchii*）、三色莓（Rubus tricolor）、须蕊铁线莲（*Clematis faberi*）、桂叶茶藨子（Ribes laurifolium）、伏毛银露梅（*Potentilla veitchii*）、圆叶鹿蹄草（Pyrola rotundifolia）、瓦山安息香（Styrax perkinsiae）、宝兴马兜铃（Aristolochia moupinensis）、槭树、秋牡丹及梨属、花楸属、小檗属和报春花属的一些种类。高处沿悬崖边上，火绒草（*Leontopodium alpinum）[①] 和数种香青属

① 此种中国不产，应属鉴定错误。根据其分布，可能是华火绒草（L. sinense）。

（Anaphalis）植物很多。在泥炭藓中至少有3种石松（Lycopodium）。在有水滴落的阴湿石上和杜鹃树干上长有很多华东膜蕨（*Hymenophyllum omeiense*）。

在瓦山的4天采集中，我的收藏增加了220余种。每天工作都极其辛苦而且全身湿透，但每晚回到客栈谈及我们的情况都感到温馨。有一次通过一松动的碎石堆，如非此时有一民工在我身边，临危不乱，出手相救，我就掉下悬崖没命了。

动物方面，瓦山及其周边的荒野是发现野牛（Budorcas tibetanus①）的地区之一。野牛大小如家养母牛，我只见到其蹄印。关于鸟类，包括雪雉和白腹锦鸡变种在内，这里至少是5种雉鸡的产地。

我曾在中国不同的地区登上许多大山采集植物，有些山比这座山高得多，但没有一处其寒温带植物，特别是开花美丽的灌木种类比这里更丰富。总而言之，以其丰富的植物种类，特殊的动物，独特的地质构造和壮丽的山顶天然公园，瓦山有其独特的条件值得博物学者重视。

① 即羚牛。

第二十一章

中国西部之植物

——全球最丰富之温带植物区系简介

在前面的数章中着重介绍了中国西部的蛮荒山地特点。这些地区，海拔高度差异极大，具有多样的气候和充沛的雨量，自然会孕育出丰富多样的植物。然而在估量这一地区所有有利条件后，植物学家惊讶于其花卉资源之丰富程度，超越了他们的想象。据权威专家估计，中国的植物有15000[①]种之多，而且半数是特有的。这只是他们内部的数字，而至今还不能对丰富的花卉给出正确可靠的统计。中国中部和西部遥远僻静的山区简直就是植物学的天堂，乔木、灌木和草本聚集在一起，复杂得使人茫然失措。初到一个新而生疏的国度连识别本已熟悉的栽培植物都不容易，须经数月之久才能熟悉周围常见的植物。在我旅居中国的11年之中，共采得约65000号植物标本，约含5000种植物，寄回超过1500份不同植物的种子。然而只是到了后半段时间我才能对中国植物形成清晰概念，才能恰当地评价其丰富性和多方面的问题。

① 据《中国植物志》，我国维管束植物共31100余种。

巫山溲疏（Deutzia wilsonii）

毫无疑问，中国植物种类是全球温带植物区系中最丰富者。许多不同科、属的树木在中国发现的种类超过产于温带其他地区种数的总和。每个产于北半球温带重要的阔叶树的属，除悬铃木属（Platanus）和刺槐属（Robinia）外，中国全有。所有的温带针叶树属，除北美红杉属（Sequoia）、落羽杉属（Taxodium）、扁柏属（Chamaecyparis）、金松属（Sciadopitys）和雪松属（Cedrus）[①]外，都能在中国见到。在北美（不包括墨西哥）约有阔叶树165个属，而在中国有超过260个属。1902年版《英国皇家植物园（邱园）乔木、灌木名录》中载入的300个属的灌木中有一半产于中国。

然而中国植物的重大价值不仅在于种类丰富，更重要的是有大量种类具有很高的观赏价值，适合布置全球温带地区的公园和户外园林。我在中国的工作就是发现各种新植物并将其引种至欧洲、北美洲和其他地方。但在我的工作之前，中国植物的价值已为人们知晓和重视。纵横北半球温带境内，凡有名的庭园无不种有来源于中国的植物，这一事实就是最好的证明。我们的茶叶、晚香玉、攀缘蔷薇、菊花、杜鹃、山茶、温室栽培的报春、牡丹和大花的铁线莲全都原产于中国，并且至今在中国中部和西部仍处于野生状态。此外还有其他20余种受人喜爱的花卉也是如此。中国还是甜橙、柠檬、橘、桃和杏的原产地。园艺界深受远东地区许多精华财富的恩泽，而且这种恩泽今后还会与日俱增。

我们对中国植物种类极其丰富程度的认识过程是缓慢的。其中旅行者、传教士、商人、领事及海关官员等都作出了贡献。但是有关东亚地理和其他方面的知识，罗马天主教传教士起了主要作用。中国的排外政策必然增加了欧洲人寻求获得这个国家详细知识的困难，一切荣誉都归于那些曾在这块土地上进行考察的工作者。

① 现知雪松（Cedrus deodara）在我国西藏西南边境有天然分布。

受英国伦敦皇家园艺学会和其他部门的派遣，在 18 世纪的 40 年代和 50 年代福琼继续他前辈的工作，完成了详尽地调查中国园林的任务，但他行动的困难是如此之大，以致不可能去调查自然界的野生植物。除了大约 6 种野生植物，所有他寄回的植物都采自中国庭园。但就是这 6 个野生种之一——云锦杜鹃（Rhododendron fortunei），后来对杜鹃花的育种者产生了难以估量的价值。

1879 年，马里斯（Charles Maries）为维奇公司采集，沿长江而上直达宜昌。他发现那里的人不友善，仅待了 1 周就被迫返回。然而在那短暂的停留中，他采集的鄂报春，是今日最有价值的一种观赏植物。在九江附近他采得金缕梅（Hamamelis mollis）、檵木和其他几种价值不大的植物，然后急忙前往日本。由于某种难于理解的原因，他断定在他之前的福琼已将中国的植物资源全部调查清楚，更奇怪的是他的结论竟被当时园艺界接受。当他在宜昌时，无论是朝北方、南方或西方，只要走上 3 天的路程，他就能采得一大批植物学界和园艺学界做梦都想得到的新植物。由于命运的嘲弄，他把眼看就要到手的发现和收获拱手让给了后来的两三个人。

中国大量的人口，特别是在沿长江下游附近及其三角洲和冲积平原，使马里斯和其他外国人一样感到迷惑。中国人口是如此之密集，以致任何一小块适合的土地都被开垦耕种。中国人能在同一块土地上比任何其他国家的高级农业专家获得更多的收获。中国人虽不懂旱田作业（dry farming）和集约耕作（intensive cultivation）这些术语，但这些技术自远古以来他们已采用。土地从不闲置，不断地耕种施肥。然而，尽管中国的耕种者极其勤劳，在中国中部和西部的许多荒山僻壤有再好的农业技术也无法耕种。正是这些地区蕴藏着数量多得惊人的植物种类。这些地区人口极为稀少，难以到达，直至近期，全不为外界所知。

法国两位天主教传教士戴维和德拉维，俄国的旅行家普热泽瓦尔斯基（N. M. Przewalski）[1]和英国海关官员亨利的植物采集首先揭示了中国中部和西部极其丰富的植物种类。仅德拉维采集的植物就有3000种之多。亨利的采集还超过此数！这些标本中新种、新属之多使植物学家感到震惊。这些新的发现使人们耳目一新，给许多问题以新的启迪。以前认为是别处的许多属，如杜鹃花属（Rhododendron）、百合属（Lilium）、报春花属（Primula）、梨属（Pyrus）、悬钩子属（Rubus）、蔷薇属（Rosa）、荚蒾属（Viburnum）、忍冬属（Lonicera）、栒子属（Cotoneaster）和槭树属（Acer），它们的大本营都在中国。

虽然每一小块能利用的土地都已耕种，但这丰富得令人惊奇的植物种类依然存在。在所有海拔2000英尺以下的地方，这些植物都退缩到路边、山崖和其他较难到达的地方。由于农业用地，更不用说因为经济目的对森林的破坏，许多种类已消失，已无法想象这地区丰富植物区系的原貌。

为了便于对这极其丰富的植物区系作一概述，结合这地区山区的特点，按海拔高度将其划分为数个带，可能是讨论这一内容广泛、复杂命题唯一可行的方法。下面的植被垂直分布带示意图表示对这一地区理想的区划，可能比下面的文字更易传递清晰的思想。

区Ⅰ：暖温带——海拔2000英尺。长江河谷至海拔2000英尺地区基本属暖温带气候。水稻、棉花、甘蔗、玉米、烟草、红薯和豆类为夏季主要作物，冬季常见的作物有小麦、油菜、豆类、大麻、马铃薯和白菜。此区为高度耕作区，区内植物种类既不丰富，变化亦不大。主要具代表性植物有：竹子［印度簕竹（*Bambusa arundinacea*）、毛竹（*Phyllostachys pubescens*）和其他竹子］，棕榈，苦楝，紫薇，柞木，黄葛树（*Ficus infectoria*），栀子（*Gardenia florida*），蔷薇［金樱子、小果

[1] 普热泽瓦尔斯基，俄国军官，1871—1885年间先后在我国西北、华北和东北各地采集大量植物标本。

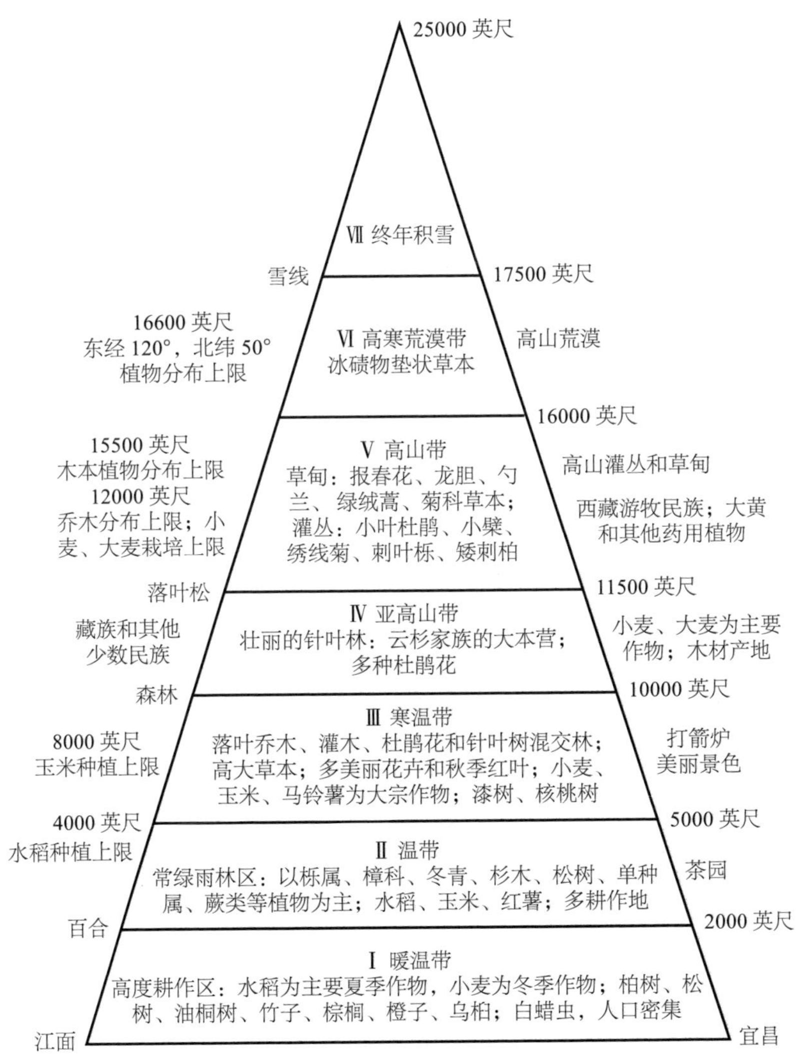
25000 英尺
Ⅶ 终年积雪
雪线
17500 英尺
16600 英尺
东经 120°，北纬 50°
植物分布上限
Ⅵ 高寒荒漠带
冰碛物垫状草本
高山荒漠
16000 英尺
15500 英尺
木本植物分布上限
12000 英尺
乔木分布上限；小麦、大麦栽培上限
Ⅴ 高山带
草甸：报春花、龙胆、勺兰、绿绒蒿、菊科草本；灌丛：小叶杜鹃、小檗、绣线菊、刺叶栎、矮刺柏
高山灌丛和草甸
西藏游牧民族；大黄和其他药用植物
落叶松
11500 英尺
藏族和其他少数民族
Ⅳ 亚高山带
壮丽的针叶林：云杉家族的大本营；多种杜鹃花
小麦、大麦为主要作物；木材产地
森林
10000 英尺
8000 英尺
玉米种植上限
Ⅲ 寒温带
落叶乔木、灌木、杜鹃花和针叶树混交林；高大草本；多美丽花卉和秋季红叶；小麦、玉米、马铃薯为大宗作物；漆树、核桃树
打箭炉
美丽景色
4000 英尺
水稻种植上限
5000 英尺
Ⅱ 温带
常绿雨林区：以栎属、樟科、冬青、杉木、松树、单种属、蕨类等植物为主；水稻、玉米、红薯；多耕作地
茶园
百合
2000 英尺
Ⅰ 暖温带
高度耕作区：水稻为主要夏季作物，小麦为冬季作物；柏树、松树、油桐树、竹子、棕榈、橙子、乌桕；白蜡虫，人口密集
江面
宜昌

植被垂直分布带示意图

蔷薇（*R. microcarpa*）]，楠木（*Machilus nanmu* 和其他种），马尾松，皂荚，桤木，女贞，白花泡桐；橙子、桃子和其他果树；蕨类，特别是芒萁；田间杂草；多种灌木和乔木，包括枫杨、数种朴树（Celtis spp.）、云实、油桐和柏木，油桐和柏木常见于多石处。

区Ⅱ：温带——海拔 2000 ～ 5000 英尺。在此区可见由常绿阔叶树组成的雨林，主要种类有栎属、锥栗属、冬青属和樟科的许多种类。在此带植被中，樟科植物种类占有 50%。蕨类、常绿灌木、杉木和柏木为其他主要成分。此带很有趣，90% 的单种属树木产于此带，这些单种属植物是中国植物区系的重要特征。比较有趣的植物有杜仲（Eucommia）、栀子皮属（Itoa）、山桐子（Idesia）、瘿椒树（Tapiscia）、山白树（Sinowilsonia）、化香树（Platycarya）、珙桐（Davidia）、山羊角树（Carrierea）、青檀（Pteroceltis）、香果树（Emmenopterys）。在这一区内耕地通常较少，特别是冬季作物更少。作物的种类与其下面一条带相似，但以玉米为主，替代了水稻。此带在湖北范围很小，与四川西部相比几乎可不计其存在。

区Ⅲ：寒温带——海拔 5000 ～ 10000 英尺。此区是最大、最重要的一条带。其植被具有寒温带特征，主要由人们较熟悉的科、属中的落叶乔木和灌木组成，但还必须加上针叶林和许多有观赏价值的高大草本植物。大量开花美丽的乔木和灌木种类出现在此带，是中国植物区系的显著特点。中国记录有铁线莲属植物 60 种，忍冬属植物 60 种，悬钩子属植物 100 种，葡萄属植物 35 种，卫矛属植物 30 种，小檗属植物 50 种，溲疏属植物 40 种，绣球花属植物 25 种，槭树属植物 40 种，荚蒾属植物 70 种，冬青属植物 30 种，樱花属植物 80 种，千里光属植物 110 种。这个名单还可进一步扩充。梨族［包括梨属（Pyrus）、苹果属（Malus）、花楸属（Sorbus）、Micromeles、Eriolobus[①] 等属］是此带内

① Micromeles 和 Eriolobus 两属均已归并入花楸属。

的一显要的家族，它在中国就像山楂属在美国一样普遍。

在这样丰富的植物种类中要作出选择很不容易，但如果要特别提出一个类群，那就是杜鹃花属。中国西部也像喜马拉雅地区一样，杜鹃花为其特点。此属种类产于中国者最多，已知超过了 300 种。我本人采得约 80 种，引种栽培超过 65 种。杜鹃花属植物的分布自海平面开始，但直到海拔 8000 英尺才真正大量分布，并一直延伸到木本植物分布的上限（约海拔 15000 英尺）。这些植物的生长习性多成群聚，每一种都有一定的海拔高度限制。植株大小从仅数英寸的高山植物到高达 40 英尺或更高的乔木。花的颜色从纯白经淡黄至层次丰富的深红色和血红色。到 6 月下旬，杜鹃花灌丛就变成了一团团色彩，绵亘数英里，山坡上全是盛开的杜鹃花，再也想象不出比这更美的景观了。

区Ⅳ：亚高山带——海拔 10000 ～ 11500 英尺。中国西部海拔 10000 英尺以上的植物区系起了很大变化，海拔 10000 ～ 11500 英尺这一狭窄地带成了温带和高山带之间的过渡地带。这一狭窄地带内多为沼泽地，但在生境适合的地方就会有漂亮的森林出现。沼泽地被低矮的小叶杜鹃和矮树状的灌木覆盖，主要是小檗属、绣线菊属、锦鸡儿属、忍冬属、金露梅（Potentilla fruticosa）、伏毛银露梅（*P. veitchii*）、沙棘、柳树、有刺的灌木状栎树、粗生的草本植物、禾草和无法穿越的矮竹丛。森林几乎清一色由针叶树组成，主要有落叶松、云杉、冷杉、铁杉和零星的松树。只有少数的红桦、白桦和杨树出现，而且主要在溪旁。对于这些森林的结构我知道得还很少，但为了说明其种类的丰富性，我可提一下，在上一次的行程中，我共采得 16 种云杉的种子、5 种冷杉的种子。不幸的是这些森林很快就消失了，现在只能在更难达到的地区才能见到。树木的分布上限因雨量而有变化，但可定为在海拔 11500 ～ 12500 英尺。

区Ⅴ：高山带——海拔 11500 ～ 16000 英尺。高山带从海拔 11500 英尺伸展到 16000 英尺。此带中草本植物之种类惊人丰富，多种多样，

云杉（*Picea asperata*）林

几无穷尽。花色之鲜艳是一突出特点。马先蒿属有 100 种，可能是最主要的种类。马先蒿多为群居植物，成千上万聚集在一起，除了蓝色和紫色，花有各种颜色，真令人喜爱。但非常可惜，由于它的半寄生特性使得无法栽培。千里光属也有 100 种，开黄色花，从矮小的垫状植物到高达 6 英尺的粗壮草本都有。龙胆属（Gentiana）有 90 余种，是群居植物。晴天时，数英里全是深蓝色的龙胆花，像地毯一样覆盖地面。紫堇属有 70 种，花有黄蓝两色，也占有一席之地。再就是美丽的高山报春花。报春花科在中国有 100 余种，其中 80% 产于中国西部。像龙胆一样，到了一定季节就会以鲜花覆盖大片土地。有些种类长在沼泽地，有些则长在石上或溪边。其中最漂亮的一种为钟花报春，沿小溪边和池沼中生长，多得像欧报春在某些英格兰的草地上一样。常与其生长在一起的是开紫花的偏花报春（*Primula vittata*）。其他漂亮的种类还有鹅黄灯台报春（P. cockburniana），是此属中唯一花橙红色者；粉被灯台报春（P. pulverulenta）与日本报春（P. japonica）近似但更艳丽，花葶高 3 ～ 4 英尺，被白粉，花鲜紫色；多脉报春，可以把它看成是耐寒的鄂报春。其他漂亮的草本植物有密生波罗花（Incarvillea compacta）和大花鸡肉参（*I. grandiflora*），两者均开鲜红色大花。西藏杓兰为一种陆生兰，花具有巨大的暗红色囊兜。此外我们还发现有 6 种绿绒蒿（Meconopsis），包括花紫罗兰色的川西绿绒蒿、花暗红色的红花绿绒蒿（M. punicea）和可能是高山植物中最美丽的全缘叶绿绒蒿（M. integrifolia），其花黄色，直径达 8 英寸或还要大一些。

区Ⅵ：高寒荒漠带——海拔 16000 英尺以上。植被分布的上限约为海拔 16500 英尺，有数种属于石竹科、蔷薇科、十字花科和菊科的垫状植物和一种小报春花和总状绿绒蒿（Meconopsis racemosa）是最后要列举的植物。在此海拔高度之上为大量的冰碛物和冰川，常年为雪覆盖。雪线不低于 17500 英尺。虽然初看上去很明显，雪线的海拔很容易受到西藏高原及其西部高地干燥程度的影响。

我已对不同海拔地带及每一地带中较重要有代表性的植物作了简要概述，再列举一些较重要而中国缺少的种类可能亦颇有趣。中国没有荆豆属（Ulex）、金雀儿属（Cystisus）、欧石楠属（Erica）、帚石楠属（Calluna），也没有半日花科的岩蔷薇属（Cistus）和半日花属（Helianthemum）。荆豆和金雀儿的位置非对应地被连翘属（Forsythia）、锦鸡儿属（Caragana）、小檗属（Berberis）和多种迎春花（jasmines）取代。欧石楠则为大约两种矮生、叶小的杜鹃花代替。半日花科不见于中国，除非把金丝桃（Hypericum）当作它的替身。

在中国的中部和西部没有真正的草地，但是可与英格兰公共牧场相比的开阔地都长有各种灌木，如小檗、绣线菊、白刺花、锦鸡儿、火棘属（Pyracantha）、栒子（Cotoneaster）、山梅花（Philadelphus）、冬青和多种蔷薇。西部河谷中的异常环境及其特殊的植物已在第一章和第十三章叙述。

另一与湖北西部植物有关的特别现象是许多拉丁学名以日本“japonica”为种名的植物，实际上原产于中国，在日本只是栽培。下面是为人们熟知的最好例子：蝴蝶花、打破碗花花、忍冬、槐、菊三七（*Senecio japonicus*）、枇杷。也许其中有些种类两地都有，但我相信在深入研究后，会发现两地共有的种类会比想象中的要少。

就中国本身而论，其植物种类有很多独特之处。即使对其疆域给予确切的划定，特有属、特有种的数目仍然可观。然而除了一般地区性的特点，中国植物的分布展现出许多有趣的问题。翠柏属（*Libocedrus*）的种类分布于美国加利福尼亚州、智利和新西兰，在中国也有一种翠柏（*L. macrolepis*），一点也不奇怪。另一特别的是小石积属（Osteomeles）的一种，华西小石积（O. schwerinae）产于中国遥远的西部，而此属的另一种则散布于太平洋诸多岛屿。但最特别的现象可能是薄柱草属（Nertera）的一个种（N. sinensis），出现于峨眉山，而此属的其他种类全是海岛植物，局限分布于南半球。

中国植物区系与毗邻国家及较远地区的亲缘关系是一有趣和值得深入研究的问题。喜马拉雅植物区系的某些种类出现于中国的西部和中部，说明两地的植物区系有相当的亲缘关系，这是可以预见的。然而还有特别有趣的问题，因为锡金的成分出现得更多。当对不丹及其与中国西部之间的地区进行全面考察后可能会发现，锡金是这些植物分布的最西端，而非分布中心。与本书密切相关、常见于中国西部的喜马拉雅植物区系的植物有下列种类：大花卫矛（Euonymus grandiflorus）、领春木（Euptelea pleiosperma）、绣球藤（Clematis montana）、粗齿铁线莲（*C. grata*）、小蓑衣藤（C. gouriana）、绢毛蔷薇（Rosa sericea）、缫丝花（*R. microphylla*）、钟花报春、雅江报春、桃儿七（*Podophyllum emodi*）、两头毛。云南的植物种类与马来西亚－印度植物区系必然存在亲缘关系。

具有入侵性的北欧（英国）植物区系有下列草本和灌木种类常见于局部地区：马鞭草、大花龙芽草（*Agrimonia eupatoria*）、毛茛（*Ranunculus acris[①]）、匍枝毛茛（R. repens）、石龙芮（R. sceleratus）、蕨麻（Potentilla anserina）、地榆（*Poterium officinale*）、水柏枝（*Myricaria germanica[②]）、洋常春藤（*Hedera helix[③]）、稠李（*Prunus padus*）和大车前（Plantago major）。

在北部和所有高地河谷及西部高原有少数中亚和西伯利亚的种类出现，如鲜卑花、高山绣线菊（Spiraea alpina）、水栒子（Cotoneaster multiflorus）、瓣蕊唐松草（Thalictrum petaloideum）、翠雀（Delphinium grandiflorum）和刚毛忍冬。

乍看起来，自然会认为中国的植物区系与欧洲至少与亚洲大陆的植物区系有密切关系，然而事实却非如此。其真正的亲缘关系是与大西洋彼岸的美国。

已故的阿萨·格雷（Asa Gray）[④]博士在研究早期采自日本的植物标本时，首先指出这一重要的事实。我近期在中国的工作，特别是对中国中部的调查进一步提供了大量的证据，并对阿萨·格雷的结论提出了更深入的问题。有许多例子，一个属只有两个种，一种产于美国东部，另一种却在中国。值得提及的例子有鹅掌楸属、肥皂荚属、檫木属和莲属。有相当多的属为两国所共有，而且在多数情况下中国占有主要部分。通常同一个属在美国有一种，而中国有数种，但也偶有相反情况。木兰属植物（Magnolia）为这种亲缘关系提供了最好的说明。这个属欧洲和北美洲西部没有，北美洲靠大西洋一侧有 7 种，中国和日本有 19 种。

---

① Ranunculus acris 产于欧洲，与中国种类不同。

② Myricaria germanica 产于欧洲，与中国种类不同。

③ Hedera helix 产于欧洲，与中国种类不同。

④ 阿萨·格雷，美国著名植物学家。

下面为一简要名单，可进一步说明这一问题。

中国、日本与美国大西洋一侧共有的属

中国和日本		美国	
属名	种数	属名	种数
木兰属 Magnolia	19	木兰属 Magnolia	7
五味子属 Schisandra	10	五味子属 Schisandra	1
鼠刺属 Itea	5	鼠刺属 Itea	1
大头茶属 *Gordonia*①	3	大头茶属 *Gordonia*	2
金缕梅属 Hamamelis	2	金缕梅属 Hamamelis	2
岩扇属 Shortia	3	岩扇属 Shortia	1
梓属 Catalpa	5	梓属 Catalpa	2
梣叶槭亚属 Negundo（Acer）②	5	梣叶槭亚属 Negundo（Acer）	1
紫藤属 Wisteria	4	紫藤属 Wisteria	2
落新妇属 Astilbe	10	落新妇属 Astilbe	1
鬼臼属 Podophyllum③	6	鬼臼属 Podophyllum	1
八角属 Illicium	6	八角属 Illicium	2
紫茎属 Stewartia	2	紫茎属 Stewartia	2
勾儿茶属 Berchemia	8	勾儿茶属 Berchemia	1
蓝果树属 Nyssa	1	蓝果树属 Nyssa	4
山核桃属 Carya	2	山核桃属 Carya	1

① 大头茶属现在接受的学名是：Polyspora。

② Negundo 为槭树属（Acer）下的一个亚属。

③ 属的范畴有变动。原著出版时，此属由东亚和北美的种类组成，现今中国所产种类已分立为 Dysosma 属，又因为其中包括了我国古代“本草”中称之为“鬼臼”的植物，故《中国植物志》作者将中名也随之转移过来，成为现在被接受的鬼臼属（Dysosma）。Podophyllum 现只剩下北美一种，因其与喜马拉雅地区的桃儿七属（Sinopodophyllum）相近，故改名为北美桃儿七属（Podophullum）。

在少数情况下同一个种为两地所共有。最突出的例子是聚伞花山荷叶（Diphylleia cymosa[①]）。此种植物间断分布于两地，相隔 140 个经度，而形态没有任何明显变化。

在上面的例子中，这些科为全球其他地区所没有。另一些植物，例如栎属、鹅耳枥属、榆属、桦属、白蜡树属和板栗属分布于全球温带地区，东半球和西半球均有，而产于中国的种类通常更接近于北美的种类。

对这一现象的解释可追溯到北半球的史前冰河期。远古时期，亚洲和北美陆地的连接远较今日完整，植物的分布也到达更北的地方。在冰盖的作用下植物被迫逐渐向赤道迁移。当大冰河期过后，冰盖退却，植物回头迁徙，但冰盖仍停留在较以前更南的纬度上，致使很多以前为森林覆盖的地方因过于寒冷而无任何植物可以生存。冰河期之后的重新组合使东半球与西半球分开，结果造成植物区系的切割和隔离。当然其他的因素也起到作用，但上面的解释简要地说明了为何今日地理上相隔如此之远的地方其植物又如此之相似。

中国植物之古老性可从很多古老的种类得到证实。例如，从侏罗纪地层发掘的化石已得到证实，银杏在古代不仅分布于亚洲，也生长于欧洲西部、美国加利福尼亚北部及丹麦格陵兰岛，而今日只见栽培于中国和日本，由佛教僧侣和其他宗教团体种植于寺庙周围而保存下来。苏铁、三尖杉、榧和紫杉是其他古老的类群，但这些种类现今在中国有栽培也有野生。很多古老的蕨类植物，如紫萁、芒萁、合囊蕨（Marattia）、观音座莲在中国常见，而且分布很广。说到蕨类植物颇为有趣的是亨利在云南发现了合囊蕨科（Marattiaceae）的一新属，现命

① 现在的分类处理是：D. cymosa 仅生长于北美，分布于中国的定名为：南方山荷叶（D. sinensis）。

名为原始观音座莲属（Archangiopteris[①]）。

基于上述证据，可以推论在冰河时期中国植物区系受到的伤害轻于欧洲和北美洲。究其原因可能是，与欧洲和北美大陆比较，亚洲大陆与赤道之间有较大的连续性。

① 现归并入观音座莲属（Angioteris）。

第二十二章

主要用材树种

今日中国有森林的地方都远离人口众多的区域，只能存在于那些不适合农耕的山区、航运不通和几乎没有道路到达之处。这些地方通常海拔都相当高，人口稀少。所有比较容易到达的地方都已开垦成耕地，只在房舍、寺院、墓地、溪边和山崖上能见到树木。全国各地都感到木材紧缺。经粗加工的原木需经长途搬运到达可通航运处，再运往下游或上游，因此价格昂贵。海滨和长江下游口岸从美国普吉特海湾（Puget Sound）和加拿大不列颠哥伦比亚省（British Columbia）进口大量的木材供一般建筑用，也有相当一部分从日本进口。供不同用途的硬木多从马来西亚各处进口。为修筑铁路，近年从澳大利亚进口了相当数量的桉树木材。著名的中国红木家具并非用本国木材，而是用从曼谷、西贡和中南半岛其他地区进口的木材制作。从植物学而言，“中国红木”的来源不清楚。所谓“孟买红木”是取自阔叶黄檀（Dalbergia latifolia），有可能中国红木即取自近缘的种类。所幸中国西部木材的情况要比其他地区好些，因为这里完全没有把进口木材作为商业进行的可能。然而供建筑用的木材仍然奇缺，在过去的20年中，木材的价格翻了一番。中国古寺和老住宅中所见到的巨大木料如今在中国国内已无法找到。

由于木材严重不足，在人口稠密地区每一种树的木材都能派上用场，但本章仅对那些较重要和最常用到的种类作一简短报道。

在中国最重要的“木材”当然是竹子。基督教传教士金尼阁（Nicolas Trigault）[①]于1615年在一本有关中国的著作中写道：“他们有一种芦苇，葡萄牙语叫作Bambu，像铁一样硬，最大者两只手也围不过来，中间是空的，外面有许多节。中国人用它做柱子、长矛和其他600种家庭用器具。”

上述文字虽然写在3个世纪以前，但仍然适用于现在的情况，因为竹子在中国的用途真是数不清的。它为每个人从出生到死亡，提供了各种各样的需要，与日常生活紧密结合不可分开。竹子可用作各种日用器皿、家具、盖房子，作农具、船桅和船具、竹筏、竹缆、竹桥、灌溉用的筒车、输水管、输气管、抽取盐卤的管道、轿子、旱烟和鸦片烟枪、鸟笼、捕捉昆虫（鸟、兽）的工具、雨伞、雨衣、帽子、鞋底、凉鞋、梳子、乐器、花瓶、盒子、工艺品、毛笔、书写用纸，实际上包括一切有用的和供装饰的物件，从高级官员的帽子到民工搬运重物的杠子。以前这个民族的历史记录就书写在竹片上，然后将竹片一端像折扇一样穿起来。这些历史记录在埋藏于地下600年后于公元281年出土，发现内容包含有秦国自公元前784年以后的历史，恰好也是中国在那以前的1500年的历史。

竹刨花可用于塞船缝，做枕头、垫子的填充物。竹笋是重要的菜肴。民间普遍相信，每当灾荒年，慈悲之神会令竹子开花，结出竹米，使人们免于饿死。

竹子在远东地区生长茂盛，无论是长在农民的茅舍边、乞丐的窝棚

---

① 金尼阁（Nicolas Trigaul，1577—1629），1611年第一次来华传教，1619年率领大型传教团再次来华，带来大量外文书籍，计划将“西书七千部”介绍给中国。出版了《中国编年史》第一册，翻译并增写了利玛窦的中国札记《基督教远征中国史》。

旁，还是长在寺院或富人的庭院内都一样美丽。除了最寒冷的地区外，它是一种真正广布于中国各地的木本植物。在西方国家找不到任何可与东方竹子比较、用途如此广泛的树种。

中国人把所有的竹子统称为“竹”，不同的种类在竹字前加上前缀以示区别。当地人对识别不同种类没有困难，而植物学家发现对竹类的分类极端困难。在《中国植物名录》（*Index Florae Sinensis*）中收录了33种，但根据本章宗旨，只涉及4种或5种。

在整个长江河谷，上到海拔2500英尺，毛竹是分布最普遍的一种，竹笋像矛头一样，能长到30～40英尺高，然后弯拱，枝叶羽状展开，很美丽。竹秆直径3～4英寸，暗绿色，老时变黄色，秆壁厚度中等，可供多种用途。在长江宜昌以上，竹被大量用作拖船缆索。水竹（Phyllostachys heteroclada）为一近缘种，但各部分均较小，高不超过20英尺，在湖北多用于造纸。

在四川较温暖的地方，印度簕竹（常被认为是*B. spinosa*[①]）生长普遍。这种漂亮的竹子秆高50～75英尺，基部直径8～10英寸，根茎不会窜得很远，形成密丛，加上较大的秆节上生出无数细瘦的锐刺，使人无法通过。这种竹子中间的空隙小，秆壁厚，用于制作日常家庭用具如家具、花瓶、盒子，也可做脚手架，还有其他上百种用途。

另一种为南竹[②]（Dendrocalamus giganteus），也是四川西部最大的一种竹子，局限生长于此省的温暖地区，散生成丛，秆高60～80英尺，粗10～12英寸，中央空隙大，秆壁薄而轻，通常用于做竹筏运行于四川西部水浅而湍急的河流中。另外，还有其他许多用途，特别是制作筷子。

还有一种常见的栽培种龙头竹（Bambusa vulgaris），有时称为观音竹，竹秆色浅，高30～50英尺，秆壁薄，也有多种用途，但价值不如

---

① 印度簕竹的异名。

② 中文名应为龙竹。

前面提到的任何一种。其竹笋刚露出地面即采收，作蔬菜供食用，鲜时白色，硬而脆。

除了竹子之外，最常见、用途最广的木材来自杉木。这种针叶树广布于中国暖温地区，特别是部分或全为红色砂岩的地区，在雅州（Yachou）和成都盆地西北角边缘的山区特别多。树干高 80 ～ 120 英尺，像桅杆一样笔直，砍伐后能从树桩上发出新苗，树皮多用作盖房顶。木材质地轻，易于加工。用作一般的建筑用材、室内木器，是中国最好的木材，也大量用作棺木，其木材具芳香而被认为有防腐作用。普通的棺木用数根原木拼接成厚而宽的木板，称之为“合板”，四块这样的合板，加上两端两块构成一副棺木。能买得起这种棺木的人都会把它油漆得漆黑铮亮。然而较贵重的棺木是每一合板由一整条原木构成的，最昂贵的则是香木或“阴沉木”，这种木材的一具棺木一般价值 400 ～ 1000 两银子。大部分的阴沉木都产自建昌河谷，可能是该地区曾发生过地震的结果。1904 年我溯铜河谷地（Tung valley）而上，前往打箭炉，在从富林（Fulin）至磨西面[①]（Moshi-mien）接近万峒（Wan-tung）小村的地方遇上当地人正在挖掘埋藏在地下的木材。挖掘处为一狭窄的山谷。山谷有一溪，在上端筑坝蓄水，需要时开闸放水，将淤泥和杂物冲走。许多这样的挖掘处都深达 50 英尺。被埋藏的有多种木材，但只有香木有价值。我取得这种木材的标本，后经显微镜观察，证实为杉木。中国人认为这些木材在地下已埋藏两三百年。这些木材奇异地被保存下来，而且质地更致密，比新近砍伐的树更芳香。香木制成的合板平均宽约 30 英寸，长 7 英尺。在中国西部我所游历过的地方，仅见到过一株其大小接近于这些已埋藏于地下多年的杉木。

在成都及其邻近城市，冷杉（*Abies delavayi）及其近缘种的木材，普遍用作房屋建筑中的大梁、柱和板材。这种美丽的冷杉常见于西部较

① 今四川省泸定县磨西镇。

杉木（Cunninghamia lanceolata），高 120 英尺，干围 20 英尺

高的山上，但生长于雅州府地区的最易获得，因此这一地区成为主要的木材供应地。这种木材质地软，不耐久，但原木粗大，最为适用。松树很多，马尾松是分布最广的一种，垂直分布可上达海拔 4000 英尺。其产于较高海拔处的木材纹理致密，多树脂，经久耐用，而产于低海拔处的木材质地松软，没有多大价值。其他硬木松树，如巴山松（*Pinus henryi*）、高山松（P. densata、*P. wilsonii*、*P. prominens*）均生长于较高处（海拔达 10000 英尺）。出产有价值的木材往往都是在不易到达的地方。华山松广布于更多山的地方，长不了很大，但木材非常耐久，富含松脂，用于建筑和做火把。

所有的针叶树都出产有用的木材，但不幸的是今天已很少能在易到达的地方找到。在打箭炉周边，红杉被认为是所有木材中最有价值者。云南铁杉、铁杉用作盖屋板，也做其他板材用。在龙安府（Lungan Fu），油麦吊云杉是用于一般建筑最有价值的木材。在山里还有其他数种云杉和冷杉，以及落叶松组成中国西部地区唯一仅存的针叶林。方枝柏，土名称为"香柏杉"（Juniperus saltuaria）在松潘北部常见，当地用于建筑。干香柏生长于西部干旱河谷，东北红豆杉（Taxus cuspidata）和铁坚油杉散布于中国西部海拔 2000 ～ 5000 英尺处，但没有一处大面积生长。

从宜昌往西上达海拔 3500 英尺，柏木是仅次于松树的针叶树种，在多石的石灰岩地区它比松树更常见。这种美丽的柏树具有下垂的枝条，多种植于墓地、神龛和寺院的场地内，其木材白色，硬、重，特别坚韧，大部分用于制造长江上游行驶的船只，用作船体的两边、舱隔，还常用作船甲板的横梁，也用于制桌、椅和其他家具。船的上部结构通常用杉木，船底和主要船骨用栎木和楠木。

栎树分布甚广，从江边直至海拔 8000 英尺，但除了墓地和神龛附近及其他祭祀地点外，大树极少。这类树木统称为"栎"，中国人能分出许多种，诸如白饭栎、瓦栎、红栎、团栎和槠栎。按植物学观点，这

马尾松（Pinus massoniana），高 90 英尺

一地区应有约 20 种，其中最常见的为枹栎、栓皮栎和槲树，均产纹理致密的木材，除造船外也是具有多种用途的贵重木材。

楠木（南方的木材）包含了润楠属（Machilus）和山胡椒属的数个种，全部都是美丽的常绿乔木。这些树木在四川大多种植在房舍、寺院周围，是成都平原和峨眉山周边的一特色。它们长得很高大，树干挺直、平滑；树冠浓荫广展；木材纹理致密，具芳香，带绿色和褐色，易于加工，非常经久耐用，是制作家具，用作寺院、豪华房屋梁柱的高级木材；板材用作船底。楠木是中国最贵重的木材之一，植株本身也是常绿树种中最亮丽者。樟树散布于湖北和四川，垂直分布可上达海拔 3500 英尺，其芳香木材，如同楠木，用作高级家具。取自其粗大根部的木材称为“阴木”，是制作橱柜的名贵木材。

在四川被视为最珍贵的木材，用于制作高级橱柜、画框和精美家具的“红豆木”，取自红豆树，一种与槐树（Sophora）近缘的乔木。红豆树春季开白色和淡红色、豆荚状的花，聚成大圆锥花序，一年四季都很漂亮。木材重于水，鲜红色，有美丽的花纹，是当地价格最高的木材，现在已经非常稀少。在四川中部偏北地区这种树还常能见到，但在成都平原只能在寺院场地和神龛边才能见到。当地土名意为“红色豆子树”，其种子红色，藏于豆荚状的荚果内。与红豆树类似的有黄檀，其木材带白色，很重，极其坚硬和强韧，为贵重的“檀木”，专用于制造成都平原的独轮车，木工工具的柄、把，榨油的撞槌，船上用的辘轳和滑轮，以及任何承受强压力和拉力的地方。这种树长得高（80 英尺），但不会很粗，广布于西部地区，垂直分布高可达海拔 3000 英尺。

木材多少有价值的豆科植物还有槐、皂荚和山槐。这三种都常见，前两种构成西部干旱河谷植被的特色。这些树种的木材用于制作一般的木器和家具。

在所有干热河谷，上达海拔 8500 英尺（绝非局限于此），最常见的

楠木（Phoebe nanmu[①]），高 100 英尺，干围 16 英尺

① 根据《中国植物志》文献引证，现在的正确学名是：Phoebe zhenan。

树木之一为“核桃”，人工栽培取其果实供食用和榨油。近年新建的兵工厂用这种木材做步枪枪托，需求大增，现已供不应求。很多楠木被用来作此用途，但楠木较轻，不如核桃木好。

最好的舵杆用材是黄连木，为一大乔木，在海拔 5000 英尺的地方广为分布。一段一端有自然分叉的原木多被用于制作大船上的平衡舵。枇杷的木材红色，重而结实，也作此用途。黄连木的嫩梢可作蔬菜食用，叫作“黄连芽子”。香椿树的嫩芽同样可食，而且木材珍贵，黄褐色，有美丽的红色条纹，容易加工，不扭曲，亦不开裂；外国人称之为中国桃花心木，为制作窗框、门梁和家具的良材。这种树可长到 80 英尺高，树干通直，有少数分枝，在湖北西部海拔 4500 英尺以下的地方非常多，但四川要少一些。

装运所有高级茶叶的木箱均用枫香树的木材制作。这是一种特别漂亮的乔木，高 80 ～ 100 英尺，干围 12 ～ 15 英尺，散布于西部各地，分布上限可达海拔 3500 英尺。秋季叶变为鲜红褐色，在树上一直保留到冬季。

最好的扁担是用厚壳树（Ehretia acuminata）和粗糠树（E. dicksonii）做成的。这两种树的木材轻，但非常坚韧。栎木和竹子也用作扁担，而且更便宜。制造供船上和寺院用的鼓以刺楸的木材最好，容易加工，有柔性，能产生共鸣。鼓的两端蒙上皮革。

最好的线香都是由数种富含芳香和挥发油的樟科植物的叶和枝条打成粉而制成的。柏树和桦树的木浆常用作掺入品。

宜昌周边及其他各地光裸的小山上种有普通的松树——马尾松，作薪炭用。在成都平原，沿溪边和水渠边多种有桤木，也用作薪炭。桤木、松树加上竹子是仅有的几种为材用而种植的树木。在山上有山毛榉、白蜡树、杨树、板栗、鹅耳枥、桦树和很多有价值的材用树种，但很难去到这些地方，所以一般都不去利用它们。

第二十三章

野生和栽培的水果

中国是数种当今广泛栽培于世界各地的果树的原产地。例如橙、柠檬、柚、桃、李。在南方生长有多种热带水果，如香蕉、菠萝、番木瓜、槟榔、荔枝、龙眼和橄榄，但只有后 3 种生长在本书涉及的地区，而且数量很少。在北方，特别是芝罘[①]（Chefoo）周围，出产从美国引进的苹果和梨，而且品质优良。北方也种植品种优良的葡萄，但不太注意栽培、修剪、疏果等技术，使得几乎所有中国产的葡萄质量都不高。在中国中部和西部也种植有相当数量的葡萄，通常在没有完全成熟时就采收，严重影响风味，这种情况特别明显。橙、桃、柿同样到处都有，但其他水果品质都低下。很可惜过去对这方面未给予适当重视，这一地区的地理环境无疑能生产最优质的水果。

溯长江而上，从宜昌下面的丘陵山地向西至叙州府，柑橘树丛成为景观的特色，在重庆与泸州之间柑橘树长得最为茂盛。到了 12 月，当树上挂满了成熟的果实，这些树丛是一道亮丽的风景。柑橘树在多石的背风坡面或山坡下长得特别好，那里可免遭寒风吹袭。当地土壤母质多

① 今山东省烟台市。

为四川红盆地的黏质泥灰岩和砂岩。在四川西部，柑橘（*Citrus nobilis*）通常种得最多。在收获季节，这种水果在产地 1 先令[①]可买 500 ～ 1000 个。不幸的是这种柑橘不耐储存，但将其皮剥下晒干就成为一种受欢迎的药材，叫作“陈皮”。皮内附着于果瓤上的纤维也可入药，叫作“橘络”。在峡谷地区生长着一种叫作“山柑子”的甜橙（C. aurantium var.）更为常见。所谓“宜昌橙”[②]即此类型，在中国远近皆知，比橘子有更高的市场价值。在成都这种橙子到第二年夏季都能保持新鲜，但我尚未发现人们是用何种方法保鲜的。

宜昌峡内也种植一种柠檬（C. ichangensis），但不常见，其果实阔卵圆形，风味甚好。柚子（*C. decumana var.[③]）亦有，但果实很少有名副其实的果瓤，通常只有少量髓心和种子。金橘（*C. japonica*）有零星栽培，果实用糖腌制后是一受人喜爱的美食。有一种香橼（*C. medica* var. *digitata*）偶有种植，其形状怪异的果实，叫作“佛手”。

柑橘类果树的繁殖是将母树基部发出的枝条切一道口子，然后在切口周围覆土，用竹编的网格或破损的陶器碎片将土固定。当土堆出现了根系，最后将枝条与母体分离，同时将新苗定植。在中国西部的柑橘园中虫害常导致严重破坏。业主不会进行防治和控制，只靠树木本身极强的生命力使其免于灭绝。

桃（*Prunus persica*）在湖北和四川从江边到海拔 9000 英尺处都栽培很多。果肉离核的和不离核的、形状卵圆形的和扁圆形的类型都有。宜昌附近出产的桃风味极好，可能胜过世界上其他任何地方出产者。这些桃树并未得到精心管理，通常长有介壳虫，可能在决定桃的品质的因素中，气候比其他因素更为重要。桃树种植在果园或数株成小群种植于

---

① 先令，英国的旧辅币单位，1 先令 =0.05 英镑。

② 中文名的使用有点混乱，此处“宜昌橙”显然是指一甜橙栽培品种。但在《中国植物志》中，宜昌橙的学名是 Citrus ichangensis。

③ 我国柚子的学名是 Citrus maxima，而 Citrus decumana var. 为葡萄柚。

挂果的柑橘树

房前屋后，但半野生状的灌木在路边和山崖上随处可见。据我所知，在中国北方用桃仁榨油，但不见于西部。

桃大约在公元300年经波斯引种入小亚细亚和欧洲，但在中国非常遥远的古代已有栽培，并可能是通过古老的贸易路线经布哈拉[①]（Bokhara）传入波斯。这种非常宝贵的水果原产中国已得到确认，但这绝不等于能肯定哪一种是其野生型。中国北方产的山桃（*P. davidiana*）通常被认为是栽培种的原始材料。对于这种观点我不认同。我认为那是不同的一种，野生状态下的栽培桃树的原始类型已不复存在，与其最接近的应是湖北西部、四川山崖和路边甚多的半野生类型。联系到这一点，有趣的是我在打箭炉附近发现了桃属一新种，后被命名为 *P. mira*。此种在各方面都是典型的果肉离核的类型，但果核小而平滑，卵圆形，现已栽培。因其来自气候非常寒冷的地区，最终有可能证实为一更耐寒的栽培桃树品种的祖先。

杏（*Prunus armeniaca*），如拉丁种名所示，普遍认为原产于亚美尼亚，中国从那里引入，并有悠久的栽培历史。但马克西莫维奇（C. J. Maximowicz）[②]认为北京附近山上有野生，叫作Hun-tzu，树长得很高大（高40～50英尺），但果多纤维，味涩。中国的杏品种还有待改良。印度北部出产的杏干运到中国西部，深受西藏和西部各地人的喜爱。

"苦李子"栽培很普遍，果圆形，绿色、黄色、红色或紫色。所有栽培的品种都来源于李（Prunus salicina），为一乔木，常见于湖北和四川境内的灌丛和林缘。此种以日本李（plum japanese）之名已引入美国加利福尼亚州、南非和其他地区，现已广泛栽培。栽培于欧洲、从P. communis培育出来的真正李子中国没有记载，很可能没有分布。梅子（*P. mume*）广泛栽培于中国和日本，被矮化和整形成奇异形状，其花期

① 今乌兹别克斯坦境内。

② 马克西莫维奇，俄国植物学家，1854—1855年间在中国黑龙江和乌苏里江流域采集调查。

早的习性被特别重视，在湖北和四川均为野生，称为“乌梅”。其果圆形，通常一边呈红色另一边呈黄色，味道一般，而其具毛状纤维的果核使其可口性不佳。

普通的巴旦杏在中国没有栽培，但 1910 年我在松潘附近发现了一近缘种，后命名为西康扁桃（*P. dehiscens*），其果成熟时裂开，露出果核；果仁可食，在当地很受重视；植株长成密集、有刺的灌木，高 5 ～ 12 英尺；果可说是“干”的，因为几乎没有果肉。在岷江上游河谷非常之多，此种现已栽培，在现有的种类中又增加了一种，的确很有趣。

树林里樱桃很多，而且种类混杂。在《威尔逊植物志》（*Plantae Wilsonianae*）第二册中，科恩（Koehne）仅根据我所采的标本描述了不下 40 种之多！然而樱桃很少有栽培。在宜昌和其他地方出售的樱桃都很小，味道很差，但它是成熟季节最早的水果，4 月底就能上市。宜昌附近栽培的樱桃为 *P. pseudocerasus*。培育出欧洲樱桃的欧洲甜樱桃（P. avium）和欧洲酸樱桃（P. cerasus）在中国没有。

梨栽培很普遍，特别是在中国西部各河谷的上游。湖北西部的峡谷高处也多有种植。有数种类型，果实有时很大。这些梨子一般都硬得像石头一样，虽然可用于做菜，但用作水果则价值不高。繁殖通常用高枝嫁接，但此后给予的管理却很少。所有中国梨的品种都是从本地种［可能是沙梨（*Pyrus serotina*）、秋子梨（P. ussuriensis）、麻梨（P. serrulata）］经长期栽培而形成的，与现在西方国家栽培的西洋梨（P. communis）没有共同起源。在北京周围栽培有一特别的梨品种，叫作“白梨子”，果形如苹果，直径约 1.75 英寸，淡黄色，味极佳。这种梨可能是秋子梨（P. ussuriensis）最好的一个品种。

苹果和梨常栽培在一起，但数量比梨少很多，在松潘和打箭炉周围又比湖北更常见一些。果实小，绿色，若为好品种，一边黄绿色，另一边玫瑰红色，味道可口，甜而微涩。我目前还不能肯定这种苹果属于哪一种，但可能是花红（*Malus prunifolia* var. *rinki*）。

木瓜普遍栽培于中国中部，但西部较少，其果实芳香，多置于室内作摆饰玩赏，也供药用。有两种：木瓜叶近圆形，花暗红色；毛叶木瓜叶较长，花白色染红晕。与木瓜近缘的有云南移椛（Docynia delavayi），在云南很多，其鲜果当地称之为“桃姨”，用于催熟柿子。二者的果实分层交替放在一瓦缸内，用稻谷壳覆盖，10 小时后柿子即变软可食。移椛在四川西部较稀少，当地人也不知利用其果实。

枇杷野生和栽培的都有一定数量，一直分布到海拔 4000 英尺，以多石处最多，为一美丽的常绿乔木，高可达 30 英尺。枇杷初冬开具芳香的白色花，4 月果熟；果橙黄色，味微酸可口，但果肉不多，包住大而淡褐色的种子；种子有杏仁味，或许可用作调味品。

在中国不同地区栽培有不同种类的山楂属植物。“山里红”或“山楂”作果树栽培。湖北喜爱种植的一种为湖北山楂（Crataegus hupehensis），在兴山县周围有此种果园，其果深红色，直径约 1 英寸，但味道不够好。

柿子（Diospyros kaki）是中国栽培最美味的水果之一。柿子树在海拔 4000 英尺以下都很多，常长成高达 60 英尺或更高的漂亮植株。果卵圆形或扁圆形，有或无种子，在充分成熟、全部单宁酸消失或转化成糖之前不能吃。中国人有多种将柿果催熟、除去涩味的方法，其过程主要是层积，用稻谷壳覆盖，只给予少量的空气。柿树叶落后果实常任其留在树上很长一段时间，这时满树橙黄，呈现出一幅美妙的景色。

荔枝（*Nephelium litchi*）和龙眼（*Nephelium longana*）在泸州地区生长得很茂盛。泸州附近有荔枝、龙眼果园，果实市场价值很高。在这一地区也种有橄榄（Canarium album）。在中国西部干旱河谷多栽培枣子（*Ziziphus vulgaris*），但果实的质量不高，无法与产自山东和中国东北部其他地方的相比。在温暖地区常能见到石榴（Punica granatum），但其果实几乎不能吃。在云南则出产非常漂亮的石榴。虽然石榴在中国分布很广，并在部分地区归化，但权威人士认为它是引入的外来种。

家葡萄在西部地区有少量栽培，但质量远低于北京附近所产者。我见到的唯一的一种果为白色。普遍栽培的全是葡萄（Vitis vinifera）的不同类型。布雷特施奈德（E. Bretschneider）① 认为此种在公元前 2 世纪由西亚引入中国。刺葡萄（V. davidii）在西部山区是一种常见的野生植物，在九江周围有时栽培，其果黑色，圆球形，大小和外观都不错，但味道很差。

核桃在本书所涉及的地区内分布极为普遍，上限可生长到海拔 8500 英尺，在四川西部和湖北的山区和沟谷特别多。果核的大小、形状和外壳的厚度差异很大，最好的是核大而壳薄。核桃的价值不仅供食用并可榨油，油质极佳，用于烹调。核桃楸（*Juglans cathayensis*）亦常见于林间和灌丛，果仁可食，但壳厚，难以打开。

银杏的果实称为“白果”，炒熟后是一种被推崇的美味食品。同莲的种子“莲子”，落花生（Arachis hypogaea）的果实有相同的价值。欧菱有大量栽培，果供食用。

在林间和灌丛中有多种当地人采食的野果。悬钩子属（Rubus）有许多种。中国记载有 100 余种，大多数果可食，有些比世界其他任何地方的都好。我成功地引种了约 30 种悬钩子，期待有一天会有人认真进行栽培、杂交，培育出新的浆果，增加我们现有栽培的种类。据我自己的口感，新引入的种类中，最好的 3 种是菰帽悬钩子（Rubus pileatus）、秀丽莓（R. amabilis）、山莓，果均带葡萄味，覆盆子状。果黑色的川莓（*R. omeiensis*）、弓茎悬钩子（R. flosculosus）也很好吃，同样还有果橙色或红色的粉枝莓（*R. biflorus* var. *quinqueflorus*）、白叶莓

① 布雷特施奈德，俄国外交官，1866—1883 年驻北京，利用业余时间采集植物种子，寄往欧美各大植物园，著有 *History of European Botanical Discoveries in China* 一书，共两册，1898 出版。

（R. innominatus）、宜昌悬钩子（R. ichangensis）。早春季节在宜昌常有茅莓（R. parvifolius）的果实出售，当地名为“栽秧泡子”（泡子是此类浆果的统称）。在松潘，8 月用几枚铜钱就可买到不少黄果悬钩子的果实。

六七月山区里野生草莓很丰富，而且风味甚佳。有两种：果白色的地泡子（*Fragaria elatior*）和果红色的蛇泡子（*F. filipendula*）。打箭炉有牦牛乳加工的奶油，在那里我享用过很多碟草莓加奶油和草莓派。蛇莓（*F. indica*）各处路边都很多，可分布到海拔 3000 英尺，也叫作“蛇泡子”，果实鲜艳，但没有味道，中国人认为这种植物有毒。

在树林里果红色和黑色的两种茶藨子（Ribes）都常见到。长序茶藨子（R. longiracemosum）果序长达 1.5 英尺，果大，黑色而且味美。这种植物现已栽培，可用作杂交育种的亲本。大刺茶藨子（R. alpestre var. giganteum）在四川和西藏边界海拔 8000 ～ 11000 英尺地带普遍用作绿篱植物，其果小而圆，绿色，味极酸涩。杨梅在湖北全境海拔 2000 ～ 6000 英尺的林缘常见，四川西部稍少一些。其扁圆形的果实外面有点粗糙，多汁，味甚佳。在上述地区，“杨梅”一名用于四照花，在云南则用于头状四照花（Cornus capitata）。但在中国东南部产的才是真正的杨梅（Myrica rubra），与我们的 Myrica gale 相近，而与前两种则属于完全不同的科。

有一种藤本植物猕猴桃在海拔 2500 ～ 6000 英尺处很多，湖北称之为“羊桃”，在四川则称为“毛儿桃”，其果圆形或卵圆形，长 1 ～ 2.5 英寸，皮薄，褐色，常有毛，果肉绿色，清香味美，是一种优良的果品，且耐储藏。1900 年我有幸把这种植物引种到宜昌外国人的居住点，很快受到欢迎。现在整个长江流域都知道这种“宜昌醋栗”。此后我又将此种引入欧洲栽培，并于 1911 年在英国首次结果。这种藤本植物不仅果可食，叶、嫩枝和花均有观赏价值，是一优良的园林植物。花

四照花（*Cornus kousa* var. *chinensis*）

大，芳香，白色渐变为酪黄色，唯一的缺点是花杂性①，须有两性花植株才能结果。此属还有数种的果实味美可食，其中最好的是红茎猕猴桃（Actinidia rubricaulis），现已有栽培。

八月瓜属（Holboellia）植物有数种，为粗壮藤本，土名“八月炸”，其果紫色，荚果状，当地人食用其白色果肉。胡颓子属（Elaeagnus）亦有数种，果乳头状，叫作“羊姆奶子”，亦可食，有可口的酸味，但通常有收敛性。北枳椇肉质、增粗的果柄叫作“拐枣”，亦可食，并有解酒功能。

栗子树在林子里很多，可分布到海拔 7500 英尺，结出优质坚果，叫作“板栗”。栗属有数种，最普通的一种即板栗。另一种茅栗（Castanea seguinii）分布于低山丘陵至海拔 3500 英尺山地，为灌木，高仅 2 英尺，大者 5 ～ 8 英尺，结果多，味亦好，但果实较小。然而风味最好的栗子是锥栗（C. henryi）。此种可长成大树，高 60 ～ 80 英尺，叶无毛，每一带刺的壳斗只有一卵圆形坚果，与同属的其他种明显不同。栎属和锥属（Castanopsis）有数种的坚果，以及榛属不同种的“山白果”（Corylus spp.）和水青冈属（Fagus spp.）中一些种类的坚果农民亦采食之。

华山松在海拔 3500 ～ 9000 英尺的山中甚多，种子在当地供食用，但采收不多，因其经济价值远不如红松（Pinus koraiensis）。

① 在同一植株上或在同种不同植株上，具有单性花和两性花。

第二十四章

中药材

中国本地的医生对人体解剖的认识还很粗浅，能诊脉即证明有医术。某些外国药物，如奎宁，受到高度尊重，但他们主要还是信赖中药。天花接种已实行了很长时间，同时用针灸治疗风湿；已知水银对某些疾病有疗效，针灸和水银都在广泛应用。中药材可能是内容最复杂、最广泛者，包括各种最稀奇的东西，从虎骨到蝙蝠粪便，甚至更糟糕的东西，但主要还是植物，而且大多数出产于中国者被认为其药性较好。所有这些药材中只有大黄和甘草在西方被认为真的有药用价值。大多数中药被认为具有滋补和壮阳功效。这方面的作用愈大，其商业价值愈高，这一点可从人参、鹿茸得到见证。

中国“药学之父”是神农帝，这位大帝也是“农业之神”。根据传说，神农在位期间，为了给他的子民治病而深入研究本草。据说他的研究非常有成就，他高度的热情促使他一日之内发现了70种有毒植物，同时又发现了同样数量的解毒药。根据传说，人们相信他的肚子是透明的，因此能看见每种草药的消化过程和记住它对这一系统的影响。有一部药典，据说由他编写，构成了后来中国药物学的伟大著作《本草纲目》的核心。每一间有名的药店都会供奉神农像，他被尊为这一行业的神。

上面提到的《本草纲目》约刊印于公元1590年。编者李时珍用了30年时间收集资料，查阅了800位前人的著作，从中选出了1518个药方，增加374个新方，并将这些资料按自己的方法分为52章，这在当时是很科学的。这部著作通常装订成八开本40卷，广为传播，并得到皇帝重视。皇帝下令由国库开支相继刊印数版本。此书无论是篇幅还是内容都大大超越前人著作，致使后来的学者在这一领域都望而却步。现在看来，李时珍好像是中国第一个用母语进行自然科学论述的学者。

民间有些离奇疗法至今仍在应用。例如：认为人乳可使衰弱老人恢复体力。女儿、孙女或其他人能为亲属老人提供乳汁被认为是一种孝心和美德。1908年在重庆我得知一离奇个案。一当地医生告知一年轻妇女，欲挽救她母亲的生命，唯一的办法就是给她吃一块人肝。于是这位女儿拿起一把大刀毅然扎入自己身体，切下一块肝脏。当时在重庆当地工作、高尚而有自我牺牲精神的德国医生阿斯米（Dr. Asmy）得知此事后，立即赶到现场，成功地挽救了这位自残妇女的生命。阿斯米将这块肝脏保存在酒精中，留作他医院的纪念品。在中国旧式的士兵中，他们坚信吃一个勇敢敌人的心脏是获得勇气的方法。

然而，这些令人恶心和荒谬的想法并非全出自《本草纲目》。虽然我们对此书中所记载的某些内容感到可笑，但别忘了，西方同一时期的医药文献中也有非常类似的内容。在欧洲直到16世纪末，不仅群众，而且有许多专业学者从纯功利主义的观点看待植物。正如坚信人类的命运决定于星座的人一样，他们抱定这样一种观念，即世上万物都是为人类而创造的，特别是每一种植物都有潜伏的力量，如果释放出来，就会给人带来好处或者伤害。人们想象他们从许多植物中看到了魔法，甚至相信他们能够根据某些叶子、花和果实与人体某部分的相似性找出超自然力量发出的征兆，表明有问题器官将如何影响人体的情况。一片特别的叶子与肝脏之间的相似就表示可用于治疗肝病，一朵心形的花必然意味着可治疗心脏病。这样就兴起了所谓的“植物外形特征学说”，由瑞士炼金术士推行高度发展，帕拉塞尔苏斯（Bombastus Paracelsus，1493—1541）在16世纪和17世纪扮演了重要角色，而且其影响今日还残存于江湖医生之中。

古希腊有一特别的协会，叫作Rhizotomoi，其成员采集、制备认为有疗效的植物根和茎叶，他们自行销售，卖给药店。今日中国的“医药行会”履行着大部分同样的工作，而其起源远早于希腊的Rhizotomoi。如果说中国今日之药物学落后于西方数个世纪，但曾有一个时期同样也是遥遥领先于西方的。马可·波罗多次提到中药的价值，例如：“在唐古特省①各处的山上大黄极多，商人都到此购买，然后运往世界各地。”

中国的所有地区都有当地的药材出产，但除人参、桂皮、樟脑、槟榔外，几乎所有较贵重的药材都出自西部有森林和灌丛覆盖的高地。著名的人参为*Aralia quinquefolius*②的根，产于朝鲜和中国东北三省，质量最佳者与黄金等值。对中国人来说，这种药是命根子，可恢复体力，强健身体，老人和年轻人均适用。这种“生命之根”是如此之珍贵，按规定最好的植株是专门保存供皇帝使用的。虽然与西方的观点相反，按照中国人的分类，这种药无疑用作滋补剂和壮阳剂。在西部森林中有“假人参”，但价值甚低。

桂皮为肉桂（Cinnamomum cassia）的树皮，产于南方广东的禄步、罗定和广西的苍梧，那里有大面积的栽培，产品销往全国各地。桂皮被用作滋补剂、兴奋剂和调味品。槟榔为一种棕榈科植物（Areca catechu）的果实，产于南方，云南有产。嚼槟榔在中国人中并不很流行，他们更

---

① 清代初期对青藏地区的称谓。

② 人参的学名是Panax ginseng，*Aralia quinquefolius*为Panax quinquefolius的异名，是西洋参。

栽培的药用大黄（Rheum officinale），正开花

多地把它当成一种药物，主要用作收敛剂和杀虫药。

樟脑在中国各地应用很普遍。最贵重者为龙脑香（*Dryobalanops camphora*），从马来西亚（婆罗洲）进口。产于台湾和福建，从樟树中提炼的樟脑价位较低，主要用于出口到世界各地。中国人认为龙脑香有滋补和壮阳效果。

英国皇家海关官员对中国药物相当重视，1889 年根据已故总监罗伯特・霍特（Robert Hort）爵士的指示发表了一名录。此名录根据各通商口岸的统计表编制，试图以此鉴定药品的原植物和了解其出产的省份。提出这样一项任务困难很大，但完成了许多优秀工作。英国驻华总领事霍西在其《四川省报告》（*Report on the Province of Ssuch'uan*）中编写了四川药物名录，准确地反映了这一方面我们所知的现状。只有采集到一份完整的有花、有果的标本，并送交欧洲或其他的大标本馆鉴定，才有可能对此巨大数量的药物给出正确的科学名称。

霍西的名录包含有 220 种药物，其中 180 种源自植物。药物的贸易极为重要，1910 年从重庆口岸海关的出口金额超过白银 154 万两，汉口超过 178 万两。

我无意给出一详细的中国药物报告，但将简要地提及数种及其用途，或许不无趣味。已知在中国使用最广的药物可能是大黄。大黄这种植物在四川—青海—西藏交界地区的高地均有分布，和马可・波罗时代一样，最佳者产自"唐古特省"。这一地区从松潘向西北方向伸展，包括现在甘肃省的一部分。大黄生长于海拔 7500 ～ 12500 英尺的灌木林和多石的水道边，也广为栽培，但野生者质量更好。最优质的大黄的原植物为鸡爪大黄[①]（*Rheum palmatum* var. *tanguticum*），也是中国西北部和毗邻的西藏地区最常见的一变种。有相当数量的次一级大黄由打箭炉外销，其原植物主要为药用大黄（R. officinale），虽然鸡爪大黄在打

① 正确的中名和中药名都是"鸡爪大黄"。

箭炉周围也有稀疏分布。其他生长于西部的大黄属种类用作掺杂品。在湖北西部药用大黄生于林下，农民亦栽培，但品质很差。称之为“唐古特”的地区气候干爽，阳光充足，加工处理此药较其他地区更为容易，这可能也会影响到大黄的质量。大黄在中国用作泻药，应用的方法也和西方一样。

最优质的甘草也产自松潘西北部的草地，产于中国其他各地者质量稍差。松潘产的原植物经鉴定为甘草（Glycyrrhiza uralensis）。甘草被认为有调和诸药的作用，作为内服药几乎每个处方都加入少量。土名为“虫草”的药物是一种毛虫被真菌（Cordyceps sinensis）的菌丝体感染后长出的子实体。这是西部高原另一种有价值的产品，分布于海拔12000 ～ 15000 英尺。毛虫的身体带黄色，真菌的子实体黑色，二者连在一起呈棒状，长约 5 英寸。虫草作为一种药物被认为有多种功效：与猪肉同煮用于解鸦片烟毒和治鸦片烟瘾；与猪肉或鸡同煮用作补品，对恢复期的病人有平和的提神作用，使他们迅速恢复健康和体力。

贝母属的（*Fritillaria roylei）① 和其近缘种的白色小鳞茎叫作“贝母”或“尖贝母”，是西部高山地区有极高价值的药物，生长于海拔12000 ～ 15000 英尺。懋功厅（Monkong Ting）和打箭炉有大量出产外销。此种鳞茎经捶打加橙皮和糖煮，成品用于治疗结核病和气喘病。在湖北有兰科的两种独蒜兰（*Pleione pogonioides* 和 *P. henryi*）的假鳞茎作同样用途，称为“川贝母”。这两种植物生长于林下湿润、有腐殖质覆盖的石上，海拔 3000 ～ 5000 英尺。

湖北西部各地和峨眉山在森林中清出一片空地种植黄连，这被视为一种可获利的投资。黄连干燥后的根茎是一有多种用途的药物，特别是用作健胃剂；汤剂被认为可治消化不良；用于哺乳期的妇女，据说有催

① 贝母是百合科植物，真正的川贝母为 Fritillaria cirrhosa。这里用兰科植物作“川贝母”，应是赝品。Fritillaria roylei 为错误鉴定。

乳功效；研成粉，用鸡蛋清调和外敷可治疮疖。我个人可证明其确有一种开胃的苦味。

数种伞形科植物肥厚的根部均有药用价值，一般多用作滋补药和清血药。最常用并常见栽培的一种为“当归”。一种桔梗科植物，当地称为“桔梗”，其根煮成的药液可治胃寒。皂荚（*Gleditsia officinalis*）的小荚果切片后与当归同煮的汤药被认为对咳嗽和着凉有一定疗效。

乌头栽培供药用，其根研粉调以蛋清外用治疮疖。瓜叶乌头（A. hemsleyanum）和其他爬藤的种类有同样的功效。同时其根经反复煎煮，用极小的剂量是治咳嗽的猛药。另一种缠绕草本植物党参（Codonopsis tangshen）在山区常见有栽培，其肥厚的根部是一全方位的滋补药。

很多树木的树皮可供药用。鉴定这些树皮没有鉴定草药那么困难。最受到重视的一种树皮为厚朴的。最优质的厚朴皮每盎司值1000枚铜钱。煎出的药液为滋补剂和壮阳剂，还可治感冒，功效全集于一身。此树干燥的花芽叫作烈朴（Yu-p’o），煎出的汤剂治妇女月经不调。

杜仲的树皮研碎煎汁，与酒和猪肉同服治肾、肝和脾脏病，被用作利尿剂和壮阳药，也是常用的滋补品。“苦楝子”[①]为苦木（Picrasma quassioides）的树皮，煎汁服，用于治疗一般的腹痛和胃痛。川黄檗（Phellodendron chinense）的树皮是一全能的药物，内服或外用可治疗几乎中国人所知道的各种病痛，同时价格便宜，是穷人的“万灵药”。

选出来的例子虽然为数不多，或许已能满足本章的要求。无疑，中国人所用的许多药品具有很好的药效，值得西方药学家重视。

---

① 此处可能属误用。

第二十五章

园林和造园

——中国人喜爱的栽培花卉

观赏园艺在中国自古有之，中国人也具有爱好花木和园林的天赋。除赤贫者外，家家户户都保存有花卉日历；中国有大量赞赏牡丹、山茶、梅、菊、莲、竹和其他花卉的诗篇。人们热切守望着知名花木开花，趁机去乡间远足，欣赏心爱的植物最早开花的景色。贫穷农民的住处会有一两株形状奇特的植物增添生气，商店和客栈主人的庭院通常因有一类或数种花卉而引以为荣。多数寺院场地非常漂亮，文人和富人的住宅都附有庭园，通常极为有趣。富裕城市如苏州、杭州和广州的周围都有公有的和私人的花园，在国内远近闻名。我所见到最精美的一处附属于皇帝的夏宫，在北京郊外数英里。中国园林在此得到最好的体现，受到所有到访者的赞赏。

中国的造园艺术在今日所谓的“日本庭园”中得到充分体现。日本人虽然发展了这一艺术，但毫无疑问它起源于中国。在所有这些庭园中，对奇形怪状的喜爱占了优势，其景观效果基本是人为的。然而按照他们自己的思想，中国人是最有技艺和最有成就的园艺家。只要有一块土地，即使面积很小，缺乏自然之美或地势不佳，他们也会耐心地把它建成袖珍的山景，有苍老的怪石、矮树、竹子、小草和水，留出一片郊野，里面有山、溪流、森林、田地、高原、湖泊、洞穴和小山谷，狭窄的小径蜿蜒于园内，设计多样的古朴小桥架在微型小溪上。所有的内容常包含在仅有数平方码的范围内，而这景色却好像有数英里。较大的庭园通常会有一水池，内种荷花，其上盖一小亭，主人和他的客人可在此休息，饮茶喝酒，聊天和欣赏各种花木。当没有男性客人时，花园就成了家中女眷们常来之处，这里是她们最喜爱的地方。

中国人不追求栽培大量不同种类的植物，虽然须根据不同的地区和气候作出选择，但庭园栽培的植物大致相同。中国庭园栽培的所有花木都具有特别的文化含义和艺术价值。一种兰科植物 Cymbidium ensifolium[①] 叫作“兰花”，被视为“王者香”，其朴实无华的外貌，优雅的花香，表现了优美之精髓。梅（*Prunus mume*）由于花美而芳香，且在百花凋谢的冬季开放，受到高度赞赏，被誉为“花之精华”。在北京周围这一名称也用于榆叶梅（*P. triloba*），为一花重瓣类型。蜡梅也同样受到喜爱。

各种竹子象征着高雅和文化品位，一年四季都美丽，是庭园中不可缺少的植物。道家有句名言“宁可食无肉，不可居无竹”[②]。菊（Chrysanthemum）和牡丹是其他花中之精品，几乎都是欣赏花色的美丽和花的形状。莲被认为是纯洁的象征，大慈大悲的观世音菩萨总是坐在一朵莲花的中心。在中国水仙（*Narcissus tazetta*[③]）被大量栽培，特别是在东部地区，是中国新年时期的鲜花。花香叶茂，预示富裕繁荣，很受喜爱。但水仙并非中国本土植物，而是原产于地中海地区，很早以前由葡萄牙商人引入中国。水仙和石榴是仅有的受中国人喜爱的两种外来植物。

---

① 中文名建兰。

② 其意出自苏轼《於潜僧绿筠轩》诗：可使食无肉，不可使居无竹。无肉令人瘦，无竹令人俗。……

③ 应是中国水仙 Narcissus tazetta var. chinensis。

金粟兰（*Chloranthus inconspicuus*）因其花幽香而受喜爱，在安徽用其花熏绿茶投入中国市场。山麦冬（Liriope spicata）取其优雅的习性，常置于书桌和台几之上，阅读学习时有助于眼睛休息。最后要提到的是“苍松”，寓意尊敬老者。除松树外，此名还用于其他数种针叶树。

作一完整的中国人喜爱的花木名录，还可列举下列种类：山茶花、南天竹、桂花、紫薇、吊钟花（Enkianthus quinqueflorus）、忍冬、多种映山红（azaleas）、蔷薇（roses）、凤仙花（balsams）、鸡冠花（cockscombs）、重瓣桃花、多种针叶树和黄杨，其中部分或全部可在知名的中国庭园中找到。栽培技术虽然对很多种类都是侧重于如何矮化和修剪成奇怪形状，但这种处理绝不影响花的质量和它们对文学、诗歌的贡献。中国瓷器上的图饰充分显示了这个国家对美丽的花木和古雅树木的爱好。

中国人在喜爱的花草树木方面没有普遍认同的表述或观点。尽管在庭园中见到他们喜爱怪异和人为的景观，中国人也强烈喜爱自然之美。这可从庙宇、神龛和富人墓地的选址中得到证实。除了地理位置通常很完美，这些神圣的场所多在大树浓荫下，通常要经过林荫大道和大树林才能到达。虽然常见有数种落叶树，但常绿树种明显更受重视。在北京附近的庙宇地界有高大壮观的圆柏（Juniperus chinensis）、榆树（Ulmus pumila）和槐树林荫大道。在中国的南部、中部和西部，马尾松、杉木、柏木、楠木及其近缘种、贵州石楠（Photinia davidsoniae）、柞木（*Xylosma racemosum*）、黄葛树（*Ficus infectoria*）和其他几个树种经常出现。这些树种中有许多在这些宗教圣地外已很稀少。

世人多不清楚宗教团体对保存许多树种曾作出的巨大贡献。例如，在欧洲，大多数桃子的优良品种源自法国和比利时与宗教有关部门的庭园中，在滑铁卢战役后被引入英国和其他国家。在中国，每一小点能利用的土地都为农业占用，如果没有佛教和道教及时的介入，大量的树木

柞木（*Xylosma racemosum* var. *pubscens*），高 55 英尺

种类必定很久以前已灭绝。银杏树的存在是这种善意保护的最好的例子。在中国南北各地和日本的部分地区，这种极其美丽的乔木总是和寺院、圣祠、宫殿及富人的庭园结合在一起，但没有一个地方真正是野生的，它是一种古老的孑遗植物。地质资料证明它是一个古老科的最后幸存者。银杏科曾在古生代二叠纪非常繁盛，其化石甚至可追溯到更原始的岩层。在中生代，银杏属是北温带木本植物区系中的重要成分。与现存种几乎完全一致的化石不仅出现于中国和北美，格陵兰岛也有发现。

虽然今日中国之庭园、苗圃和寺院没有新的观赏植物和经济植物，但回顾19世纪中叶则不同。我们过去对中国植物的认识是基于从庭园中，特别是从广州周围的庭园中获得的种类。在18世纪末和19世纪初，这些植物由商船，特别是东印度公司的商船带到欧洲。英国的各园艺组织和植物研究机构集资派遣采集人员前往调查，并将采集所得带回英国。

通过这种方法，我们的庭园首先获得了蔷薇、山茶、杜鹃、温室栽培的报春花、栀子花、牡丹、菊花、翠菊等大家熟悉的植物。例如菊花，自古以来就栽培于中国和日本，其亲本（*Chrysanthemum sinense*、C. indicum）为宜昌附近和中国其他各处常见的野花。在欧洲，早在1689年荷兰庭园就开始栽培菊花（*C. sinense*），当时已知不少于6个品种，但随后未能得到保存。当1789年通过班克斯（Joseph Banks）爵士的关系再次将此种引入时，荷兰的园艺工作者竟不知有此植物。著名的园艺家米勒（Philip Miller）于1764年在切尔西药物园栽培了野菊（C. indicum）；1751年奥斯贝克（Osbeck）在中国南部澳门附近发现有此种，然而此种野菊对我们今日栽培菊花之演化，其影响远小于*C. sinense*。

我们称之为茶玫瑰（tea roses）的香水月季和中国月季花的原始种在中国已有很长的栽培历史，至今在中国的中部和西部仍有野生。1789

年经过班克斯爵士的努力将此二种引入英国。我们温室栽培的一种报春花（Primula sinensis）约于 1820 年由里夫斯（John Reeves）从广州引种，栽培于帕尔默（Thomas Palmer）先生的花园中。有一近缘种巴蜀报春（*P. calciphila*）产于湖北，在宜昌峡及其侧面的沟谷中很多，生长于干燥的石灰岩悬崖上。这一野生种为真正的多年生植物，花只有淡紫红一色。另一种适合温室栽培的报春花（P. obconica）也产于这一地区，生长于湿润的壤土中。

我们庭园中的映山红和其他 20 余种受人喜爱的植物最初都是通过各种途径从中国庭园引种的。诚然，我们使这些种类得到进一步的改进，几乎改变了它们原来的面貌，以至于现在中国要从我们这儿得到新的变型和变种。然而，如果没有这些原始材料，我们今日之庭园和温室花卉会是何等的贫乏。以往，甚至是一个世纪以前，地球上那块我们认为是中国的部分被泛指为“东印度群岛”（Indies），而这一地理名称的错误被永久固定为“印度”（Indica）这一特定名称，植物学家又把这一名称附加到一些植物上。19 世纪中叶，许多观赏植物引种自日本，植物学家便误以为它们原产于该国，因而以“*japonica*”作种名。后来的研究完全证实许多原来认为是日本的植物在日本仅为栽培，其原产地在中国。可见，地理学家和植物学家也无意中影响了中国称为“花的王国”的权利。

第二十六章

农业

——主要的粮食作物

把中国人称为“商人国”之国民可能很合适，然而，尽管他们精于商业，农业仍是国家的脊梁。由于需供养的人口量巨大，每英寸可获得的土地都已耕种，并付出了极大的努力，以求从土地中得到最大的回报。尽管如此，数以百万的人总是处于饿死的边缘，几乎每一年不是遭遇旱灾就是水灾，给国家的部分地区造成饥荒。

地产尽可能由氏族或家族所持有，不限定继承人也不会经常有大的扩展。普天之下莫非王土，所有土地直接由皇权控制，老百姓没有自由保有权。租用土地的一般条件是交年租，转让费包含个人为政府服役的钱。土地持有者到管辖区登记自己的名字，取得原始契约（叫作“红契”），有了红契，只要交地税，就可使用此土地。地税数额根据土地是否肥沃、地段和土地的性质不同而差异很大，但都不会太重或太苛刻。当然，好的水稻田税额最高。父亲的地产及其名下的财物传给长子，但其他儿子及其家庭仍可保留其应有的份额，并可转给自己的儿子，或组成一和谐的大家庭。女儿和从外姓收养来的孩子都没有继承权。土地典押中接受典押的一方有土地的支配权，同时要承担协定签订后的赋税。

对新近形成的冲积地的围垦，未经当局认可不得进行，但获得当局认可所需的手续并不复杂。新开垦的荒山瘠地，在评定税额前会给予充分时间回收开垦所费成本。

由于中国人口的粮食供应一直靠自己自足，自古以来农业在所有的行业中一直处于首位。据传说，神农帝建立了农业学科，他研究了不同类型的土壤，知道每种土壤应种何种植物。他教人们如何制犁，指导他们使用最好的耕作方法，立即起到了改进人们生活条件的效果，后世给他以最崇高的敬意，在“五谷大帝”的尊称下被奉为神，在全国各地受到顶礼膜拜。在北京一大公园内有一供奉他的神坛。以前每年春分这一天，皇帝在各部官员的协助下要举行一纪念仪式，在公园内犁一小块地。

中国民众在很大程度上是素食者，除节日外，肉食很少。猪、鸡、鸭和鱼为受喜爱的肉类食物，但对大多数人而言是奢侈品，只在极少数的情况下才能享受。大米对于他们就像小麦对于我们一样，只会更为重要。一般中国人只要能得到大米就高兴，但如果我们只能得到面包就高兴不起来。重要性次于大米的作物为小麦、玉米、豆类和白菜。中国人烹饪大多数的蔬菜都用油煎炒，所以几乎离不开植物油。用得最多的植物油是从油菜（Brassica）、大豆（*Glycine hispida*）和芝麻的种子中榨取。

虽然中国人种植各种各样的蔬菜，但以我们的标准衡量，质量都极为低下。除了玉米和红薯外，可以说没有一种中国蔬菜能值得美国注意。在这一章里我试图就此内容将我 11 年来旅居中国的观察作一详细报道。这些观察主要基于云南、湖北和四川三省，估计总面积约为 372500 平方英里，大于沿大西洋海岸从缅因州到佐治亚州之间的各州或得克萨斯州、阿肯色州和密西西比州的面积。中国的其他地区有各自特有的蔬菜种类。再者，已对外开放的商埠，有外国人定居，已引种栽培了我们自己的蔬菜，供自己食用。这些种类除极个别外，在我涉足的省份还没有。

在中国，地块是如此之小，以至用果菜园而不是农场来形容它的农业更为恰当。人们从长期的经验中得知如何在不耗尽地力的情况下获得最大的回报。确实，中国农业不寻常之处是虽然经过了长久的种植，土壤没有丝毫退化的迹象。中国农民不知有化肥，同时一般的农家肥很少，几乎是个可忽视的因素。不断地翻耕，尽量施以人粪尿作为肥料，是作物丰收的保证。城市和村庄的人粪尿用木桶长距离运往田间。世界上没有任何其他地方对人体的排泄物如此重视，如此尽力收集。在选种、育种和先进的农业技术方面，中国人都有很多知识需要学习。在条件允许的情况下，他们懂得实行轮作和种植豆科作物来恢复地力。

水稻（Oryza sativa）当然是最受喜爱的谷物，但它是一种热带植物，有水才能生长，种植面积在中国受到一定限制，可能有三分之一的中国人除了在节日外吃不到大米。在中国南部，水稻一年两熟，但大部分地区一年只能种一季，生长于 5—9 月。

在水稻的种植中，中国人的耐心、才智和无比的勤劳得到充分的体现。因为要保证水的流动，无论是在看似平地处或是在陡峭的山坡上，四面八方映入旅行者眼帘的都是梯田。当你想到中国全部种植水稻的梯田，其开发的技巧和进行此项任务中所付出的时间和艰巨的劳动，简直是一个奇迹。在灌溉方面，中国人曾是能手。他们现在还不能把水送上山顶，但他们通过各种办法，用体力把水从溪、沟长距离输送到任何需要的地方。用于灌溉的器具多到难以枚举，虽然原理很简单、效果非常好，但是难以详细描述。有些用手操作，有些用脚操作，还有许多是利用水力自动灌溉的。下图所示框架状的筒车是中国中部和西部常见的一种灌溉器具。

种植水稻有很多烦琐的细节，外行人可能难以理解在中国为何全部

筒车

农民插秧

兴山县附近的梯田

用手工栽种。稻谷密集地播在苗床上，当秧苗高 5 英寸或 6 英寸时成小丛等距离移植到已准备好的水田中。男人女人齐上阵，以惊人的速度完成插秧。秧苗在烂泥中固定，立即成活。水田要除草，保持有水直至稻谷成熟，最后把水放干。水稻用手工收割，原地在一个大木桶内击打脱粒，然后晒干储藏。中国栽培有三个明显不同的水稻品种。即普通稻、红米稻和糯稻。前两种仅供食用，红米稻最耐寒，种在海拔较高处，但绝不限于那些地方。红米稻（Oryza sativa var. praecox）因其小花梗带红色、稻谷碾出后米粒上也附着有红色而得名。糯稻（O. sativa var. glutinosa）作为粮食不能取代前两种，只是用来换换口味。糯米可酿造低度的酒，可熬糖和制糕饼和甜点。糯稻较其他品种晚熟，市场价格通常也更高。云南有一品种可在无水处生长，这种旱稻（O. sativa var. montana）产量低，米的品质也不好。

虽然中国人主要以稻米为主食，但要知道有数以百万计的中国人，除在极少的情况下还吃不到大米。这些人以麦子、玉米和荞麦为主食。在中国的水稻种植区，普通小麦（*Triticum sativum*）为冬季作物，在地里的时间为10月至翌年5月初。在山区和较寒冷的省份，小麦则为最重要的夏季作物。我注意到不少于5个明显不同的品种，包括“红”麦和“白”麦，有芒和无芒的都有。到了8月下旬，四川西部的山坡和谷地是数英里接数英里起伏的麦浪，呈现一幅壮丽的画面。在这一地区，海拔8000～10500英尺为小麦种植带。小麦的播种方式是用手条播，每穴种子数粒，间距数英寸。在长江流域，如果小麦过于晚熟，会被犁掉以便种植水稻。在中国中部平原地区，麦子收割后即脱粒。邻近西藏地区则扎成捆，麦穗向下，堆在跳拦状的架子（Kaikos）上，待天气好时再脱粒（这也适用于大麦、燕麦和其他作物）。将麦子磨成粉，可做成饼或面条。中国的面粉通常有沙粒而且颜色不好。

大麦在整个长江流域有少量种植，在西藏边界山区有大量栽培。在中国其他地区，大麦多不用作粮食，主要用于酿酒和作猪和其他家畜的饲料。相反，西藏人非常重视大麦，将麦子炒熟后磨成粉，用茶和酥油调和即成“糌粑”，为他们的主食。由于大麦更耐寒，可栽培到更高的海拔处，我所见到的最高栽培地点海拔为12000英尺。汉人和藏人都栽培有数个品种，但以大麦六棱品种（*Hordeum hexastichon*）最受欢迎。在松潘周围，上述大麦的一个品种的内稃为紫色，被认为更耐寒而被大量种植。这个品种显然为这地区所特有，与喜马拉雅部分地区种植的两棱褐色品种（*H. coeleste*）[①] 明显不同。普通的大麦（H. vulgare）在内地和西藏栽培的数量较前数品种均少。在湖北和四川西部河谷，我偶尔见

① 即青稞。

到小片种植的六棱大麦的一个变种（*H. hexastichon* var. *trifurcatum*）[①]，中国人称之为“米麦”。

野黑麦（*Secale fragile*）在山区有少量栽培，谷粒供食用。

在我所经过的中国各地，汉人栽培燕麦不多，但在高原上，藏族和其他部族地区有一定数量的栽培。汉人喜欢莜麦（*Avena nuda*），他们称之为“燕麦”。藏民和少数民族偏爱野燕麦（A. fatua）。二者的谷粒均炒熟压成燕麦片或整粒煮食。

位于水稻和小麦之后，最重要的谷物是玉米或称为“苞谷”（Zea mays）。这种植物原产于美洲，但在中国已有很长的栽培历史，何时引入已无法得知。在水稻种植带，玉米只种在不适合水稻生长的土地上。在大山区玉米成为主要粮食作物，通常种在陡峭的峡谷和山坡上，在这样的地方如何下种和收获令人感到惊奇。野猪会破坏玉米地，当玉米吐穗时，农民夜间会大声鸣锣驱赶。在开阔地会搭一窝棚，白天，家中的青少年和妇女前往看守，防人盗窃。

玉米在长江流域多为夏季作物，一年常可收获两季，在山区可栽培到海拔 8000 英尺处，在环境特别适合处还可更高些。嫩玉米是一种美味的素食，然而中国人多不采用这种吃法。当玉米成熟，将玉米棒子的苞叶翻转过来，露出玉米粒，然后绑成捆，悬挂在屋檐下，任其干燥。玉米粒磨粉做饼吃，也用于酿酒。玉米的茎秆有时用于制糖业，但主要用作燃料。

中国人称 *Sorghum vulgare* 为高粱或黍子，大多用于酿酒，在中国中部和西部普遍栽培，但在北方栽培更多，特别是在东北三省。在岷江和涪河的冲积平原上，我看到了最大面积的高粱地，其分布的海拔高度大约与玉米相同，而且同样为夏季作物。有两个不同的品种，一种穗子红色，另一种为白色。高粱米偶尔用作粮食，特别是在山区，但 90% 用

---

① 即藏青稞。

于酿酒。

栽培的其他粟类作物有糁子[①]（Panicum miliaceum）、秀谷[②]（Setaria italica）和湖南稗子（*Panicum crus-galli* var. *frumentaceum*），但数量都不多；谷粒用于做饼和做养鸟的饲料。薏米（*Coix lacryma*）在中国中部和西部都有小量栽培，虽然偶有用来煮粥，但主要作药用，被认为有滋补、利尿作用，也用于治疗肺结核和水肿。

荞麦普通栽培有两种，中文名分别为甜荞麦[③]（Fagopyrum esculentum）和苦荞麦（F. tataricum），是十分重要的作物，特别是在高原地区，气候条件适合时，一年可两熟。甜荞麦多种在山坡梯田上，开花时一片粉红，美丽至极。苦荞麦比甜荞麦高一倍，花浅绿偏白色。荞麦海拔分布的上限与大麦相同或稍高一些。种子经脱粒后加水磨粉，外皮经细筛除去，然后加入少量盐和石灰使之成团，食用时将粉团制成面条。在中国的山区和偏远少数民族地区，荞麦是极为重要的粮食。荞麦是一种适应性非常强的作物，在最贫瘠的土壤中亦生长良好，除了播种和收获外不需要太多照管，而且生长期短，很快成熟。

由于中国人在很大程度上以素食为主，豆类的许多成员必然成为主要的作物。豌豆（Pisum sativum）、蚕豆及大豆为最重要者。前两种在河谷地区为冬季作物，在高原地区为夏季作物。豌豆和蚕豆既可鲜食亦可晒干后吃，也可磨粉制成粉条。豌豆的嫩梢可作蔬菜吃。黄豆的价值高于豌豆和蚕豆，全国各地到处都有栽培，成畦成片种，或种于田塍（chéng）、地边，或作为玉米和高粱的下层作物。中国人按种子的颜色（黄、绿、黑）将其分为3种，成熟期亦不同，黑色种较其他2种晚熟1个月。黄豆可煮熟做菜吃，或磨粉制成粉条，用盐腌制可成美味酱菜，也大量用于加工酱油和醋。籽粒小而黄色的品种被大量用于加工豆腐。

① 中文名：稷。

② 中文名：粱或小米。

③ 即荞麦。

在中国中部和西部，黄豆完全用作食物，而在东北三省几乎专门为了榨油。榨油后剩下的豆粕（pò）可用作肥料，中国各地有大量需求。在东北的一个叫牛庄[①]（Newchwang）的港口有大规模的输出贸易。近年黄豆大量出口欧洲，豆油用于制肥皂和烹调。

有两种菜豆，即绿豆（**Phaseolus mungo*）和赤豆[②]（**P. mungo* var. *radiatus*），为夏季作物。绿豆发豆芽最好，将豆子置入容器中，加水没过顶，在此种条件下很快发芽，当芽长 2 英寸左右时是最受欢迎的蔬菜。红豆有 2 个或 3 个变种；种子用作菜肴或捣成泥用作糕点和甜品的馅。

兵豆（*Ervum lens*），土名“金麦碗”，通常与豌豆、蚕豆一起同为冬季作物，但种植不多，种子煮食，偶有榨油作照明用。其他豆类有扁豆（*Dolichos lablab*）、直生刀豆（Canavalia ensiformis）、菜豆（Phaseolus vulgaris）、短豇豆（*Vigna catiang*）和木豆（*Cajanus indicus*），均普遍栽培。前 4 种的种子虽然供食用，但更多是将荚果作蔬菜，切片炒食。芸豆的荚果圆柱形，长 1.5 ～ 2 英尺，粗若铅笔，虽然中国人爱吃，我觉得只不过是一种淡而无味的蔬菜。野花生（Melilotus macrorhiza[③]）在长江流域有零星栽培，为一冬季作物，其嫩梢有时用作蔬菜，种子供药用，可治感冒。

中国有自己特有的甘蓝类品种，全都与英国栽培的不同。最受青睐的是“白菜”或山东大白菜，正如外国人所说，它更像一巨型的莴苣而不是甘蓝。此品种中国各处都有栽培，但以较寒冷地区栽培者品质最佳，在长江流域作冬季作物种植最好。另一突出的品种是“金苔菜”，据说为四川特有。其他栽培的还有大约 6 个品种。甘蓝类蔬菜鲜食或盐

① 辽宁省营口附近。

② 红豆的正确学名是 Vigna angularis，绿豆的正确学名是 V. radiata。

③ 据《中国植物志》，草木犀属（Melilotus）在我国野生和栽培的共 4 种，但无 Melilotus macroriha 此种，在长江流域有栽培的应是草木犀（Melilotus officinalis）。

腌后晒干作咸菜。以美国人的标准，因风味差，没有一种有引种栽培价值。罗马天主教传教士将欧洲普通的甘蓝引入中国，虽已广为栽培，但中国人还是更喜欢自己的品种。只要认为中国的甘蓝品种都源自芸薹（Brassica campestris），就可很自然地将它们统统归在青菜（B. chinensis）之下。作为冬季作物，绿色羽衣甘蓝①（Kan-kan-ts'ai）和深红的菜苔②（Ts'ai-tai）在长江流域各地均有栽培。芥菜（Brassica juncea）和芸薹（*B. campestris* var. *oleifera*）的嫩梢也和羽衣甘蓝一样供食用。

中国人栽培多种瓜类作食物。整个葫芦科统称为“瓜”，有些生食，有些煮熟食用。农村人也食其雄花。西瓜的种子被视为精美食品，瓜子经炒熟，消费量极大。没有宴会能缺少瓜子。在茶楼、餐馆聊天，无论是学者还是劳工都喜欢享用这一美味的零食。糖瓜子是一受人喜爱的甜食。作为夏季作物，下列种类广泛栽培于长江流域各地：西瓜（*Cucurbita citrullus*）、西葫芦（C. pepo）、胡瓜③（C. moschata）、南瓜④（C. maxima）、田野南瓜（*C. ovifera*）、甜瓜（Cucumis melo）、黄瓜（C. sativus）、冬瓜（*Benincasa cerifera*）、瓠子（*Lagenaria vulgaris* var. *clavata*）、菜瓜（*L. leucantha* var. *longis*⑤）。苦瓜（Momordica charantia）嫩时食用，老后供药用。丝瓜（*Luffa cylindrica*）嫩时食用，老时取其纤维作药。葫芦（*Lagenaria vulgaris*）取其瓠果老后坚硬的外壳作为容器盛水、油或酒。除上述种类外，还有数种瓜类的栽培是为了观赏其果实。

在整个长江流域和云南的山谷、平地和低山丘陵，红薯（Ipomoea

---

① 羽衣甘蓝的学名是 Brassica deracea var. acephala f. tricolor。

② 应是紫菜苔（Brassica campestris var. purpuraria）。

③ 即南瓜。

④ 即笋瓜。

⑤ 植物志中未见有此学名的记录，应该也是葫芦瓜的一个品种。

batatas[①]）是重要的根茎类作物，通常种植在垄脊上，用块茎或插条繁殖。块茎5月下地，7—8月初剪其长出的嫩梢作插条扩大繁殖，10—11月可取得好收成，而老块茎长成的植株8月即可收获。红薯可煮食、烤食和切丝晒干，是美味的食物。由于不耐储藏，红薯多切成片，用开水烫熟，然后晒干；也可加水磨成粉，再加工成粉条。红薯在湖北也被称为“红苕（sháo）”，而在四川则被称为“白苕”。

在山区，红薯被马铃薯（Solanum tuberosum，也叫洋芋）取代。犹如玉米，马铃薯是另一种起源于美洲而在此成为重要主食之一的作物。约在60余年前的一次大饥荒中马铃薯由罗马天主教传教士引入，传播推广很快。虽然以稻米为主食的平原人不重视，但马铃薯已成为高原地区农民的主要食物。这里的人们还不太懂得栽培方法，大都种得太密，也没有适当培土。红、白两个品种都有，但风味通常很差。峨眉山僧人种植的马铃薯值得赞美，但在中国我吃到的马铃薯以松潘附近的西番人种植的为最好。

普遍栽培的薯蓣（yù）有两种，即根茎大而扁平、有分枝的“脚板苕”（Dioscorea alata）和“排苕”[②]（*D. batatas*），二者均煮熟食用。在宜昌周围一种钝叶薯蓣，当地叫盾叶薯蓣（D. zingiberensis），亦可食，但其根茎有苦味，主要作药用。中国薯蓣的味道与马铃薯不同，栽培不是太多。在成都周围普遍栽培“地瓜”[③]（*Pachyrhizus angulatus*），其白色、鲜嫩、萝卜状的块茎可生吃或煮熟吃。

长形或圆形的白萝卜到处都有栽培，但风味不佳。还有被称为红色萝卜者，那是真正的萝卜（Raphanus sativus）。此三种在新鲜时煮熟食用，或切成丝后晒干保存。“大头菜”（*Brassica napus* var. *esculenta*[④]）

---

① 也叫番薯。

② 脚板苕、排苕均为俗名，正确中文名分别为参薯和薯蓣。

③ 中文名：豆薯。

④ 正确的名称是：芥菜疙瘩（Brassica juncea var. napiformis）。

的栽培很普遍，我在成都平原见到栽培的最多。大头菜可整株腌制后做下饭菜。四川人还种植最优质的球茎甘蓝（*Brassica oleracea* var. *caulorapa*[①]）。

有两种天南星科植物，芋头[②]（*Colocasia antiquorum）及其变种（*C. antiquorum* var. *fontanesii*）广为栽培，其块茎有多种方法煮食，都种在水浸地的垄脊上。其紫色叶柄切片腌制后可食。这两种植物的块茎的风味类似菊芋[③]（Jerusalem artichoke），但比菊芋更差些。慈姑（*Sagittaria sagittifolia*[④]）在四川、云南有栽培，其块茎像芋头一样煮熟食用。荸荠（*Scirpus tuberosus*）和欧菱是两种常见的水生植物，被视为美味。

莲的栽培取其种子和根茎，均用作食物，但价格昂贵，为富人享用的奢侈品。莲的根茎的纤维[⑤]可供药用。生姜（Zingiber officinale）广为栽培，可搭配多种食物烹调。用糖腌制的生姜从广东大量销往全国各地。花魔芋在长江流域各地有零星栽培，在峨眉山和四川西北部栽培较多，其块茎加水磨粉制成豆腐状食品。卷丹的鳞茎极受重视，栽培、野生者均有，此种百合的白色鳞茎在中国贵于英国。只要烹调适当，这些鳞茎吃起来味道很不错，有点像欧防风（parsnip[⑥]）。

葱蒜类的大蒜（Allium sativum）和普通的洋葱（Allium cepa）有大量栽培。大蒜极受重视。洋葱作“春葱”吃，人们似乎完全不知其下有大鳞茎。*A. fistulosum[⑦]是中国的韭菜，广为栽培，其叶扁平，用土覆盖以保持其植株黄白色。黄白色的叶子称为“韭黄”，被视为美

---

① 中文名：擘蓝。

② Colocasia antiquorum 为野芋，有毒不可食；芋的正确学名是 C. esculenta。

③ 学名：Helianthus tuberosus。

④ 此应为欧洲慈姑，而慈姑的正确学名是 Sagittaria trifolia var. leucopetala。

⑤ 这里指的应是藕节。

⑥ 学名：Pastinaca sativa。

⑦ 原著有误，Allium fistulosum 是葱；韭菜的学名是 Allium tuberosum。

食。在山区常见有野韭菜（*A. odorum*）、藠头（A. chinense）和其他种类，多为农民采摘食用。四川，特别是冲积地带，出产优质的胡萝卜（Daucus carota），栽培量大，人们爱吃。欧洲防风（*Peucedanum sativum*）[①] 有栽培，但其根极少粗过铅笔，人们一般将其整株煮食。

在中国中部和西部虽栽培有多种油料植物，但 75% 的日常用油来自两种十字花科植物。经过仔细调查，我认为这两种植物是油白菜（*Brassica juncea* var. *oleifera*）和芸薹，中国人称前者为“大油菜”，称后者为“小油菜”。住在中国的外国人则统称这两种为油菜，但在我游历中国期间从未见过真正的油菜（rape[②]）。每到冬季，整个长江流域大面积种植这两种植物。小油菜较早熟，大油菜的栽培更广泛。油菜 2—3 月开花，4 月收获。种子经破碎、蒸熟，然后榨油。在四川，菜籽油用于照明也用于烹调，还有很大一部分用于制造中国的蜡烛。

种子被用来榨油的作物还有落花生（Arachis hypogaea）、罂粟（Papaver somniferum）、向日葵（Helianthus annuus）、棉花（Gossypium herbaceum）、大豆和除上述油菜类以外的十字花科的一些种类，在高原地区还有亚麻（Linum usitatissimum），土名“山芝麻”。这些油均用于烹调和照明或冒充价值更高的菜油。然而花生油是例外，人们使用得不多。在湖北和四川，芝麻作为夏季作物有少量栽培，而在云南栽培更为普遍。芝麻油非常珍贵，称为“香油”，市场价格更高，可生食（拌煮熟的蔬菜）。用紫苏（*Perilla ocymoides*）种子榨出的油称为“苏麻”，与芝麻油作用相似，用于凉拌菜。但紫苏栽培非常少。

---

① 原文为：The Parsnip（Peucedanum sativum),"Uen-shui" …… 前面的英文名和拉丁学名都是“欧洲防风”，而后面的拼音则明显是我国常见栽培的“芫荽”。“欧洲防风”在我国没有栽培，芫荽的正确学名是 Coriandrum sativum。

② 指的是欧洲油菜 Brassica napus。

冬瓜（*Benincasa cerifera*）

有很多各种各样的植物用作食物，有些为野生，大多数为栽培，其中很多对美国人来说是新奇的。茄子（Solanum melongena）的果实漂亮但无味，在中国广泛栽培作蔬菜。根据其颜色、形状和成熟期的不同，中国人将其分为至少 5 个品种，有些真大，常重达 2.5 磅，长达 1 英尺，6—10 月市上有出售。西红柿（*S. lycopersicum*）由外国人引入，在云南常见有逸为半野生状态者。据我所见，中国人自己不吃此物。

一种小果的辣椒——小米椒（*Capsicum frutescens*）[①] 又称为“崖椒”，广为栽培，特别是在大渡河和岷江的干热河谷生长特好，是那里销往中国其他地方的产品。长形和圆形（心形）的辣椒（C. annuum）在平原地区，特别是成都平原都有种植。各种辣椒成为中国人最重要的调味品。辣椒青绿时将其炒熟与米饭、白菜同食，成熟后在臼中捣碎加

① 辣椒的一个品种。学名已归并入辣椒（C. annuum）中。

水而成酱汁，烤熟研粉用作调味料。成熟的辣椒也用油炸，使其辣味进入油中，这种油可无限期保存。真正的中国椒是“花椒”（*Zanthoxylum bungei*）果实研成的粉末。花椒为一有刺灌木，各地均有少量栽培，我只在岷江河谷见到有大量栽培，并出产外销。

如前文所述，竹笋可鲜食、晒干或腌制。煮熟作菜肴或加入凉拌菜中非常好吃，但有些作者将其比作芦笋却不可思议。在中国较温暖地区多为印度簕竹和龙头竹的竹笋①，并销往国内其他地区，在各大城市通常都可买到干笋。在山区也采食其他竹种的嫩笋。在西部最常见的一种是美丽的华西箭竹。

芹菜②（Apium graveolens）和莴苣（*Lactuca scariola*）栽培普遍。芹菜从不白化，莴笋主要食用其茎而非叶。下列植物的叶和嫩茎亦作蔬菜食用：香椿、黄连木（Pistacia chinensis）、南茼蒿（*Chrysanthemum segetum*）、毛冬苋菜③（*Malva parviflora）、冬苋菜④（M. verticillata）、灰甜苋⑤（Chenopodium album）、野苋菜⑥（*Acroglochin chenopodioides*）、蕹（wèng）菜（Ipomoea aquatica）⑦、清明菜⑧（Anaphalis contorta）、芫荽（Coriandrum sativum）、苦菜⑨（Taraxacum officinale）、甜菜（Beta vulgaris）、莴笋菜⑩（*Lactuca denticulata*）、菠菜（Spinacia oleracea）、黄鹌菜（*Crepis japonica*）、染绛子⑪（*Basella rubra*）、青葙（Celosia

---

① 原著有误，我国南方食用的竹笋并非出自这两种竹子。

② 中文名：旱芹。

③ 正确名称为中华野葵。

④ 野葵。

⑤ 即藜。

⑥ 即千针苋，原著误将属名 Acroglochin 写成 Triglochin。

⑦ 也叫空心菜。

⑧ 即旋叶香青。

⑨ 即药用蒲公英。

⑩ 即黄瓜假还阳参。

⑪ 即落葵。

argentea)、老鸭谷(*Amaranthus paniculatus*)。

茭笋(Zizania latifolia)栽培普遍，其肉质茎和嫩花序作蔬菜煮食，以欧洲人的观点确实好吃。从蕨(*Pteridium aquilinum*)的根茎可取得“蕨粉”，状如葛粉，山区农民也食用这种蕨的嫩叶。从葛的木质根部提取葛粉，但除非在饥荒时，需求量很少。翻白草(Potentilla discolor)和多裂委陵菜(P. multifida)含淀粉的根部偶尔也用作食物。

通江百合、北黄花菜(*Hemerocallis flava*)的花供食用；锦鸡儿(*Caragana chamlagu*)的豆荚状的黄色花亦可食。车前草带胶质的种子是夏日制“凉粉”的原料。中国人特喜欢数种真菌，可分辨很多可食用的种类，其中受喜爱的是毛木耳(*Hirneola polytricha*)、鸡油菌(Cantharellus cibarius)、口蘑(Tricholoma gambosa)、松乳菇(Lactarius deliciosus)和普通的蘑菇(Agaricus campestris)。紫菜被成批量从日本进口，大城市和乡村商店均有出售。中国人用紫菜(Porphyra vulgaris)制备一种富有营养的果冻。

研究过我们常见园林植物历史的人都知道，追溯已经长期栽培植物的原始类型，并给予正确的科学名称确实非常困难。在以上章节中错漏之处在所难免，但我已尽自己所能，力求尽量准确。

第二十七章

野生和栽培的重要经济树种及其产品

在中国，以植物为原料的粗产品，特别是油脂、含皂苷的果实和种子、生漆、单宁、染料、纤维和造纸原料异常丰富。其中有些产品出口国外的需求不断增加，将来无疑会发展成大产业。本章及第二十八章将对中国中部和西部较重要的物产作一报道。这些原材料大部分出产于这一地区，从汉口（Hankow）出口。汉口是长江流域最大的商贸集散地。

中国最重要的产品之一为桐油，产自油桐属（*Aleurites*）的两个种的种子，油桐属为大戟科中之一小属。此两种均为低矮的乔木，在大多数情况下地理分布不同，但据记录在福建省两种生长在一起。在南方，桐油产自木油桐（*A. montana*），其花开于叶已展开的当年生枝上，果实呈卵形，先端尖，外面有棱脊。此种中文名为木油树（wood oil tree）。在中部和西部地区，产油者为油桐（*A. fordii*），中文名为桐油树（T'ong oil tree）。此种花开于头一年枝条上叶尚未展开时，其果扁圆，与苹果的外形相似，先端微尖，外表光滑。此两种树木多为植物学家所混淆，有必要强调二者之间之不同特点。油桐树为二者中更耐寒的一种，分布也更广，国内使用和出口的桐油 90% 出自这一种。因桐油可用作亚麻仁油的代用品，近 20 年来受到欧洲各国和美国的重视，出口到这些国家的数量大幅度增加。化学家研究了这两种树的果实的成份，未发现有重大差别。

木油桐在梧州及其周边地区很普遍，主要在这一带使用并出口香港。交易量不大，据估计 1910 年为 52106 担①。

油桐从宜昌到重庆的整段长江河谷都很多，在峡区及其邻近的低山至海拔 2500 英尺处生长特别繁茂。油桐树基本上是一种山地植物，喜生长于多石、土壤贫瘠、年降水量不小于 29 英寸的地方，还可忍受干旱和轻度霜冻；为速生树种，平均树高很少超过 25 英尺，多分枝，树冠顶端平展，直径 15 ～ 30 英尺或过之；花和叶都有很高的观赏价值；花极多，4 月开放，白色，有粉红色和黄色斑块，特别是近花瓣基部；果实绿色，与苹果的形状相似，9 月成熟，深藏于亮绿色、心形的大叶中；每果含种子 3 ～ 4 粒，种子有如带壳的鲍鱼果（Brasil-nut②），但小很多。

油桐果干枯后自然分裂成 3 瓣，但一般都在此以前采摘。将果实收集成堆，盖上稻草或茅草，任其发酵，除去薄层的果肉，种子可轻易取出。榨油的过程很简单，先将种子置于一环形研槽内，用马或牛拉动重大的石轮将桐籽研碎，接着在一浅锅内烘烤，再置于用树枝编成底部的大木桶中蒸透，然后将蒸透的桐籽粉置于一铁环内，外面裹上稻草，制成直径约 18 英寸的圆饼，竖立排放于油榨装置的槽内，排满后不断加楔撞击压榨，榨出的油棕色、味浓，流入下面的木桶中。得到的桐油用木桶加竹篓包装，等待外销。种仁的出油率约为 40%，油粕用作农田肥料。

桐油是全中国主要的油漆涂料，用于一切木器。同为干性油，桐油优于亚麻仁油。中国人对他们的船舶不是上漆，而是上油。航行于长江和其他河流上的无数船只，以及船上的防水设备都是用这种油作

① 1 担（picul）约等于 133.3 磅。

② 学名：Bertholletia excelsa。

涂料的。榨出的生桐油煮 1 小时成糖浆状，或称为坯油（P'ei-yu），用于漆涂船只和家具；加入某些矿物质（陀僧[①]，T'u-tsu 或 T'o-shen）煮 2 小时即为“光油”，当施用于丝绸可使其有防水功能。桐油也用于照明，还是制三合土的成分之一，它与石灰和竹刨花混合用于塞船缝。此外还有十多种传统的用途。桐油也掺入中国生漆中使用。燃烧桐油或油桐果壳得到的烟灰是制墨的重要原料。桐油的贸易量非常大。1900 年从汉口出口量为 330238 担，价值白银 2559344 两，至 1910 年上升到 756958 担，价值白银 6449421 两。

由于西方制造商对桐油的价值刚开始有所认识，因此我将其重要性作了较详细的叙述。美国农业部已在其试验站引种油桐树，并准备在美国的一些地方发展油桐产业。不仅美国，其他国家也值得认真注意。例如在南非、澳大利亚、阿尔及利亚、摩洛哥等国家，这种树都可能生长，但最好是在英属殖民地和法属保护国的各种农业部门进行栽培试验。从发展殖民地产业的观点考虑，在所有中国的经济植物产品中，油桐是最值得重视的。

中国另一出产有商业价值“植物油脂”的大戟科植物是乌桕（jiù），它生长于中国所有温暖地区，而且其叶秋季变红，非常美丽。此树有数种地方名。在南方称为“桕子树”，在中部称为“木子树”，在西部称为“川子树”。乌桕是一种寿命长的树种，成年树高 40 ～ 50 英尺，干围 5 ～ 6 英尺。在湖北这一产业受到重视。为了便于采种，大枝条被截顶砍下。果有 3 室，扁卵圆形，直径约 15 毫米，成熟时暗棕色，外观木质。采种时用手摘或用竹竿敲打。收集到的果实放在阳光下晾晒后裂开，种子脱出，每果有 3 粒椭圆形的种子，外面包有一层白色物质。这层白色物质为油脂。将种子放在竹筛上，让蒸汽经竹筛从下往上通过，并不断搓动，竹筛网孔的大小以黑色的种子不漏下为准。收集溶解的油

① 陀僧又叫密陀僧，主要含氧化铅，入油起促进干燥作用。

油桐树（*Aleurites fordii*），近景为罂粟

脂倒入模具使成饼状，商品名为皮油（Pi-yu）。除去表层油脂的种子研碎成粉后榨油，榨油的过程与榨桐籽油相同。从乌桕种子中榨出的油商品名为青油（Ting-yu）。但时常不将油和脂二者分开，种子连同外面的白色油脂一起被粉碎，蒸后压榨，所得混合产物称为毛油（Mou-yu），出油率约为种子重的 30%。在中国这种油主要用于制蜡烛。纯皮油的熔点比青油和混合的毛油高。中国所有的蜡烛外表都加了一层白蜡虫产的白蜡，但用皮油所制者只需加极薄的白蜡即可（约 1∶160）。乌桕树三种油脂产品都批量出口欧洲，用于制造肥皂，是某些特殊类型产品的主要成分。中国的植物油脂是不断增长的重要贸易项目。1910 年从汉口出口约 178204 担，价值白银 1878418 两。

任何人都会知道一些中国和日本的漆器。但由于制作这些器皿的漆具有毒性，又因为西方人缺乏正确的使用知识，漆器尚未能在西方国家找到市场。中国漆由从漆树树干采割的生漆制备而成。这种树高 25 ～ 60 英尺；羽状复叶长 1 ～ 2.5 英尺，非常美丽；花小，带绿色，组成大型的圆锥花序；种子富含油脂。中国中部各地山林中有野生，同时也多栽培于旱地边。湖北西部和四川东部山区特别多，但这一地区以西则少很多。其分布的海拔为 3000 ～ 7500 英尺，最适海拔为 4000 ～ 5000 英尺。此树种像漆器工艺一样很早就从中国传入日本，现在日本常见有栽培，也是诸多首先从日本传入欧洲的树种之一，并被误认为其原产地是日本。

在中国，漆树及其所产的生漆为地主的财产，不属于租用土地的人。当树干长到直径约 6 英寸时，开始割漆，然后间断进行，直至树龄达 50 年或 60 年。如果割得太厉害或开割时树还不够年龄，会对漆树造成伤害或使其死亡。割漆从 6 月下旬或 7 月初正当花开时开始，持续整个夏季。在树干的表皮至木质部切一长 4 ～ 12 英寸、宽约 1 英寸的斜口，分泌出来的树液用蚌壳、竹筒或类似的器具收集。树干上打有木楔，以便攀爬接近其主要分枝。割漆在清晨进行，傍晚则收集流出的树液。遇上阵雨天，树液很快干燥，常须将其刮去。切口分泌树液约持续7天，然后在旧切口上再削去一薄层树皮，使其继续分泌树液。这样重复7次，每次相隔约7天，所以在一株树上总共要工作50天。割漆后的植株须给予5～7年的恢复期，这时旧伤口重新打开成为新切口。一株大树可产生漆5～7磅。树液初流出时纯白色，但很快氧化成灰白色，再变成黑色。为了避免树液与空气接触，要尽快在其上盖上一层油纸。

黑色的生漆用于漆木地板和屋柱，是能让其最经久耐用的一种漆料。如欲调制棕色生漆，根据所需颜色的深浅，加入25%～50%的坯油。坯油加得越多，漆干得越快。红色生漆为加入朱砂（硫化汞）而成，黄色生漆是在棕色生漆中再加入略低于重量一半的雄黄（硫化砷）而成。

大量的生漆从中国中部销往国内各地乃至日本。1910年从汉口运出的生漆达15424担，价值白银1043434两。此商品中常掺杂有桐油。测试有无掺假通常用3种方法：一是嗅；二是将漆挑起任其下滴，如成线不断，为纯漆，如断续不成线，则有掺假；三是将漆滴在一张柔软的中国纸上，如有扩散，则有掺假，因为纸会吸收油分。居住在中国各处的外国人都把生漆称为“宁波漆”。此名称的由来颇为有趣，要知道，漆并不产于宁波及其邻近地区，而是由汉口和其他地方运入。只因为早年当外国人最初定居上海时，雇来建筑房屋的木工大都是宁波人，他们使用这种漆，外国人就很自然地将其称为“宁波漆”。

“宁波漆”正确的名称应是中国漆，特点是只在湿润的空气中变硬，暴露在阳光和热气下则保持黏胶状态，具有硬树脂漆的特性。在中国，涂漆工序都是选择在多云天气的日子，当空气中充满湿气或下毛毛细雨时进行。当在室内施工时则在房间内挂上饱含水分的湿布。用于船上的漆几乎含有一半的坯油。这种混合漆即使在中等干燥和较热的天气也能很快变干。对于这一特点的了解非常重要，可从下列事实得到证实：很多年以前，伦敦收到一份“宁波漆”的试销品；当时用一般的方法，在全阳光照射的温度下试验，结果以不能干燥、成黏胶状态而宣告失败，因而得出“宁波漆”没有价值的错误结论！

中国漆在常温下干燥，其唯一的变化是缓慢地吸收氧气，吸收量最后可达原重的 5.75%。已发现完成氧化过程是由于发酵作用，并将这一过程称为“漆化”（laccase），只在一定的湿润空气条件下进行。然而最近有人质疑这种特殊发酵作用的存在，并认为对氧的吸收是因为存在一种蛋白质状的锰化合物引起的尚不清楚的化学反应。中国漆在生漆状态对很多人有毒性，和与其近缘的毒漆藤一样可引起皮肤肿胀溃疡。部分人对其有免疫力，但这一特性妨碍了它在西方国家的使用。或许化学家有朝一日能发现中和或清除这种毒性的方法。

漆树的果实有光泽，灰黄色，呈圆形，两侧扁平，长 6 ～ 10 毫米。用榨桐油的方法榨出的油称为“漆油”，用于制蜡烛。

有不同科的三种树木的果实富含皂素，通常用来洗衣服。三种“肥皂树”中分布最广泛的是皂荚，土名“皂角树”，是一种很漂亮的乔木，广布于长江流域，分布上限可达海拔 3500 英尺。树高 60 ～ 100 英尺，具有粗壮的树干、灰色光滑的树皮和开展的树冠；枝粗壮，生出羽状小叶和带绿色、不显著的花；花单性或两性；两性花结出豆荚状果实，成熟时黑色，长 6 ～ 14 英寸，宽 0.75 ～ 1.5 英寸。将果荚捣烂后无论放在冷水还是热水中都会产生很多肥皂泡，通常都用于洗衣服，也用于制革清除单宁。利用部分只有果荚，因为皂性物质仅含于果荚，坚硬、扁平的褐色种子被丢弃。可能在这个名称下有好几种不同的植物，因为皂荚这个属需要进行分类订正。在云南有另一种，其果更大（长 20 英寸）更宽，具有同样用途，已知其学名为滇皂荚（*Gleditsia delavayi*）。第三种出现于北京周围，名为 *G. macracantha*。除九江附近以外，少见的一种肥皂荚是 Gymnocladus chinensis，俗名“油皂角”，是北美洲“肯塔基咖啡树”（Kentucky coffee-tree[①]）在亚洲的对应种。这种树虽然有时

---

① 学名：Gymnocladus dioica。

树冠宽展、平顶、通常只有短枝条，但树高 50 ～ 60 英尺；树皮淡灰色，光滑；叶为二回羽状复叶，常宽达 2 英尺，豆绿色，非常美观；花成簇，外面带灰色，内面紫色，结出扁平、褐色的荚果，长 2 英寸或 4 英寸，宽 1.5 英寸。将荚果放在热水内浸泡一些时候，使其膨胀，外形变圆，然后用竹子穿成短串，到集市出售。这种膨胀的荚果俗称“肥皂豆”，捣碎后用于洗衣，特别是洗精贵的纺织品。也可切成小片，与檀香、丁香、木香[①]（putchuck）、麝香、樟脑等研碎加蜂蜜混合做成糊，制成香皂，称为“冰麝肥皂”。这是一种深色的软质肥皂，用作妇女洗发和洗手、洗脸的洗涤用品，也可制成膏剂，理发匠将其涂在剃发顾客的头上。

另一种肥皂树是无患子，土名“猴耳皂”，广布于长江流域，垂直分布上限可达 3000 英尺。树高 60 ～ 80 英尺，具有粗大的树干，灰色、

无患子（*Sapindus mukorossi*），高 80 英尺，干围 12 英尺

① 中药名：木香。植物名：云木香，菊科，拉丁学名为 Aucklandia costus。

光滑的树皮和开展、浓密的树冠。羽状复叶长 8 ～ 12 英寸。花小，绿白色，组成巨大的顶生圆锥花序；果圆球形，褐色，有光泽，大小约如一颗儿童玩耍的大玻璃弹子。果实用于洗白色衣衫，效果被认为优于皂荚树的荚果。每一果实有一颗圆形、黑色大种子，常用来穿成念珠和项链，多在炎热时佩戴。

近年来用于鞣皮制革的植物产品供不应求，为此中国的虫瘿为全世界提供了最好的鞣皮材料。虫瘿即五倍子，长在盐肤木（*Rhus javanica*）的叶上，是一种蚜虫（Chermes）刺入叶内产卵，使原生质受到刺激而形成的赘瘤状增生。这种植物为小乔木，在长江流域极多，可生长到海拔 3500 英尺，特别是在多石处，8 月下旬至 9 月开白色花，组成圆锥花序。虫瘿中空质脆，形状大小变化很大，多少呈不规则形，长 1 ～ 4 英寸。五倍子在中国用于将蓝色的丝和棉布染成黑色。西方国家对五倍子的需求量大于产量，每年的出口量不断增加。1900 年从汉口出口 24800 担，价值白银 454584 两；1910 年增至 53784 担，价值白银 936234 两。

另一种 R. potaninii 较少，中文名“青麸杨”，其所产虫瘿称为“七倍子”，用作中药。市面上迫切需要一种不掉色的黑色墨水，化学家在寻求这种资源时或应把他们的注意力转向中国的虫瘿，因为它具有可能性，有研究价值。

在第二十三章“野生和栽培的水果”里曾提到栽培的柿树，在此处还有必要谈到其野生型“油柿子”，大量野生于中国的中部和西部山区，垂直分布可上达 4000 英尺，可长成高 50 ～ 60 英尺的大树；果实扁圆或卵圆形，直径 0.75 ～ 2.5 英寸，成熟时通常呈金黄色。凭这种颜色很容易将其与果型小的近缘种“狗柿子”[①]（D. lotus）区分。后者果扁圆形，充分成熟时暗紫色。这种树因能产漆油而受重视。7 月，当其果实大如山楂、尚为青色时采下，用木棒槌打成浆，加冷水置于一大陶罐中，加盖，不时

① 即君迁子。

搅动，任其分解，3 天后除去渣子，将液汁（即近于无色的油漆）倒入另一陶罐。如要使油漆带褐色，可将“蜡树”或有时误称为“冬青树”女贞（Ligustrum lucidum）的叶子浸入陶罐中十来天，天数可视所需颜色的深浅而定。这种漆一般用于防水，主要用于制作雨伞，取其树胶性质，使伞面的数层纸黏合并能防水，最后在伞面上再涂一层光油。柿漆应用甚广，制伞的需用量很大。中国许多地方都出产柿漆，但少见有出口。

中国的造纸技术始于西汉，在这之前，丝绸和布料用于书写，但这个民族的早期历史则记录在竹片上。在竹片上写字的方法始用于孔夫子时代。中国人最初用什么材料造纸已无从考证，但有可能是竹子或构树，而后者更为有利，因其内皮比竹竿更易加工。纸币最早起源于宋朝第一代皇帝统治下的四川省。某位状元采用纸票代替沉重不便的金属钱币。这种纸票叫作“契纸”，明显为构树的内皮所制。马可 · 波罗谈到忽必烈在北京的造币厂时说：“他们取下某种树的皮，实为桑树，其叶用以饲蚕，这种树非常多，整个地区到处都是。他们所要的是厚层的外皮与木质之间的白色内皮，再制成纸张，但纸张是黑色的”。这位著名的威尼斯人错误地将此树称为桑树是情有可原的，因为二者非常接近，外观也有些相似。现在仍然用构树皮制成的“皮纸”作纸币，并因其坚韧，用于包银两，作丝绸货物的标签和缝制皮、棉外衣时用作皮里或棉里与面料之间的衬料。构树广布于中国各地，垂直分布可上达海拔 4000 英尺。如不受干扰可长成多分枝的乔木，高 35 ～ 45 英尺，树皮光滑，深灰色，路边和岩壁缝中极多，但多成灌木状。用这种树皮制成的纸称为“构皮纸”。在中国西部使用的“构皮纸”大多数产自贵州省。在湖北，构树的幼树和灌丛上发出的枝条被切成段，置于木桶中蒸透，使之便于将皮剥下，并将其制成绳索。

广州的印度纸（实为中国所产，非印度所产）由何种原料制成尚不知晓。可能是用苎麻纤维制成，但我大胆假设有可能是用构树皮为原料。

竹子是制造供印刷、书写、糊窗等百余种用途的高级纸张的原料。用于造纸的竹有数种。最普通者为水竹（Phyllostachys heteroclada）。这种竹子在中国中部、特别是冲积地带的溪流边非常多，垂直分布可高达海拔 4000 英尺。株高 2 ～ 18 英尺，秆细瘦，深绿色，通常成大丛生长。茎秆切断后扎成捆，置入三合土池中，用重石压入水下。3 个月后取出，打开，充分清洗，重新分层堆放，每一层都撒上石灰和水，使池水保持碱性。2 个月后可充分沤软，将纤维束清洗，除去石灰，蒸 15 天。经充分清洗的纤维束再置入三合土池中，接着用木耙搅成纸浆，进入制纸阶段。将一些纸浆放入有冷水的木槽内，水中加有用黄葵（*Hibiscus abelmoschus*）根制备的黏液。用一网孔细小的竹帘（其尺寸按所需纸张的大小而定），工人抓住竹帘的两端，并将其斜插入纸浆内，不断地搅动槽内的纸浆，然后轻轻地将竹帘抬出水面，上面就有一层薄薄的纸浆，将竹帘翻转过来，就是一张湿纸。当过多的水分排出后，成叠压榨，最后在烘房内或在阳光下干燥；用阳光干燥质量会差一些。由于造纸过程需用大量的水，造纸厂多设立在溪流边。

日常最普通的用纸以稻草为原料，其制作方法近似，但过程较简捷。广布于中国西部的大白茅（*Imperata arundinacea* var. *koenigii*）的茎秆，在部分地区与稻草混合也用于造纸。

被外国人称为 Chinese rice-paper 的通草纸的原料是通脱木（Tetrapanax papyrifer）的髓心。这种植物为灌木，与欧洲的洋常春藤近缘，中文名“通草”，具有美丽的掌状分裂的叶子，茎充满了纯白色的髓心。用锋利的刀，以旋转的方式将髓心切成薄片。从前，这些原料均从贵州购入，切割在重庆进行。中国艺术家用这种纸作画，也用于制作假花。

养蚕和丝织是四川最重要的产业之一，几乎全省各处都出产蚕丝，但特别有名的有数处，例如嘉定府、成都府和保宁府。据霍西估计①，

① *Report on the Province of Ssuch'uan*, p. 61.

生丝年产量达 5439500 磅，价值白银 15025230 两。关于这一产业霍西和其他人已有详细报道，我在此只想简要提及几种树木，其叶可用于养蚕。四川绝大部分的蚕丝都产自普通的家蚕（Bombyx mori），主要以桑树（Morus alba）叶为食。桑树在海拔 3000 英尺以下地区非常之多，在人口较多的地区常常见到这种树丛。栽培的桑树都被截顶矮化，以便于采摘叶子，很少再有其他的管理。由于禁止种植罂粟，官员们将注意力集中于改良和发展蚕桑业。最好的中国丝产于浙江省杭州周边地区，那里种植有特别优良的桑树的阔叶变种[①]（Morus alba var. latifolia）用以喂蚕。最近成立的成都农业局和某些地方长官引进了杭州的桑树，以冀改良当地的产品。在过去的两三年内，从事养蚕业的地区有明显增加，并可能存在生产过剩的危险性。为了生产更均匀的丝线，织出更光滑、更精美的丝织品，可能应更加关注粗丝的精纺。

在嘉定府一带蚕宝宝孵化出来后的头 22 天用切得很碎的柘树叶饲养。柘树是一种低矮的乔木（常呈灌木状），与桑树近缘，树皮深绿色，枝有刺，叶较硬。此后的 26 天再用桑树叶饲养。人们认为初期用柘树叶饲养，丝的产量更多，更经久耐用，质量更好。霍西是发现这一有趣实情并向国外报道的第一人[②]。他的报道为随后的观察所证实。

在北面的保宁府和南面的綦（qí）江县[③]（Kikiang Hsien）有一定数量的蚕丝为柞蚕（Antheraea pernyi）所产。这种蚕用不同种类的灌木状栎树叶饲养，而且一年可养两次。有数种栎树可用，包括栓皮栎、枹栎、白栎（Quercus fabri）、槲栎。所有这些种类虽然都可长成乔木，但在海拔 2000 ～ 4000 英尺的低山所见都呈灌木状。这种用栎树喂养的蚕在此前数年由山东省引入，这一产业在贵州比四川更为重要。这种蚕丝被称为“野丝”，与普通的丝不同之处在于其质地较硬，从干茧抽丝，

---

① 据《中国植物志》，应是鲁桑（Morus alba var. mullticaulis）。

② *Three years in Wester China*, p. 21.

③ 今重庆市綦江区。

而普通的蚕茧是水煮后抽丝。

1907 年在房县西北角海拔 2500 英尺处的鲁阳河（Luyang-ho）小村，我碰巧路过数个为饲养樗（chū）蚕（*Attacus cynthia*）而建立的刺臭椿种植场。这些树均为幼龄小树。这是我旅行中见到唯一用这种特殊方法养蚕的地方。据我了解，在中国东北部用来喂蚕的是普通的臭椿，中国人称为“臭椿树”，外国人称之为“天堂树”（Tree of Heaven）。

第二十八章

有重要经济价值的栽培灌木、草本植物及其产品

中国的农业主要致力于生产粮食供当地消费，剩余部分可出售，收入用于购买当地不能生产的生活必需品和奢侈品。然而在一些富饶地区也种植某些粮食以外的经济作物供出售或交换，特别是在富裕的四川省，出产许多这类产品。下面择其较重要者作一简要报道。

如果此书写在5年前，必须给罂粟以相当的篇幅。但严禁种植罂粟的法令已颁布，现在只需简单提及一下。当1906年9月20日中国禁止栽种和消费鸦片的禁令颁布，我和许多人一样，认为只是白费力气，虽然意义重大，但不会取得任何效果。如此艰巨的任务要在短期内完成似乎不可能。公众感情明显支持法令，但某些省份，如四川、云南，外销鸦片为其收入的主要来源。任何在中国旅行的人都非常清楚，不用印度的鸦片，除了生活在沿海港口有钱的鸦片吸食者外，不会对其他人造成不便。1908年四川种植罂粟的地区大大超过以往任何时期。1910年我从四川省的东部横穿至西部，从北部至南部，惊异地发现，除了少数偏远处还偷偷栽培外，罂粟种植业全没有了。1910年后期发生了什么我不知道，但从我历时两个季节的旅途所见及民众对吸食鸦片的普遍不满，我不得不相信，鸦片在中国消失的情况就像在日本一样。摆在官员

面前的问题，特别是西部省份，是找到另一项经济收入来源替代鸦片的位置。霍西估计 1904 年四川鸦片产量为 250000 担。1910 年通过宜昌口岸，产于四川、云南和贵州的鸦片约28530担，价值白银约2900万两。1909 年通过此口岸的鸦片为 51817 担。从前四川仅鸦片一项的出口就足以抵消棉纱和布匹的进口。有关中国鸦片和吸食鸦片的文献极多，除了上文所述之外，我仅想增添三个重要的事实。这些事实即使知道也未受到普遍重视。印度曾受英国政府的唆使，因此对中国吸食鸦片的恶习负有责任。为了相信者和不相信者的利益，我想说的是：（1）中国自唐朝已知有鸦片，并于唐朝的晚期在四川栽培供药用；（2）中国的鸦片烟枪是自行特别设计的；（3）中国西部栽培的罂粟品种与波斯的相近，而与印度栽培的迥异。①

众所周知，很早以前，桃、橙和丝绸通过古代贸易从中国越过中亚到达波斯，再从那里抵达欧洲。因此，为何不可假设，有充分的理由，鸦片也通过同样的途径从波斯到达中国？

罂粟在四川为冬季作物，4—5 月割鸦片，留有充分的时间准备收水稻。在金钱价格上没有任何作物能与罂粟相比并取代它的位置。

中国栽培有数种植物，其纤维用于纺织和制绳索。在四川，其中最重要的是真正的大麻，俗名“火麻”。这种作物在温江县和郫县有大量种植。为春季作物，2 月播种，5 月底至 6 月初当其花初开时收割。茎秆任其密集生长，高可达 8 英尺。将茎秆割下，剔去叶子，有时就地将纤维剥下，而通常是将茎秆放入一水池内浸沤数日，再取出晒干，堆成空心的圆锥形，盖上席子，在底下燃烧硫黄熏白。然后用手将带纤维的皮剥下。剥皮后剩下的木质茎秆被燃烧，取其灰烬与火药混合，用于制造爆竹。大麻或“火麻”是中国西部所产、用于制造一般绳索的最好纤维，当地也用于制作麻袋和给贫穷阶层穿的粗麻布衣服。在保宁府城有

① 这是作者有意在为英国开脱罪责。

相当的数量用于制作粗麻布衣服。当地河流上的船只对大麻的需求量很大，同时也销往下游各地。大麻主要产自四川，是一年生植物，在山区作为夏季作物种植。利用其含油的种子榨油，榨出的油用于照明，据说在极冷的天气也不凝结。在湖北称之为“唐麻”。

另一栽培的可利用其纤维的植物为苘麻，在四川和湖北也称之为“通麻”。这种植物作为夏季作物在中国西部广为栽培，海拔达 3000 英尺，其纤维品质较差，当地用以制绳索和塞船缝，但价值不如真正的大麻，也是四川次要的外销品种。黄麻（Corchorus capsularis），也是四川当地俗称，在成都平原和其他地方有极零星的栽培，没有产品销往外地。

棕榈树（*Trachycarpus excelsus*）叶柄基部的褐色纤维湖北称为“棕麻”，是长江流域的“棕榈纤维”，被扎成捆，大量从四川销往下游各地，用于做绳索、席子、垫子、刷子、雨帽等，是一有多种用途的纤维。

中国最为重要的纤维植物是讨论很多的苎麻，属荨麻科，在中国温暖地区野生的、栽培的都有，垂直分布可高达海拔 4000 英尺，为多年生草本，株高 3 ～ 6 英尺；叶阔卵形，基部急缩成楔形或截形，边缘有牙齿，背面银灰色。湖北称野生的为“苎麻”，称栽培的为“线麻”。在四川栽培者也叫“线麻”，有时称为“原麻”。这些不同的俗名非常混乱，简直乱到了极点。

在四川每一户农家周围都能找到一小片种植的线麻，重庆的西南部和泸州北部的数个地区有大量种植。这种纤维很多都织成供当地使用的“夏布”，一部分销往下游各地。四川出产的夏布较粗，质量远低于中国南部所产者。夏布不是中国西部外销的重要产品。1910 年从汉口出口苎麻纤维达 120034 担，价值白银 183332 两。这只是海关公报中苎麻纤维的数字，不包括已织成的夏布。

在中国，棉花栽培完全是一近代的产业，11 世纪初才由和田（Khoten）

皂荚（Gleditsia sinensis），树干被用作堆积稻草的支柱

推广到中国其他地区，并曾受到与丝绸、麻和其他纤维产品有利益关系人的强烈抵制，而没有得到很好的发展。直到元朝一位有公益心的妇女黄道婆，将种子传遍长江两岸。现在这一带是中国的最大产棉区。众所周知中国棉花纤维短，但坚韧耐用。由于不进行选种，长期在同一地点栽培而导致退化。新政府应尽早关注棉花栽培业，可从印度、埃及、美国和其他地方获得优良品种进行试种。只要有了新的适宜品种和正确的栽培方法，中国生产比现在优良得多的棉花完全没有问题。

中国西部栽培棉花很少，棉纱和棉布为四川的大宗输入商品。从国外进口至重庆的总值达白银 2000 万两，其中 5/6 为棉织品，主要来自印度。

在进口的矿物油普遍使用之前，中国人使用的是只有器皿里注入植物油、配上灯芯的油灯。这种暗淡的油灯至今仍在西部地区，特别是在穷人中普遍使用。灯芯为灯芯草（Juncus effusus）的髓心，叫作“灯草”。为此用途，灯芯草广为栽培，植株高 3 ～ 6 英尺，也大量用于制作椅垫和床垫，特别是在四川部分地区。叙州府（Sui Fu）为此项产业的中心，在该地区整条的草和剖开的草都用。“蒲齐草”[①]（*Scirpus lacustris*）茎高 6 ～ 8 英尺，基部管状，向上渐细，近顶端成钝三角形，在云南也用于制作垫子。在四川少见用于制作垫子，而主要被商家用作包扎商品的绳子。

稻草大量用作床垫和草鞋，少部分用作绳索。麦秸用于编织宽檐的草帽。有些地区，如成都附近的双流就以麦秸编织而闻名，但这一产业只有局部的重要意义。

烟草（Nicotiana tabacum）中文名为“烟”，可能与玉米同一时期从美洲引入中国，但这还是一个存在争议的问题。有些汉学家认为烟草的引入时间应在公元 1530 年左右。虽然烟草的栽培遍布全国，但没有任

① 中文名：沼生水葱。

何地方出产的烟叶比四川的更好。在水稻栽培地带，烟草为春季作物，10 月下旬播种，6 月中旬收获。在玉米种植地带，则为夏季作物，但面积不大。在成都平原的金堂县（Chint'ang Hsien）和郫县地区以其出产的烟草而出名。在这些地区烟草种下后只能收获 1 次，但在邻近省份较温暖的地区和长江河谷，在犁地换种其他作物之前可收获 3 次。

烟叶有 3 种加工方法：（1）将大片的叶子夹在竹编的网格下干燥，使保持平整，包扎成捆，成为“大烟”。（2）将较小的叶子也用同样的方法处理，称为“二烟”；若再以菜籽油和土红处理，压紧，刨成细丝，供水烟筒吸食，称为“水烟”。（3）将烟叶连同茎的一部分切下使成钩状，将烟叶挂在屋檐下或室内的架子上，任其干燥和自然卷缩，称为“索烟”。这种“索烟”用来卷成粗制的“雪茄”，装在很长的旱烟斗上吸食；这种烟叶也从四川外销。在海拔达 9000 英尺的山区，小叶的“兰花烟”即黄花烟草（Nicotiana rustica）有零星栽培，烟叶在阳光下晒干，不作任何处理，当然质量低下，只在当地用之。

无疑，四川的气候和土壤适合烟草生长，但遗憾的是中国人的加工方法极为简单，结果使产品质量低下。不幸的是，中国很快成为积重难返的吸烟国家。如建立正规的工厂，四川有很多烟叶可制成香烟。汉口和其他地方已设有工厂，用邻近省份的烟叶制造香烟。

甘蔗是中国西部非常重要的作物，在四川部分地区产量巨大，这些地区属水稻种植带，但稍干旱，海拔可达 2500 英尺。栽培的甘蔗（Saccharum officinarum）有两种类型：（1）红蔗，用于嚼食。（2）白蔗，用于榨糖。红蔗（S. officinarum var. rubricaule[①]），秆高 8 英尺，直径 1 英寸或更大一些，作一年生栽培。蔗秆成熟时和有需求时砍下出售，剩下的在 11 月连根挖起，清理后贮藏于地沟中直至出售。约在翌年 3 月下旬将这些蔗秆的一部分横放在土壤中，到时每个节上会发出新芽，

① 甘蔗的一个品种。

长成新的甘蔗。蔗秆外皮暗紫红色，内里带黄色，很硬，富含糖分。白蔗（*S. officinrum* var. *sinense*[①]）作多年生栽培，在更新前收获 2 ～ 3 次。秆高 10 ～ 15 英尺，节间长，直径近 1 英寸。较红蔗栽培更多更广，几乎提供了四川当地和外销糖的需求。中国榨糖的方法不完善，精炼的过程很原始。甘蔗含糖的百分比很高。将这一工业完善非常重要。

糖在中国已有非常悠久的历史，所有的地方都称之为“糖”，所以一般都推测始于唐朝——中国历史上最著名的一个朝代。然而至少早在公元 2 世纪中国已知有糖，因其已出现在公元 78—139 年写的诗歌中。

往昔中国染丝绸和其他纺织品只用植物染料。但很可惜，中国和世界其他地方一样，植物染料很快被煤焦油提炼的苯胺染料取代。苯胺染料操作方便，但颜色不耐久。煤焦油产品在中国西部每个城镇和农村集市都有出售，小瓶包装，从德国进口。

四川现今唯一广泛栽培的染料植物为“靛花”[②]（*Strobilanthes flacci-difolia*），用其生产“靛蓝”，在成都平原的某些地区、岷州和其他地区有大量种植，但数量在下降。靛花种植在垄脊上，垄与垄之间长期保持有水。当植株高约 3 英尺时割下，将带叶的枝条置入装满冷水的三合土池中，浸泡约 5 天后，将茎干除去，留下绿色的水，加入熟石灰，使靛蓝沉淀，然后将水排干，颜料即沉积在水池底部。

在湖北沙市（Shasi）周围栽培蓼蓝（Polygonum tinctorium）作为靛蓝的原料，用以染棉布。

作为红色染料，“红花”（Carthamus tinctorius）以前曾大量栽培，虽然仍用于染贵重的丝织品，但现在只偶见有栽培。凤仙花（Impatiens balsamina），俗名“指甲草”，其花有同样的用途和价值。

黄色染料取自姜黄（Curcuma longa）的根。岷江下游的犍为县（Chienwei Hsien）至今仍大量栽培姜黄。槐，一种广泛分布的乔木，

① 中文名：竹蔗。

② 中文名：板蓝。

和另一种分布较少的乔木——栾树，俗名也叫槐树，二者的花均用作黄色染料。栀子的果实用于将某些木器染成黄色，也用作绘画的黄色颜料。

绿色染料从前取自鼠李（Rhamnus davurica）。鼠李为有刺灌木，在中国极为常见，各处路边极多。其叶的大小和形状变异很大，可生长至海拔 4000 英尺。另有一种圆叶鼠李（R. tinctorius），俗名“蕉绿子”也有同样用途。这些几乎都全被苯胺染料取代。

前面已提到生长在盐肤木（*Rhus javanica*）叶上的虫瘿（五倍子）广泛用于将纺织品（特别是丝织品）染成黑色。用这种染料，要点是首先需将物品染成蓝色。两种普通的栎树——枹栎、栓皮栎，俗名分别为“瓦栎”和“瓦壳栎”的碗状壳斗也常用作丝线和丝织品的褐色染料。在这种情况下，物品原来是何种颜色就不重要了。化香树圆锥状奇特的果实常用作棉纱和棉制品的黑色染料。燃烧最常见的马尾松的枝条所得的松烟也用作棉织品的黑色染料。

一种薯蓣的块根在云南被普遍应用，并大量出口到越南、日本和其他地方，用作深褐色染料和制革剂，有可能是在中国台湾地区常见的 *Dioscorea rhipogonoides*，称为“薯莨”，多用于染制渔网。在湖北，木香花的根皮称为“红皮”，也用于染制渔网。

芝麻和大豆在中国西部均有大量栽培，但仅供当地消费。通过汉口出口的大量芝麻和大豆均由京汉铁路而下。四川本可大量种植这些有价值的植物，但要成为对外贸易的产品之前必须具备廉价和便利的运输。当争议甚多的汉口—四川铁路成为现实，西部的原料产品就可成为出口项目，会给有关地区的农业带来必要的刺激。

第二十九章

茶叶与制茶植物

——供应西藏市场的制茶业

茶叶无疑是中国知名度最大的产品，现在印度、斯里兰卡、爪哇都大面积种植，还有数个国家也进行了试种。中国很早就认识到这种植物的价值。已知在汉朝早期四川已栽培茶叶。但在公元 7 世纪之前并未普及到各阶层人群。欧洲 17 世纪初第一次知有茶叶，是荷兰商人从日本购得。

茶的原植物（*Thea sinensis*）被认为原产于阿萨姆，很早引种栽培于中国。1896 年亨利从他培训的中国采集人员那里得到的无疑是野生茶树的标本。亨利写道：*“野生茶树至今只在阿萨姆发现，在中国的野生记录非常可疑。我在四川和湖北的旅程中从未见过。现在的这些标本没有疑点，采自原始森林（位于云南的最东南角），而且远离种茶区（距西面最近的种茶区普洱 200 英里）。布雷特斯奈德在其 Botanicon Sinicum 一书中论及在中国茶叶具有古老的历史。有可能茶叶发现于这些南方的省份，那时不是中国的一部分。我敢说野生的茶树可能在蒙自至思茅的山区找到。茶从如此遥远的阿萨姆而来，完全不可能。”*我将亨利结论性的叙述用斜体标出。对于这一点，我极为赞同。如本书第九章所述，我在四川的中部偏北地区发现茶树，根据其生长地点，没有任何理由认为它不是原生的。然而考虑到这种灌木已经长期栽培的特点，我倾向于认为“可能是野生的”。值得注意的是在同一地点我还发现了相当数量的野生中国蔷薇[①]。茶树为常绿植物，生长于中国温带雨林区，相当于长江流域整个水稻种植带。这些地区除了极陡峭处外，都早已砍伐开垦为耕地。这应是在这些地区已找不到野生茶树的真实原因。

为了向西方国家出口和供国内消费，中国最大的茶叶种植区在中东部。19 世纪的最后 25 年中，茶叶的出口贸易有巨大的下滑。约 60 年前，茶叶作为一项产业被引入印度和斯里兰卡，结果今日，世界上大部分的茶叶产自这两个国家。古老的栽培和制作方法、种植者之间缺乏合作和高税收是造成中国茶叶产量下降的原因。事实上，中国茶叶的质量和风味都远优于印度和斯里兰卡茶，但一般的喝茶者喜欢更浓的红茶滋味，而中国的保守做法正在扼杀一度是自己最大的出口产业。汉口是今日中国最大的茶叶市场，其贸易大部分掌握在俄国人手中，为俄国茶叶市场特别建立了一批大工厂，同时也盲目进口印度和斯里兰卡茶。1910 年汉口出口茶叶总值为白银 18423474 两。

对于中国东部一般的茶叶产业我们不进一步涉及，但在西部有一种特殊类型的茶叶值得详加描述。四川境内各处都种植茶叶，供本省消费，其中西部地区种植茶叶的面积更大，那里栽培、制作供西藏市场的茶叶。压制成砖或捆的茶叶是内地销往西藏最大的产品之一。中央政府给西藏在拉萨和其他地方机构的补助均用茶叶支付。

对于西藏人，茶叶绝对是生活的必需品。若没有这种嗜好品他们会感到痛苦。当没有茶叶时他们常代之以栎树皮，由此可见这种嗜好品是一迫切需要的财产。当地人每日的膳食中必不可少加入了少量奶油和盐的茶，再在其中加入炒熟的大麦（青稞）粉，揉搓成团而食。酥油茶也

① 即月季花。

是他们每天必不可少的饮品。按美国人的口味，西藏人的这种调和品与“茶”相去甚远。我尝试过多次，都无法迫使自己喜欢。

关于印度种茶者分享西藏茶叶贸易可能性的论述已有很多。由于阿萨姆靠近拉萨和西藏东南部，这事会被认为没有多大困难，然而实际贸易的进展很小。喇嘛们和顽固的保守势力的反对是真正的困难。还有一个同等重要的原因不可忽视，即茶的性质和质量。现在可以确切地说，印度茶叶工厂中最好的残渣也优于一般西藏人所用的茶叶，但这还不是要点。欲取得贸易份额，印度种茶者必须提供符合西藏人习惯的产品，否则质量再高也不行。此项贸易相当大，值得今后努力加强，没有理由不增加贸易量。当英国进军拉萨时，我曾在四川和西藏交界地区旅行，并曾与对西藏茶叶贸易感兴趣的中国商人讨论印度参与这项贸易的可能性。很明显，他们非常害怕印度加入竞争，对此极为敏感。从阿萨姆到拉萨只有 30 站（约 350 英里），而从打箭炉到拉萨须行走 3 个月。从中国本土运茶，路途中的困难远大于从印度进口。然而在拉萨，人们仍然从内地获取茶叶供应。此外中国茶叶除了交换麝香、皮革、羊毛、金子和药材外，最近西藏人也可用印度卢比支付。

销往西藏的砖茶与从汉口出口到俄国市场者是完全不同的品类，与普通中国人饮用的茶也完全不同，以致有人认为是由两种不同植物制成的产品。我漫游于中国西部，行经产茶区和经销入藏茶叶的市场，我的观察可能提供了一些有趣和有价值的信息。

四川西部的打箭炉和西北角的松潘是两大贸易中心。通往拉萨的官道经过打箭炉。这个城镇是西藏南部和中部，包括拉萨、昌都和德格在内的贸易中心，而安多和青海湖地区的贸易中心则在松潘。松潘纯粹是一个物物交换的市场，以茶交换毛皮、羊毛、麝香和药材。两个市场的茶产地不同，制作也非常不同，下面将分别讨论。

供应打箭炉的茶叶均生长于雅州府，特别是其西北和南部的山区。制茶业由政府和地方当局掌握，发放一定数量的执照给雅州、名山、荥经和天全的商号（以上地方均属雅州府）。另一独立单位为邛州，位于雅州东北，也有此项贸易的份额，但执照由中央政府发给，与成都的省府当局无关系。这是一项非常古老的产业，纪元之初这一带就已栽培茶树。

农民种茶卖给给有执照的商号。茶丛沿山坡的梯田种植，可高达海拔 4000 英尺处，人为管理很少，常任其在杂草中生长，高 3 ～ 6 英尺；茶丛间很难保持无杂草的状态。在夏季采摘叶和嫩枝，每次数捧，放入加温的铁锅中翻炒几分钟，再摊开在阳光下干燥，然后装成大袋或捆，运往村镇集市由茶叶商号的经理人收购。偶有因树龄太老，被整株砍下，将枝条晒干打捆运往商号的。茶农通常会将嫩叶和幼枝的尖端制成茶在当地出售，供家庭消费；而西藏人认为粗老枝叶已足够好了。

我访问过雅州的砖茶工厂，见到下列生产过程：装有叶片的袋子和成捆的带叶小枝经发酵数日后取出，由妇女和小孩用手将叶片和小枝摘下，按照叶子的大小和老嫩分成四级。叶片被摘下后，小枝（通常茎围长 1 ～ 2 英寸）用一固定在木板上的大铡刀切碎，与粗叶和渣屑混合，成为第四级。在每一包装竹篓的末端放入一小包这一等级中最差的茶叶，作为下一次分装人员和马帮的报酬。

某位英国领事把这种砖茶比作“压成饼状的鸦巢”，恰当地描绘了这种第四级产品。但雅州生产的一级产品确实是好茶。我对当地人生产一级茶时所给予的关注程度感到惊讶。其过程如下：叶片分级后摊在布上并悬挂在汽锅上蒸。蒸后的叶片加入少量粉碎的小枝粉末，这种粉末经过糯米水处理而有黏性，然后将其全部放入一可伸缩的模具中，大力加压。当拆开模具，茶块即成砖状。每块 11 英寸 ×4 英寸，重 6 磅。经过 3 天干燥，茶砖用盖有商标的纸张包裹，同时也包入一小块含量极低的金箔或一片普通的红纸，标示质量等级。四块茶砖头尾相接放入一用竹子编成的筒状篓子中，封口后即可交付运输。这些竹篓装满茶叶后称为“包”，每包重 25 磅，长约 4 英尺。这些茶叶用人力背往打箭炉，转入西藏人手中。品质好、准备运往西藏的茶叶将从竹篓中取出，重新包装，每 12 块放入一牦牛皮包内，皮子有毛的一面朝内，开口处缝合整齐。品质较次的茶则主要销往西藏东部地区，无须重新包装。从打箭炉到各目的地均用牦牛或骡马运输。

雅州城包装的茶每包重量多为 18 斤（24 磅），但在其他地方重量会根据品质不同而有差别，可以是 12 斤、13 斤、14 斤、15 斤或 16 斤。根据不同的品质，每个城镇有自己特定的重量。从雅州和荥经县发运的茶叶走大路，而从名山和天全发运的茶则走一条小路，二者在泸定桥会合，并在过河时交税。每一条路都极为困难。人力搬运如此重的负荷，通过如此崎岖可怕的山路，令人感到惊奇。平均每个驮（duò）子有 10 包，每包 18 斤。但十二三包的驮子很普通，有数次我见到一个人背了 20 包。不过每包只有 14 斤，即使如此，总重量也有 370 磅。

雅州距打箭炉约 140 英里（可能不足），民工背茶负重需走 20 天。这项工作虽不人道，但有成千的成年和未成年男人从事此项运输。背着又重又大的驮子，他们不得不每一百码左右休歇一次。但如果把驮子放到地上，他们就再也起不了肩，因此要带上一根“T”形短拐杖[①]，休歇时顶在驮子下面，而人不离开背带。

从雅州运到打箭炉，背货工每包可得 400 枚铜钱（约合 30 美分），他自己的食宿要从中支付。然而这样的报酬在乡村已很不错，致使吸引很多人来从事此项工作。

关于这一贸易的数量很难得到准确的数字，但通过各种渠道，来源比较可靠的统计，每年至少有 5400 吨，价值近 750000 美元的茶叶运入打箭炉。

松潘市场的茶叶都生长于两个产地，分别在成都平原的西部和西北部。每个地区产品都有自己的包装样式。在西部，茶叶生长于灌县

① 当地人称为“打杵子”。

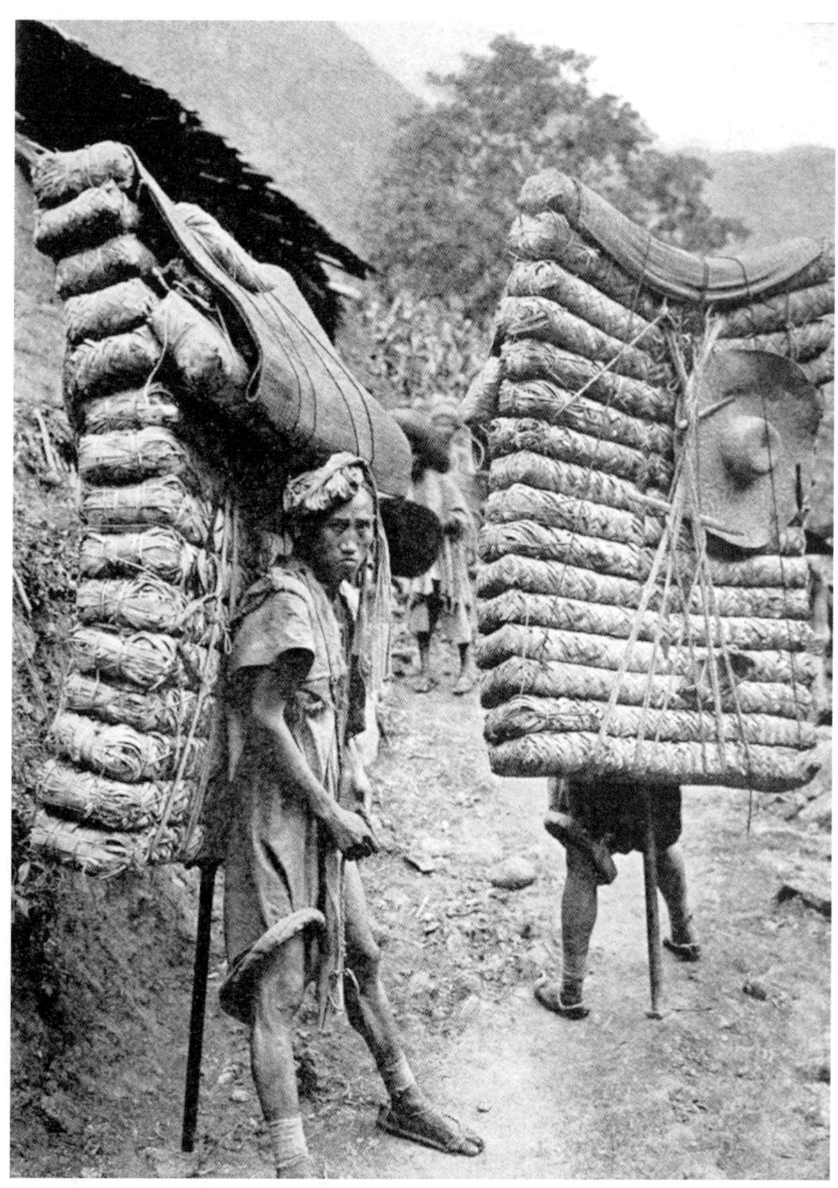

背货工，运砖茶进打箭炉

地区沿岷江两岸的山上。这一产业的市场中心为灌县县城上行约 90 华里的水磨沟村（Shui-mo-kou）。这里的茶叶不像销往打箭炉的茶叶那样被压成砖，而是制成长和宽各 2.5 英尺，高 1 英尺的大包，重约 120 斤，外面包以竹席。相当数量的这种茶销往嘉绒藏区，其分销中心为懋功厅（Monkong Ting）和理番厅（Lifan Ting）。安县（An Hsien）和石泉县（Shihch'uan Hsien）山区为西北部的产茶区，主要中心为安县境内的雷鼓坪（Lei-ku-ping）。产品全部通过石泉县，并由特别指定的官员控制。这一地区的茶包装成卵球形，每件 65 ～ 70 斤，用普通的竹席包装。

从灌县和石泉县外运茶叶的道路在茂州（Mao Chou）汇合。茂州是一重要城镇，坐落在岷江上游的左岸，在松潘南面，相距 7 天行程。运往茂州的茶叶均用人力，通常每人背两小件或一大件。从茂州运往松潘则大多用骡马，每一驮子的重量 2 倍于人力。女人和男人都参与从茂州向北搬运茶叶，而商人不断抱怨运输能力不足。

供应松潘的茶叶其制作过程不如上述砖茶复杂。采下叶子和嫩枝，拣选去杂，在阳光下晒干。有时去杂的过程被省略，割下茶丛枝条和长得高的杂草，一同在阳光下晒干，绑扎成捆。叶子装入袋或包内，连同成捆的带叶枝条运往集市卖给厂商。制作时堆放任其发酵数日，然后进行一次粗放的挑选。枝条切碎后与粗叶一起放在一大蒸锅上蒸，然后趁热加压成包，外面用编席包装，任其干燥。

这些茶都是同一质量，很少有优于运往打箭炉之最低级者。廉价是最主要的考虑因素，一包 120 斤的茶叶在松潘价值白银 8 两。这项贸易由五家厂商专营，他们向在成都的省政府支付固定的税款，每斤约 1 分银子。付款的方式是购买盖有官方印章的许可证，叫作“银票”。一大包（120 斤）或两小包茶叶要买一张许可证，需 1.2 两银子。

在打箭炉，茶叶直接交到西藏人手中；而在松潘，茶叶还保留在五类厂商手中。这些厂商属于中国的伊斯兰教会，除茶叶外他们还经营相当多的地方贸易，有商务代办行走于整个西藏东北部，用茶叶交换毛皮、羊毛、木材、麝香、药材和西藏的其他商品。

松潘的茶叶贸易量有所提升，但实际上无法得到准确的数字。当然，中国官员有每年出售银票的收据，但在官员普遍侵吞公款的地方，这样的收据极不可信。通过我 3 次访问松潘所得信息，我估计其茶叶平均贸易额每年约为 37.5 万美元。

通过所有的渠道，每年从中国其他地区销往西藏茶叶的总值约为 25 万美元。从字面上看，这个数字可能不算太大，但如考虑到西藏稀疏的人口及艰险的交通条件，可以想见这是一项相当大的贸易。印度茶在西藏中部和北部无法与中国茶竞争，但在拉萨周边和西藏南部应开拓市场。

四川境内所有的大药房都有普洱茶出售，中国其他地方偶尔也有。它包装成圆饼状，直径约 8 英寸，上下扁平，包以竹叶，用棕榈叶条绑牢。这种茶树大多生长于彝区山地，为正宗茶的一变种[①] *Thea sinensis* var. *assamica*，名称源于普洱府（P'uerh Fu）——云南南部的一个府，也是这一地区这项贸易的中心。茶叶经过必要的初步处理后，再蒸、压成饼状，这种形式更便于运输。普洱茶带苦味，被认为具有助消化和振奋精神作用，是闻名全国的饮品。普洱茶也进入西藏富有的喇嘛寺院，其药用价值在那里受到高度重视。

虽然称为茶的饮料全中国都饮用，但并非全都是用真正的茶叶沏成的。中国中部和西部的山区的农民利用多种代用品，他们很少品尝真正的茶叶。在湖北西部地区，湖北海棠（Malus hupehensis）和山楂属及梨属植物的叶子，民间统称为“棠梨子”，常用以制茶，销往沙市。这种茶沏出来呈浓褐色，非常可口，而且解渴，称为“红茶”[②]，通常为西部较贫穷阶层饮用。

---

① 现认为是一个独立的种，中名：普洱茶。

② 是“花红茶”。

细圆齿火棘的叶子也常用于代茶。这种常绿灌木各处都很多，可生长到海拔 4500 英尺处，俗名“茶棵子”，与其欧洲的近缘种相似，秋季结出许多鲜红色的果实。数种绣线菊属植物［翠蓝绣线菊、绣球绣线菊（Spiraea blumei）、中华绣线菊（S. chinensis）、疏毛绣线菊（S. hirsuta）］的叶可代茶，叫“翠兰茶”，但用得很少。垂柳的叶子偶尔也用以代茶，在岷江上游河谷还用柳木碎片代茶。我饮过上述各种“茶”，但当数柳木碎片沏出的“茶”最差，味淡而令人作呕。

在第十八章“圣山峨眉”，我曾提及用茶荚蒾制备的甜茶。普通桑树叶加菜油混合压成饼，为“苦丁茶”（苦茶），在热天饮用，是一种清凉饮料。

市面上的茶油非出自茶树，而是从叫作“茶油果子”①（*Thea oleifera*）的种子榨出的。结这种种子的植物为一灌木，是茶树的一近缘种，在四川中北部为一常见的野生植物，生长于砂岩沟谷中，其嫩枝被毛，易于区别。在中国东部的部分地区有大量栽培，种子用于榨油。在西部，我仅在安县地区见到有种植园，但据报道在邛州和其他地方也有栽培。这种油用于掺兑菜籽油，中国妇女也用于梳理头发。其油粕可作肥料，施入水田据说可杀死危害稻苗的地下害虫。

---

① 即油茶。

第三十章

白蜡虫与白蜡

放养白蜡虫是嘉定府的重要产业，其重要性仅次于养蚕业。这项产业吸引了许多旅行者的注意，曾经有过许多讨论。它具有数个非常有趣的特点，任何关于四川西部经济物产的报告必须将其包括在内，缺此不可。白蜡由一种介壳虫（Coccus pela）集聚在一种白蜡树和一种女贞树的枝条上生成。白蜡虫在一地区培育，然后运往各处生产白蜡。所有这一切听起来很简单，然而几乎用了 5 个世纪才把整个事实弄清楚。中国历史学家认为，约在 13 世纪中期中国人开始了解白蜡虫。天主教传教士金尼阁于 1615 年写过一些关于中国东部这一产业的报道。接下来的一个世纪发表了数篇有关文章，但直到 1853 年在上海的洛克哈特（William Lockhart）先生将粗提的白蜡样本寄到英国，这种生产白蜡的昆虫才为英国科学界所知。在寄去的粗提白蜡中发现了数只已干燥的成龄雌虫，经韦斯特伍德（Westwood）鉴定为 Coccus 属的新种。1853 年福琼在宁波附近的旅行中注意到这一产业，并写道“白蜡虫聚集于其上的树无疑是一种梣树”。1872 年著名的李希霍芬男爵报道了中国西部白蜡虫的生产情况，此前西方人对这一事物一无所知。

1879 年贝克（E. C. Baker）先生根据他在富林（Fulin）附近的观察写了一份更长的关于中国西部白蜡产业的报告。可惜的是，这位有才能的观察家缺少植物知识，被当地土名所误导，使之在植物这方面更增添了神秘和混乱。

1884 年霍西先生（那时是英国驻重庆领事馆的代办）受英国皇家植物园（邱园）的嘱托对这一问题进行全面调查。他前往四川主要的白蜡产区，采集两种寄主植物的标本和白蜡样品，了解培育和制备商用白蜡的方法。两种寄主植物经邱园的专家鉴定为女贞和白蜡树，前者为饲养白蜡虫的树种，后者为白蜡虫排放白蜡的树种。女贞无疑是白蜡虫的天然寄主。由于这种树有两三个地方名，致使很难把问题说清楚。在中国中部和西部通常称为“蜡树”或“虫树”。但有时，特别是在东部的省份称为“冬青树”，意为“冬季常青”；而这一名称又通常用于柞木（*Xylosma racemosum* var. *pubescens*），为一常见种植于神龛、墓地周围的树种。确定这种冬青树的正确身份有许多推测，而每一个推测都使问题更加复杂。

同属于嘉定府的峨眉县和洪雅县是白蜡生产的中心，但培育白蜡虫种则在相距约 200 英里、属宁远府（Ningyuan Fu）的建昌河谷（Chiench’ang valley）[①]。只有少数白蜡虫种是在距嘉定府只有一日行程的犍为县（Chienwei Hsien）附近培育的，但据说其产蜡的数量和质量都不如建昌河谷培育的虫种。

白蜡虫在冬天繁育。约在 4 月，底圆锥状的介壳或“虫瘿”内充满了细小的虫卵，可进行转移。据我观察，通常是放到饲养蜡虫的女贞树上。但贝克断言两种树都可以，有可能他说的是对的。

将数个满是虫卵的介壳用薄纸包在一起，放在透气的篮子里，由搬运工以最快速度运往洪雅县城，在那里再分发给农户。5 月有上百民工

① 即安宁河谷。

专门从事此项运输。幼虫很快孵化出来，特别是天气热得早时，在这种情况下，运输多在夜晚打着灯笼进行。6 天走完近 200 英里艰险的山路。运输蜡虫的民工用接力的办法每天走 30 ～ 40 英里，而在一般情况下，西部的搬运工最多平均每天走 20 英里。

用女贞还是用白蜡树作寄主，对生产白蜡的影响并不大。有些地区偏好用后者，而另一地区喜用前者，经常两种树并立在一起。这些树都种在田边，距地面 5 英尺或 6 英尺时将其截顶。通常在截顶处发出的一年生或数年生的侧枝上放养蜡虫。这些树的繁殖方法是，选取粗枝条，削去一部分皮和少量木质部，在切割部位的周围包上烂泥和稻草使之成球状。当根在泥球中形成，将枝条从母树上切下，种在田边，就能很快长成一株树。

在嘉定府生产白蜡的地区，农民种植了无数被截顶的这种树木。在 5 月虫种来到之前，准备放虫的枝条的下半部要把侧枝清理干净。养虫人购得虫种后，将数个圆锥状介壳松散地包在一张宽叶子内，再将这个小包悬挂在白蜡树或女贞的树枝间。幼虫很快孵化出来，向上爬到叶上并在那里停留 14 天，直到“它们的口器和肢体发育健全”。在这段时期，它们会蜕皮，脱去幼虫早期“有毛的外衣”。这以后蜡虫下到已被除去叶子的枝条部分，趴在枝条的下面，立即开始聚积蜡质。在这一阶段的初期，极忌大雨和强风，因这会使蜡虫不能附着枝上，常导致耽误一季的生产。蜡质的聚集初时犹如枝上的白霜，一直延续至 8 月底（从将蜡虫挂上树算起共 100 天）。聚集的蜡质多在枝条的下面，很少四面相等延伸成圆形。

约在 8 月底将白色的蜡质层从枝条上刮下（经常是将整枝砍下）投入沸水中。蜡即熔化浮在水面。将蜡从水面撇出，当其呈黏胶状态时放入模具使之成碟形圆饼。将沉在沸水桶底的白蜡虫集中粉碎，榨出所含白蜡，最后剩下的残渣用于喂猪。

蜡质的分泌曾被归因于病，但按照现有的知识，可能这只是白蜡虫

白蜡与白蜡虫寄主女贞树（Ligustrum lucidum）

防卫敌人的一种天然手段。中国人认为白蜡虫靠露水生活，蜡质是从它们身体中排出。

白蜡虫的天敌是一种瓢虫（lady bird），它与白蜡虫一起孵化，以白蜡虫的幼虫为食。中国人将此虫称为“蜡狗”。幼虫孵出后，农民在正午时去看他的树，用木棒用力敲击树干，以驱逐蜡狗。

这一产业在两个分开甚远的地区合作进行，这也带来不少麻烦。但由于特殊的气候条件，白蜡虫在建昌河谷繁育良好，而在嘉定地区产蜡更多。无论如何，很明显，一个地区不能二者兼备，既产蜡又育虫，因为要获得前者就得把后者杀死在沸水中。我相信这种互相依赖的合作仅是为了双方各自的利益。

白蜡与鲸油非常相似，但硬得多。它无色、无气味，几乎没有味道，易碎，在 60°F 下易成粉状，略溶于酒精，极易溶解于石油，可在这种溶液中结晶；在 180°F 时熔化，浮于水面，据说长时间浸入冷水中会变坚硬。

白蜡大部分用于制造中国蜡烛。在制作中，少量的蜡与油脂混合作烛芯，外面包一层白蜡。质量好的蜡烛每磅含白蜡 2.5 盎司，质量差的每磅含白蜡不超过 1 盎司。由于普通的油脂在 100°F 即熔化，外面包上熔点高的白蜡，其优点显而易见。在纸张店，白蜡主要用于使高级纸张增添光泽；在药店普遍用作蜡丸的外壳，蜡本身也有药用价值。白蜡也用于磨光玉器和皂石（soap-stone）工艺品及精美家具，使其增添光泽，也用于制作礼佛的装饰品，但其主要用途乃为制造蜡烛和使纸张光滑。

此项产业完全有赖于适合的气候条件，年产量变化很大。歉收年平均产量为 5 万担，而丰收年产量可增加 1 倍多。以前保宁府生产相当数量的白蜡，但近年来这一产业在那里被忽视。今日中国西部所用的全部白蜡均由嘉定府生产。

尽管从外国进口的蜡烛和煤油的数量不断增加，对白蜡的需求仍保持稳定，与之相关的产业还没有萎缩的迹象。在中国西部，由于长江上游航行困难、路途危险，导致运费昂贵，外国商品少能运到此处，所以只能是富人享受的奢侈品。随着铁路的发展定将发生巨大的变化，这有趣的白蜡产业有朝一日可能会消亡。

附录一

林德利写给福琼的指示[①]

你将乘坐“鸸鹋（Emu）号”轮船，已为你订好铺位。在船上，你与船长一起用膳。

你的工资从你离开温室部那天开始计算，直到你从中国回来恢复工作为止。年薪 100 英镑，免除所有折扣，也不包括你的制装费和在执行任务中必要的意外开支。

你此次任务的主要目的是：1. 采集现在大英帝国还没有栽培的观赏和有经济用途的植物种子和苗木；2. 获取中国园林、农业资料，包括自然和气候条件，以及其他对植物生长影响的信息。

关于这些事项，你必须坚持将你所有的进程都作详细记录，把你每天可能进行的观察和由此而产生的一些想法记载下来。这些记录将形成一份资料，以后还要从中整理你的考察记述，供园艺学会会员使用。

你要抓住每一次机会写信回来。来信要按顺序编号，尽可能具体报告你在日记中收集到的资料，以便园艺学会判断你考察的进展。每封信都要有复份，分别在不同的时机寄出，以防远程通信很容易出现的

① Cox, E. H. M. The plant hunting in China. London, Collins Clear-Type Press, 1945.

意外。

向英国运送植物，你当尽量交由曾向你推荐的商家的船只运回。包裹到达英国后凭提货单交付运费。你要让船长牢记，这些装有玻璃的箱子必须保持有光照，尽可能放在船尾楼或甲板上，如果不行，则放在大桅楼或后桅楼上。同样至关重要的是，种子要放在通风良好的地方。所有的包裹都寄往“The Secratary，21 Regent Street, London”。每次都要求承运船只同时寄出通知书和提货单。

你应抓住有利机会不时把采集到的东西寄回来，但你同时应留下最好的复份亲自带回来。

你可拿出三箱活的植物作下列用途。1. 作为礼物送给可能对你有用的人；2. 用来观察在海运期间可能遇到的不同环境条件对植物的影响——与此相关的内容，将是你报告的一部分。

我们也为你提供一定数量的欧洲的蔬菜种子，其目的和上述植物一样，有需要时你可用作礼物，同时你可摸清不同包装方法对种子的影响。其结果也应包含在你的报告中。

园艺学会无法预见你停留中国期间可能取得哪些成就，就他们当前的观点，希望把时间定为一年，至于如何进入这个国家和怎样进行采集的细节，由你自己判断行事。然而园艺学会建议雇用少量廉价的中国临时工，他们可以从那些你无法深入的地方带回来植物。

园艺学会不能决定你应访问哪些港口，或从哪个方向开展你的调查。现在中国与英国的关系非常不稳定。然而园艺学会倾向于相信福州府，如可去的话，非常有希望取得有价值的成果。因为它是中国一个较寒凉省份的省城。如果日本人喜欢去的旅游胜地霞浦（Chapoo）可以进入，你到达后值得立即去看一下。在鼓浪屿（Goolongsoo）交还给中国政府之前，园艺学会希望你能去那里访问。但关于这类问题，相信你到中国后，会根据所获得的信息，做出最佳选择，自行决定行事。

如果你觉得应以香港为基地，那就需要有一块土地保存你的植物，直到有船来把它们运走。希望岛上的约翰斯顿（Johnstone）中尉念及能从你那里分享一些从欧洲带来的种子和植物，能免费为你提供一块土地。

没有必要更具体地指定哪些植物你必须调查，然而下列内容应提请你注意：

1. 北京种植于皇家庭园的桃子，每个重2磅。
2. 不同品质的制茶植物。
3. 香港山上野生的吊钟花（*Enkianthus*）的生长环境。
4. 重瓣黄蔷薇，据说除木香花（*banksian*）外，中国有两种。
5. 用来造通草纸的植物。
6. 各种莲花。
7. 开蓝色花的牡丹，不过是否存在还有疑问。
8. 称为香橼或佛手的手指状的柑橘和其他奇异的桔树种类。
9. 与现在栽培种类不同的猪笼草。
10. 开黄花的茶花（如果存在）。
11. 称为松皮柑（Song-pee-ken）的真正柑橘。
12. 称为金橘（Cum-quat）的柑橘。
13. 福建的百合，煮熟后像板栗一样可食。
14. 感应草（*Oxalis sensitiva*）。
15. 称为万年杉（Wan-neen-chang）的重穗石松（*Lycopodium cernuum*）。
16. 产于广东省罗浮山的映山红（*Azalea*）。
17. 产于上述同一地点，称为天蚕的大柏天蚕蛾的茧。
18. 商用的藤条。
19. 各种鸡冠花（*Celosia*）和雁来红（*Amaranthus*）。
20. 木本和草本牡丹属植物。
21. 不同种类的八角（Illicium）。
22. 不同种类的竹子及其用途。

任何时刻你都要牢记，对园艺学会而言，耐寒植物是最重要的。植物在栽培时，对温度要求越高，其价值越小。但开花非常漂亮的水生植物和兰科植物则属例外。

你要考虑，只要有可能采到，寄回种子的小包数量要足够常规的分配。

你还要采集土壤材料供化学分析。尽量收集各类看起来有用的土壤，并注明哪种植物在哪种土壤中生长得最好。每个土样不超过 2 磅即可。特别要弄清楚，最好的中国茶花、杜鹃、菊花、吊钟花等最适宜生长的土壤。从中国来的植物其土壤一般都含有取自河床中的坚硬泥块（hard lumps of mud）。

虽然我们已有中国人如何矮化树木的说明，但还要获取这奇妙的技艺更多信息。

中国人通常都把种子和烧制的骨灰拌在一起，要认真弄清楚其想法是为了保存种子的生命力，还是播种时混在一起，用骨灰作肥料。后者并非不可能。要了解他们处理肥料的方法，特别是，他们的处理过程与欧洲采取的方法有何不同。

对所有采集到的活植物和种子，园艺学会具有专利权。你还要为学会制备一套压干的标本，包括在有条件压制标本时，你可能遇上的所有植物。其他你可能得到的收集品，可成为你的私有财产，但要明确，园艺学会对你在时间上的要求。

为你提供的各种工具，回来时可留在中国；你的手枪可在上船前找有利机会卖掉，然后把所收款项归还园艺学会，否则就要把它带回来交还给园艺学会。

在中国，你可向邓特公司（Dent & Co）申请提取供给你所需的经费。他们会从园艺学会的账户里支付你的账单，总数为 500 英镑。

所有的信函、种子、苗木等，都要写明收件人为：“园艺学会秘书”，不可是别的人，除非是与园艺学会无关的私人信件。

每次写信给园艺学会秘书，应寄回你的开支账单，同时要尽量取得和保存单据，以便你回来后审计用。

财务会预支你一笔价值 50 英镑的银元，当你结束任务后总结算。

托你带给一些个人的信，你要找机会尽快递交，名单见附件。

附录二

萨金特写给威尔逊的信[1]

亲爱的威尔逊先生：

我试图在此短信中把我们曾讨论过的关于你中国之行的一些事项落实下来。

此行的目的是要获取关于中国木本植物的知识，同时在可行的情况下，尽量将它们引回栽培。因此要求调查覆盖尽可能多的地域，而不是收集任何特殊植物的大量标本或种子。虽然我们总体上确定了你将访问的区域，但对你而言，只要条件许可，应考虑探访以前未到过的地区。

关于蜡叶标本，我们确定木本植物最好每号采 6 份，同时为了展示其分布，同一种在不同地区也要采集。当一个种出现变异时，应采数号，尽可能显示其变异幅度。当然，在这种情况下，这类额外的标本只是或主要是给阿诺德树木园的，不需要那么多份数。

至于草本植物，凡你采收种子的、你认为是新的，在学术或园艺上有特殊意义的都应压制标本。

① A. H. Richard. E. H. Wilson as a Botanist. *Arnoldia,* 1980. 40(3): 102–138; 40(4): 104–193.

你应为克里斯特博士（Dr. Christ）采集蕨类标本，他已有交代。所有兰科植物都要为阿墨斯先生（Mr. Ames）采集。同时，当在那里压干没有困难时，每种压制 12 个标本为好，以供交换之用。

除了非常普通的种类，如臭椿（Ailanthus glandulosa）、棣棠（Kerria）、鸡麻（Rhodotypos）和其他你知道已普遍栽培的种类外，应尽可能采集所有木本植物的种子。如能获得足够数量的种子，将所有可望在美国北方各州耐寒的种类繁育四百或五百株苗木最为理想。然而，这不适用于栎、栗和核桃类的种子。因为这些苗木要求带泥土包装，大规模寄运需耗费大量劳力和经费，我们只能期望得到 30 ～ 40 粒完好的橡子、栗子或核桃。木兰（Magnolia）和卫矛（Euonymus）的种子也不易储运，寄运时放在泥土或湿润的苔藓中可能会有帮助。

至于阔叶常绿植物的种子（杜鹃属除外），在我们的气候条件下难望繁茂生长，只要少量的种子就够了。我的想法是，在我们这里育苗，然后分发到欧洲南部的园林或英国最温暖的地方。

采种时一定要牢记，所采种子母树的位置对其后代的耐寒性有很大的影响，因此很重要。如果这个种分布很广，应尽量在其分布区的北缘或海拔最高处采种。除非你有很多东西要带泥打包，装成一箱然后海运会觉得更经济一些，我相信邮寄种子会更安全。此事我认为至关重要。所有鸢尾、牡丹种类的种子都要采集，当然，能邮寄其宿根则更好。百合和其他任何开花漂亮的球根植物、高山植物和其他草本植物，凡有园艺价值而现在还没有引入栽培的种类，都应采收种子。当然，你应理解到，对草本植物的引种是次要的；引种木本植物才是首要的。

当无法获得种子时，应代之以寄回接穗或插条。如榆树就不易获得种子，可能需要寄接穗才行。我们能够处理几乎所有你可能遇到的落叶乔木和灌木的接穗，但常绿种类不行。我认为每种大约 35 个接穗已足够，无须大量寄运。杨树和柳树应采插条寄回。

百合鳞茎，除分别包装寄给法科公司（Farquhar's）的外，这些中国百合我想每种要150个球，给这里的一些订购者。如果威尔莫特（Willmott）小姐告知我她也要百合鳞茎的话，最好是直接寄给她。此事我以后会再写信给你。

注释：标本馆保存的标本应附有描述性的记录，包括植物本身不能显示出来的要点，例如采集日期、地点、海拔高度。如为乔木，其平均高度，树干直径、生长习性等；花和果的颜色；山楂属植物花药的颜色；是否有经济用途；树皮的一般特征；其木材的商业价值。如为灌木，其大小、生长习性等。我们在此对乔木的定义是：此植物不论其高矮、大小，长大后有单一的茎干，而灌木无论长得多高，都会有两到多个茎干从地面长出，所以有的灌木会比乔木长得更高大。

我想你和我一样，认为要设计出一些标本和种子编号的系统非常重要，这样可使它们与标本馆的标本准确、快捷地对上号。我曾和你讨论过，分别给每个属一个暂时的序号或许是可行的。如果这样做，我想种子和标本可编同一个号，然后当幼苗长成要分发出去时，这些植物可独立于种子编号，另编一新的序号，而这只是为了我们工作的方便。

凡能识别、有名称的树木应尽可能地拍摄照片。在不知道其名称的情况下，照片要能查对所采标本的编号系统。如有可能，木兰、杜鹃等的花，最好是拍原大照片，将有很高价值；云杉、铁杉、冷杉的带果枝条也是如此。树皮的大尺码照片非常有价值，可用来显示不同地区生长着不同树木的特点。同时，如有时间，可拍摄一些农村风景和其他新奇而有趣的事物，如外界知之甚少的中国中部和西部的景观。

松杉植物。如切实可行，我很乐意让你采所有松杉植物，要有花有果，同时我们也很希望能得到它们的种子。对于松属、云杉属、崖柏属和落叶松属植物，每种至少要有100个球果，要采自不同的植株，尽可能显示它们可能存在的变异。那些采自近沿海地区的种子所育出的杉木苗，在我们这里的气候条件下表现出不耐寒，所以应从内地海拔高处采收种子，当然，我曾说过，从北部和海拔较高处采种的重要性，对松杉植物同样适用，甚至更为重要。

我希望为我们的博物馆收集你在中国市场可能遇到的核桃、板栗等其他树木的果实标本。如果你收集到中国人在他们庭院中栽培的有经济用途的乔木和灌木信息，也是很有趣的；如能提供这些植物的标本，这些资料的价值会更高。

我知道，不可能再在上海寻找栽培的映山红，然而，如果有机会的话，获取任何你认为有需要的种类亦将是有趣的。上海也是毛白杨（Populus tomentosa）生长的地方，我们需要获取它的花。

竹子。如果可行的话，可试着邮寄带根的小段回来。山上生长的小竹子，在我们这里的气候条件下也许能耐寒过冬。

书籍。希望你能为我们的图书馆收集有关中国植物学的图书。

附录三

威尔逊历次来华采集的时间、行程和地点[①]

1899—1902 年第一次为维奇公司采集

1899 年

四月（23） 到达美国波士顿。

六月（3） 香港。

八月 越南：老街。

九月 云南：蒙自，思茅。

十二月（25） 香港。

1900 年

二月（24） 湖北：宜昌。

三月 湖北：宜昌，南沱。

四月 湖北：宜昌，南沱，巴东，长阳。

五月 湖北：长阳，建始，宜昌，南沱。

六月 湖北：建始，保康，巴东。

① Richard, A. H. E. H. Wilson as a Botanist. Arnoldia 1980. 40(3): 102–138; 40(4): 104–193.

七月　湖北：建始。

八月　四川：巫山。

十月　湖北：长阳，宜昌。

十二月　湖北：宜昌。

1901 年

三月　四川：夔州（今奉节县）。

四月　湖北：长阳，保康，巴东。

五月　湖北：巴东。

六月　四川：夔州。湖北：长阳，房县，保康。

七月　湖北：房县，保康，巴东。

八月　湖北：保康。

九月　湖北：长阳。

1902 年

四月　回到英国。

此行的主要目的是采集在中国新发现的鸽子树，即珙桐（*Davidia involucrata*）。这种植物首先为法国传教士戴维于 1869 年在四川宝兴发现，随后亨利在湖北西部也采到。维奇公司给威尔逊的指示是："此行的目的是采得一定数量的鸽子树种子……要不惜辛苦、金钱和一切代价达到此目的"。威尔逊经波士顿、旧金山、香港、河内到云南蒙自会见亨利，再经香港、上海到宜昌。然后以宜昌为据点，根据亨利提供的线索，威尔逊在湖北西部和四川东部沿长江两岸寻找，终于找到结果的植株。据记载，此行寄回维奇公司 14875 粒珙桐种子。到 1902 年晚春维奇公司共育出幼苗约 13000 株，并发现珙桐种子具有二次休眠的特性。此外还采得大量其他植物的种子、鳞茎和标本。种子编号为 1 ～ 1310；标本编号为 1 ～ 2800。

1903—1905 年第二次为维奇公司采集

1903 年

三月（22） 香港；上海。

四月（25） 湖北：宜昌。

五月 四川：重庆[①]，涪州，嘉定府（今乐山市）。

六月 四川：嘉定府，打箭炉（今康定市），瓦山。

七月 四川：瓦山，富林，嘉定府，峨眉山，打箭炉，铜河谷地。

八月（10）～九月（23） 四川：嘉定府。

十月 四川：嘉定府，峨眉山。

十一月 四川：嘉定府。

十二月 湖北：宜昌。

1904 年

三月（15） 湖北：宜昌。

四月 湖北：宜昌。四川：叙府（今宜宾市）。

五月 四川：嘉定府，峨眉山，打箭炉，大相岭，铜河谷地，瓦山。

六月 四川：峨眉山，穆平（今宝兴县），打箭炉。

七月 四川：嘉定府，峨眉山，打箭炉，铜河谷地。

八月 四川：嘉定府，松潘。

九月 四川：成都，岷江谷地，松潘。

十月 四川：穆平，打箭炉。

十一月 四川：嘉定府。

十二月 四川：嘉定府，重庆。

1905 年

三月回到英国

---

① 今为直辖市。

上一次采集为维奇公司赢得了声誉，带来了财富。公司负责人更看准了草本花卉见效快、销路好，于是决定再次派威尔逊前往中国，主要目的是采集一种特别美丽的高山植物——全缘叶绿绒蒿（*Meconopsis integrifolia*），也常被称为喜马拉雅黄花罂粟，特产于中国西部。威尔逊于 1903 年 3 月到达上海，经湖北到达四川西部。这次行程十分艰苦，在康定南面的贡嘎山，海拔 11000 英尺高处找到这种植物；此后又在松潘附近采到另一种——红花绿绒蒿（M. punicea）；还访问了峨眉山和瓦山，发现许多种杜鹃花都生长在石灰岩母质发育的土壤中，纠正了前人认为杜鹃花属植物只能生长在酸性土壤中的观点。这次所采得的种子编号为 1400 ～ 1910，标本编号为 3000 ～ 5420。

1907—1909 年第一次为阿诺德树木园采集

1907 年

二月（2）到上海；（26）达宜昌。

三月　湖北：兴山县，宜昌。

四月　湖北：长阳县，兴山县，宜昌，巴东县。

五月　湖北：常乐县，房县，兴山县，宜昌。

六月　湖北：长阳县，房县，兴山县，宜昌，巴东。江西：牯岭。

七月　江西：牯岭。湖北：常乐县，兴山县。

八月　湖北：房县，兴山县，宜昌。

九月～十月　湖北：房县，兴山县，宜昌。

十一月～十二月　湖北：长阳县，房县，宜昌。

1908 年

一月　湖北：兴山县，宜昌，沙市。

二月　湖北：宜昌。

三月　湖北：宜昌，宜昌峡，巴东。四川：夔府，风箱峡，巫峡，云阳。

四月 四川：丰都县，叙府（今宜宾市），万县。

五月 四川：成都，犍为县，青神县，九顶山，汉川，新津县，嘉定府，茂州，岷江河谷，什邡县，打箭炉，大相岭，瓦寺（汶川县）。

六月 四川：成都，灌县，汶川，小金河，漩口，小金河，官寨，巴郎山垭口，懋功（今小金县），沃日（小金县），邛崃，穆平，郫县，诺米章谷，打箭炉，大金河。

七月 四川：折多山，穆坪，打箭炉，大炮山，铜河谷地，瓦寺。

八月 四川：成都，青神县，邛州，灌县，泸定桥，双流县，瓦山，雅州府（今雅安市），云阳县。

九月 四川：青神县，洪雅县，马烈，瓦屋山，汉源。

十月 四川：成都平原，九顶山，绵竹县，新津县，嘉定府，打箭炉，铜河谷地，雅洲府。

十一月 四川：成都，九顶山，嘉定府，岷江谷地，穆坪，巴郎山，打箭炉，铜河谷地。

十二月 四川：江青县，嘉定府，泸州，南溪县，叙府，雅州府。

1909 年

一月 四川：重庆，万县，巫峡，云阳。湖北：巴东县，兴山县，南沱，米仑峡（即西陵峡西段），宜昌三游洞。

二月 湖北：长阳县，宜昌。

三月 湖北：宜昌，汉口。上海。

四月 经香港离开中国。

此行的主要目的是尽可能多地采集所有木本植物的种子和标本。阿诺德树木园主任萨金特指示，要摄影保存此次考察资料，并在今后的考察工作中保持这种做法。此次威尔逊与美国农业部的外国种子和植物引种部门合作，该部门已于 1905 年派遣迈耶尔（Frank Meyer）在中国考察农作物。哈佛大学动物博物馆也派遣哲培（R. Zappey）同往，采集动物标本。

1907年2月4日威尔逊与哲培到达上海，然后与迈耶尔会合。头一年以宜昌为基地，在湖北境内工作。第二年购得一船，命名为“哈佛”号，乘船溯江而上，至嘉定，并以此为基地，工作于岷江河谷和周边山区，直达西藏边界，收获甚丰，还专程调查了瓦屋山附近的铅矿和铁矿。此次采集采用新编号，种子编号为1～1474，标本编号为1～3817，4000，4002，4005。哲培采得3135号鸟标本，哺乳动物、爬行动物和鱼类物标本共370号。

1909年4月威尔逊由香港经北京、莫斯科、列宁格勒（今圣彼得堡）、柏林、巴黎回到波士顿；后在伦敦逗留数月，冲洗720份玻璃底片。

1910—1911年第二次为阿诺德树木园采集

1910年

四月　取道西伯利亚铁路到中国湖北宜昌。

五月　湖北：宜昌，三游洞。

六月　湖北：房县，兴山县响滩，巴东县。四川：大宁县（今巫溪县）。

七月　四川：开县，云阳县，金堂县，崇庆县（今崇州市），巴州，宣汉县，平昌县，三台县，保宁府（今阆中市），潼川府（今三台县），东乡县，仪陇县，成都府。

八月　四川：成都府，安县，汉州，灌县，龙安府，茂州（今茂县），绵竹县，石泉县（今北川县），新都县，松潘，岷江河谷。

九月　四川：嘉定府，灌县，茂州，炳灵祠（洪雅县），松潘，打箭炉，汶川县。

十月—十二月　四川：成都府。

1911年

二月　经宜昌、汉口、上海，三月回到波士顿。

虽然在上一次考察中，采集松杉树种已被列为重点任务之一，但由于树木生长周期性问题，这类树木开花结实的甚少。可能由于萨金特此时正组织编写《威尔逊采集植物志》(*Plantae Wilsonianae*)，而松杉植物是极重要的一部分。1910 年威尔逊被再次派遣来华。这次的主要任务仍然是采集中国中部和西南部松杉类植物的球果和种子。他于 6 月 4 日从宜昌出发，先在湖北西部神农架林区采集，然后横穿四川东部、红盆地，历时 54 天到达成都。稍事休息后，又于 8 月 8 日从成都出发前往松潘。虽然 1903 年和 1904 年他曾两度到访此地，而此次选取一条更艰难偏僻的路线。从汉川、绵竹、安县、北川、平武，经现在的黄龙风景区而行，为的是到更偏远的地方寻找松杉植物。然后在归途中经岷江河谷，对 6000 多株岷江百合做了定点标记。1910 年 9 月 3 日威尔逊在汶川境内不幸遇山体滑坡，造成右腿骨折，在成都治疗数月，未痊愈，于 1911 年 3 月 11 日回到波士顿，提前结束了此次考察。但在事故发生前，威尔逊已妥善安排采收岷江百合鳞茎的工作，最后将所标记的鳞茎采回，运回波士顿。此次采集的种子编号为 4000 ～ 4462，标本编号为 4006 ～ 4744。

此后，1918 年威尔逊曾到日本和朝鲜采集，也到过我国的台湾地区，虽然时间很短，但采集到了特有的台湾杉（Taiwania cryptomerioides）和红桧（Chamaecyparis formosensis）。

附录四

植物学名译名对照表

经译者订正，斜体为异名，正体为正名，加星号者为作者的错误鉴定。

A

Abelia chinensis 糯米条

Abelia engleriana 六道木

Abelia parvifolia 蒲梗花

Abies delavayi 冷杉*

Abies fargesii 巴山冷杉

Abies faxoniana = A. fargesii var. faxoniana 岷江冷杉

Abies squamata 鳞皮冷杉

Abutilon avicennae = A. theophrasti 苘麻

Acanthopanax ricinifolius = Kalopanax septemlobus 刺楸

Acanthopanax trifoliatus = Eleutherococcus trifoliotus 三加皮

Acer davidii 青榨槭

Acer griseum 血皮槭

Acer oblongum 飞蛾槭

Acer pictum var. *parviflorum* = A. mono 色木枫

Aconitum hemsleyanum 瓜叶乌头

Aconitum wilsonii = A. carmichaeli 乌头

Acroglochin chenopodioides = A. persicarioides 千针苋（野苋菜）

Actinidia chinensis 中华猕猴桃

Actinidia kolomikta 狗枣猕猴桃

Actinidia rubricaulis 红茎猕猴桃

Adenophora polymorpha 沙参*

Adiantum capillus-veneris 铁线蕨

Adiantum pedatum 掌叶铁线蕨

Adina globiflora = A. pilulifera 水团花

Adina racemosa = Sinoadina racemosa 鸡仔木

Aesculus wilsonii = Aesculus chinensis var. wilsonii 天师栗

Agaricus campestris 蘑菇

Agrimonia eupatoria = A. eupatoria subsp. asiatica 大花龙牙草

Ailanthus glandulosa = A. altissima 臭椿

Ailanthus vilmoriniana 刺臭椿

Albizzia kalkora 山槐

Aleurites fordii = Vernicia fordii 油桐

Aleurites montana = Vernicia montana 木油桐

Allium cepa 洋葱

Allium chinense 藠头
Allium fistulosum 葱
Allium odorum = A. ramosum 野韭菜
Allium sativum 大蒜
Alniphyllum fortunei 赤杨叶
Alnus cremastogyne 桤木
Amaranthus paniculatus 老鸭谷
Amelanchier asiatica var. *sinica* =A. sinica 唐棣
Amorphophallus konjac 花魔芋
Amphicome arguta =Incarvillea arguta 两头毛
Anaphalis contorta 清明菜
Anemone japonica = A. hupehensis 打破碗花花
Anemone vitifolia 野棉花
Angelica polymorpha var. *sinensis* = A. sinensis 当归
Apium graveolens 芹菜
Arachis hypogaea 落花生
Aralia chinensis 黄毛楤木
Aralia quinquefolia = Panax quinquefolia 西洋参
Arctium majus = A. lappa 牛蒡
Arctous alpinus var. *ruber* = A. ruber 红北极果
Areca catechu 槟榔
Aristolochia moupinensis 宝兴马兜铃
Artemisia lactiflora 白苞蒿
Arundinaria murielae = Fargesia murielae 神农箭竹
Arundinaria nitida = Fargesia nitida 华西箭竹
Asarum maximum 大叶马蹄香
Aspidistra punctata = A. lurida 蜘蛛抱蛋
Astilbe davidii = A. chinensis 落新妇
Astilbe grandis 大落新妇
Astilbe rivularis 溪畔落新妇
Avena fatua 野燕麦
Avena nuda = A. chinensis 莜麦
Azalea simsii = Rhododendron simsii 映山红
Azolla filiculoides 细叶满江红

B

Bambusa arundinacea = B. bambos 印度簕竹
Bambusa spinosa = B. arundinacea 印度簕竹
Bambusa vulgaris 龙头竹
Basella rubra = B. alba 染绛子
Benincasa cerifera = B. hispida 冬瓜
Berchemia giraldiana = B. floribunda 多花勾儿茶
Berchemia lineata 铁包金
Berneuxia thibetica 岩匙
Beta vulgaris 甜菜
Betula albo-sinensis 红桦
Betula insignis 香桦
Betula luminifera 亮叶桦
Blechnum eburneum = Struthiopteris eburnea 荚囊蕨
Bletia hyacinthina = Bletilla striata 白芨
Boehmeria nivea 苎麻
Brassica campestris var. *oleifera* = B. rapa var. oleifera 芸薹
Brassica chinensis 青菜
Brassica juncea 芥菜
Brassica juncea var. *oleifera* = B. chinensis var. oleifera 油白菜
Brassica napus var. *esculenta* = B. juncea var. napiformis 芥菜疙瘩
Brassica oleracea var. *caulorapa* = B. oleracea var. gongylodes 擘蓝
Broussonetia papyrifera 构树
Buddleja asiatica 白背枫
Buddleja davidii 大叶醉鱼草

Buddleja officinalis 密蒙花
Buxus microphylla var. *sinica* = B. sinica 黄杨
Buxus stenophylla 狭叶黄杨

C

Caesalpinia japonica = C. decapetala 云实
Caesalpinia sepiaria = C. decapetala 云实
Cajanus indicus = C. cajan 木豆
Callistephus hortensis = C. chinensis 翠菊
Campanula punctata 紫斑风铃草
Camptotheca acuminata 喜树
Canarium album 橄榄
Canavalia ensiformis 直生刀豆
Cannabis sativa 大麻
Cantharellus cibarius 鸡油菌
Capsicum annuum 辣椒
Capsicum frutescens 小米椒
Caragana chamlagu = C. sinica 锦鸡儿
Carrierea calycina 山羊角树
Carthamus tinctorius 红花
Caryopteris incana 兰香草
Cassiope selaginoides 岩须
Castanea henryi 锥栗
Castanea mollissima 板栗
Castanea seguinii 茅栗
Catalpa fargesii 灰楸
Catalpa ovata 梓树
Cedrela sinensis = Toona sinensis 香椿
Celosia argentea 青葙
Celtis sinensis 朴树
Ceratostigma willmottianum 岷江蓝雪花
Cercidiphyllum japonicum var. *sinnense* = C. japonicum 连香树
Cercis racemosa 垂丝紫荆
Chaenomeles cathayensis 毛叶木瓜
Chaenomeles sinensis 木瓜
Cheilanthes patula 平羽碎米蕨
Chelidonium lasiocarpum = Stylophorum lasiocarpun 金罂粟
Chenopodium album 藜（灰甜苋）
Chloranthus inconspicuus = C. spicatus 金粟兰（珠兰）
Chrysanthemum indicum 野菊
Chrysanthemum segetum = Glebionis segetum 南茼蒿
Chrysanthemum sinense = C. morifolium 菊花
Cinnamomum camphora 樟树
Cinnamomum cassia 肉桂
Citrus aurantium 甜橙
Citrus ichangensis 宜昌橙
Citrus japonica = Fortunella japonica 金橘
Citrus medica var. *digitata* = C. medica var. sacordactylis 佛手柑
Citrus nobilis = C. reticulata 柑橘
Citrus trifoliata 枳
Cladrastis delavayi 小花香槐
Cladrastis wilsonii 香槐
Clematis armandi 小木通
Clematis benthamiana = C. kirilowii var. pashanensis 巴山铁线莲
Clematis faberi = C. pogonandra 须蕊铁线莲
Clematis fruticosa 灌木铁线莲
Clematis glauca 粉绿铁线莲
Clematis gouriana 小蓑衣藤
Clematis grata = C. argentiulcida 粗齿铁线莲
Clematis henryi 单叶铁线莲
Clematis montana 绣球藤
Clematis montana var. grandiflora 大花绣球藤
Clematis montana var. wilsonii 晚花绣球藤
Clematis pogonandra 须蕊铁线莲
Clematis rehderiana 长花铁线莲

Clematis tangutica 甘青铁线莲
Clematis uncinata 柱果铁线莲
Codonopsis tangshen 党参
Coix lacryma = C. lacrymajobi var. mayuen 薏米
Colocasia antiquorum野芋
Coptis chinensis 黄连
Corchorus capsularis 黄麻
Coriandrum sativum 芫荽
Coriaria sinica = C. nepalensis 马桑
Cornus capitata 头状四照花
Cornus chinensis 川鄂山茱萸
Cornus controversa = Bothrocaryum controverssum 灯台树
Cornus kousa var. *chinensis* = C. kousa subsp. chinensis 四照花
Cornus macrophylla 梾木
Cornus paucinervis = C. quinquenervis 小梾木
Cornus wilsoniana 光皮梾木
Corydalis thalictrifolia = C. saxicola 石生黄堇
Corydalis tomentosa = C. tomentella 毛黄堇
Corydalis wilsonii 川鄂黄堇
Corylus chinensis 华榛
Corylus heterophylla var. *cristagallii* = C. heterophylla var. sutchuensis 川榛
Corylus thibetica = C. ferox var. thibetica 藏刺榛
Cotoneaster multiflorus 水栒子
Crataegus cuneata 野山楂
Crataegus hupehensis 湖北山楂
Crepis japonica = Youngia japonica 黄鹌菜
Cryptomeria japonica 日本柳杉
Cucumis melo 甜瓜
Cucumis sativus 黄瓜
Cucurbita citrullus = Citrullus lanatus 西瓜
Cucurbita maxima 笋瓜
Cucurbita moschata 南瓜
Cucurbita ovifera = C. melopepo 田野南瓜
Cucurbita pepo 西葫芦
Cudrania tricuspidata = Maclura tricuspidata 柘树
Cunninghamia lanceolata 杉木
Cupressus duclouxiana 干香柏
Cupressus funebris 柏木
Curcuma longa 姜黄
Cymbidium ensifolium 兰科植物
Cypripedium franchetii 毛杓兰
Cypripedium luteum = C. flavum 黄花杓兰
Cypripedium tibeticum 西藏杓兰

D

Dalbergia hupeana 黄檀
Dalbergia latifolia 阔叶黄檀
Daphne genkwa 芫花
Datura stramonium 曼陀罗
Daucus carota 胡萝卜
Davidia involucrata 珙桐
Davidia involucrata var. vilmoriniana 光叶珙桐
Decaisnea fargesii = D. insignis 猫儿屎
Delphinium chinense = D. grandiflorum 翠雀
Delphinium grandiflorum 翠雀
Dendrocalamus giganteus 龙竹（南竹）
Desmodium floribundum = D. multiflorum 饿蚂蟥
Deutzia discolor 异色溲疏
Deutzia longifolia 长叶溲疏
Deutzia rubens 粉红溲疏
Deutzia schneideriana 长江溲疏
Diervilla japonica = Weigela japonica var. sinica 半边月
Dioscorea alata 参薯（脚板苕）
Dioscorea batatas = D. opposida 薯蓣（排苕）

Dioscorea rhipogonoides = D. cirrhoa 薯莨
Dioscorea zingiberensis 钝叶薯蓣
Diospyros kaki 柿树
Diospyros lotus 君迁子
Dipelta floribunda 双盾木
Dipelta ventricosa 中华蚊母树
Diphylleia cymosa 聚伞花山荷叶
Dipteronia sinensis 金钱槭
Distylium chinense 中华蚊母树
Docynia delavayi 云南移依
Dolichos lablab = L. purpureus 扁豆
Dryobalanops camphora = D. aromatica 龙脑香

E

Ehretia acuminata 厚壳树
Ehretia dicksonii 粗糠树
Elaeagnus glabra 蔓胡颓子
Elaeagnus pungens 胡颓子
Enkianthus deflexus 毛叶吊钟花
Enkianthus quinqueflorus 吊钟花
Eriobotrya japonica 枇杷
Eriocaulon buergerianum 谷精草
Ervum lens = Lens culinaris 兵豆
Erythrina indica = E. variegata 刺桐
Eucommia ulmoides 杜仲
Euptelea franchetii = E. pleiosperma 领春木
Euptelea pleiosperma 领春木
Eurya japonica 柃木
Euryale ferox 芡实
Euonymus alatus 卫矛
Euonymus grandiflorus 大花卫矛

F

Fagopyrum esculentum 甜荞麦
Fagopyrum tataricum 苦荞麦
Fagus engleriana 米心水青冈
Fagus lucida 光叶水青冈
Ficus adpressa (为F. impressa 之误) = F. sarmentosa var. impressa 爬藤榕
Ficus infectoria = F. virens var. sublanceolata 黄葛树
Fragaria elatior = F. orientalis 东方草莓
Fragaria filipendula = Potentilla reptans var. sericophylla 绢毛匍匐委陵菜*
Fragaria indica = Duchesnea indica 蛇莓
Fraxinus chinensis 白蜡树
Fritillaria roylei = F. cirrhosa 川贝母

G

Gardenia florida = G. jasminoides 栀子
Gaultheria cuneata 四川白珠
Gaultheria veitchiana = G. hookeri 红粉白珠
Gentiana detonsa = G. barbata 扁蕾
Gentiana purpurata = G. rubicunda var. purpurata 深红龙胆
Gentiana veitchiorum 蓝玉簪龙胆
Ginkgo biloba 银杏
Gleditsia delavayi = G. japonica var. delavayi 滇皂荚
Gleditsia macracantha = G. sinensis 皂荚
Gleditsia officinalis = G. sinensis 皂荚
Gleditsia sinensis 皂荚
Gleichenia linearis = Dicranopteris linearis 芒萁
Glycine hispida = G. max 大豆
Glycyrrhiza uralensis 甘草
Gossypium herbaceum 棉花
Gymnocladus chinensis 肥皂荚

H

Hamamelis mollis 金缕梅
Hedera helix 洋常春藤*
Helianthus annuus 向日葵
Hemerocallis flava = H. lilio-asphodelus 北

黄花菜
Hemerocallis fulva 萱草
Heteropogon contortus 针茅
Hibiscus abelmoschus = H. moschatus 黄葵
Hippophae salicifolia 柳叶沙棘
Hirneola polytricha = Auricularia polytricha 毛木耳
Holboellia fargesii = H. angustifolia 五月瓜藤
Hordeum coeleste = H. vulgare var. coeleste 青稞
Hordeum hexastichon = H. vulgare 六棱大麦
Hordeum hexastichon var. *trifurcatum* = H. vulgare var. trifurcatum 米麦（藏青稞）
Hordeum vulgare 大麦
Hosiea sinensis 无须藤
Hovenia dulcis 北枳椇
Hydrangea anomala 冠盖绣球
Hydrangea sargentiana 紫彩绣球
Hydrangea strigosa 蜡莲绣球
Hydrangea villosa = Hydrangea aspera 马桑绣球
Hydrangea xanthoneura 挂苦绣球
Hymenophyllum omeiense = H. barbatum 华东膜蕨
Hyoscyamus niger 天仙子
Hypericum chinense = H. monogynum 金丝桃

I

Idesia polycarpa 山桐子
Ilex corallina 珊瑚冬青
Ilex cornuta 枸骨
Ilex pedunculosa 具柄冬青
Ilex pernyi 猫儿刺
Ilex yunnanensis 云南冬青
Illicium henryi 红茴香
Impatiens balsamina 凤仙花
Imperata arundinacea var. *koenigii* = I. cylindrica var. major 大白茅
Incarvillea compacta 密生波罗花
Incarvillea delavayi 红波罗花
Incarvillea grandiflora = I. mairei var. grandiflora 大花鸡肉参
Incarvillea variabilis = I. sinensis 角蒿
Incarvillea wilsonii = I. beresowskii 四川波罗花
Ipomoea aquatica 蕹菜
Ipomoea batatas 红薯
Iris japonica 蝴蝶花
Iris wilsonii 黄花鸢尾
Itea ilicifolia 鼠刺

J

Jasminum floridum 探春花
Juglans cathayensis 山核桃
Juglans regia 核桃树
Juncus effusus 灯芯草
Juniperus chinensis 圆柏
Juniperus formosana 刺柏
Juniperus saltuaria 方枝柏
Juniperus squamata 高山柏
Juniperus squamata var. fargesii 长叶高山柏
Jussiaea repens = Ludwigia ascendens 水龙

K

Keteleeria davidiana 铁坚油杉
Koelreuteria apiculata = K. paniculata 栾树
Koelreuteria bipinnata 复羽叶栾树

L

Lactarius deliciosus 松乳菇
Lactuca denticulata = Paraixeris denticulata 黄瓜菜

Lactuca scariola = L. sativa 莴苣
Lagenaria leucantha var. *longis* = L. siceraria var. 菜瓜
Lagenaria vulgaris = L. siceraria 葫芦
Lagenaria vulgaris var. *clavata* = L. siceraria var. hispida 瓠子
Lagerstroemia indica 紫薇
Larix mastersiana 四川红杉
Larix potaninii 红杉
Leontopodium alpinum 火绒草*
Libocedrus macrolepis = Calocedras macrolepis 翠柏
Ligusticum thomsonii 羌活
Ligustrum lucidum 女贞
Ligustrum strongylophyllum 宜昌女贞
Lilium brownii 野百合
Lilium brownii var. *colchesteri* = L. brownii var. viridulum 百合
Lilium concolor 渥丹
Lilium davidii 川百合
Lilium giganteum var. *yunnanense* = Cardiocrinum giganteum 大百合
Lilium henryi 湖北百合
Lilium leucanthum 宜昌百合
Lilium regale 岷江百合
Lilium sargentiae 通江百合
Lilium tigrinum 卷丹
Limnanthemum nymphoides = Nymphoides peltata 荇菜
Linum trigynum = Reinwardtia indica 石海椒
Linum usitatissimum 亚麻
Liquidambar formosana 枫香树
Liriodendron chinense 鹅掌楸
Liriope spicata 山麦冬
Lonicera chaetocarpa = L. hispida 刚毛忍冬
Lonicera deflexicalyx = L. tricosantha var. xerocalyx 长叶毛花忍冬
Lonicera hispida 刚毛忍冬
Lonicera japonica 忍冬
Lonicera maackii f. *podocarpa* = L. maackii 金银忍冬
Lonicera pileata = L. ligustrina var. pileata 蕊帽忍冬
Lonicera prostrata = L. trichosantha 毛花忍冬
Lonicera thibetica = L. rupicola 岩生忍冬
Lonicera tragophylla 盘叶忍冬
Lonicera tubuliflora 管花忍冬
Loropetalum chinense 檵木
Luffa cylindrica = L. aegyptiaca 丝瓜
Lycoris aurea 忽地笑
Lycoris radiata 石蒜
Lysimachia clethroides 矮桃
Lysimachia crispidens 异花珍珠菜
Lysimachia henryi 宜昌过路黄

M

Maackia chinensis = M. hupehensis 马鞍树
Machilus bournei = Phoebe bournei 闽楠
Machilus nanmu = Phoebe zhenan 楠木
Magnolia officinalis 厚朴
Malus baccata var. *mandshurica* = M. mandshurica 毛山荆子
Malus hupehensis 湖北海棠
Malus prunifolia var. *rinki* = M. asiatica 花红
Malus theifera = M. hupehensis 湖北海棠
Malva parviflora 毛冬苋菜
Malva verticillata 冬苋菜
Marsilea quadrifolia 苹
Mazus pulchellus 通泉草
Meconopsis chelidoniifolia 椭果绿绒蒿
Meconopsis henrici 川西绿绒蒿
Meconopsis integrifolia 全缘叶绿绒蒿
Meconopsis punicea 红花绿绒蒿

Meconopsis racemosa 总状绿绒蒿
Melastoma candidum 野牡丹
Melia azedarach 苦楝
Melilotus macrorrhiza 草木犀（野花生）*
Meliosma beaniana = M. alba 珂楠树
Meliosma kirkii 山青木
Meliosma oldhamii 刨花树
Meliosma veitchiorum 暖木
Meratia praecox = Chimonanthus praecox 蜡梅
Miscanthus latifolius 阔叶芒*
Miscanthus sinensis 芒
Momordica charantia 苦瓜
Monochoria vaginalis 鸭舌草
Morus alba 桑树
Mucuna sempervirens 长春油麻藤
Morus alba var. *latifolia* = M. alba var. multicaulis 鲁桑
Mussaendra pubescens 玉叶金花
Myrica rubra 杨梅
Myricaria germanica 水柏枝*

N

Nandina domestica 南天竹
Narcissus tazetta = N. tazetta var. chinensis 水仙
Neillia affinis 川康绣线梅
Neillia longiracemosa = N. thibetica 西康绣线梅
Neillia sinensis 中华绣线梅
Nelumbium speciosum = Nelumbo nucifera 莲
Nephelium litchi = Litchi chinensis 荔枝
Nephelium longana = Dimocapus longan 龙眼
Nephrodium molle = Cyclosorus dentatus 齿牙毛蕨
Nertera sinensis 薄柱草
Nicotiana rustica 黄花烟草
Nicotiana tabacum 烟草

O

Onychium japonicum 野雉尾金粉蕨
Ophiorrhiza cantonensis 广州蛇根草
Opuntia dillenii 仙人掌*
Ormosia hosiei 红豆树
Oryza sativa 水稻
Oryza sativa var. glutinosa 糯稻
Oryza sativa var. montana 旱稻
Oryza sativa var. praecox 红米稻
Osmanthus fragrans 桂花
Osmunda regalis = O. japonica 紫萁
Osteomeles schwerinae 华西小石积

P

Pachyrhizus angulatus = P. erosus 豆薯（地瓜）
Paeonia veitchii = P. anomala subsp. veitchii 川赤芍
Paliurus orientalis 短柄铜钱树
Paliurus ramosissimus 马甲子
Panicum crus-galli var. *frumentaceum* = Echinochloa frumentaceum 湖南稗子
Panicum miliaceum 稷
Papaver alpinum 高山罂粟
Papaver somniferum 罂粟
Parthenocissus henryana 花叶地锦
Parthenocissus thomsonii = Yua thomsonii 俞藤
Paulownia duclouxii = P. fortunei 白花泡桐
Paulownia fargesii 川泡桐
Perilla ocymoides = P. frutescens 紫苏
Phaseolus mungo = Vigna radiata 绿豆
Phaseolus vulgaris 菜豆
Phellodendron chinense 川黄檗
Philadelphus incanus 山梅花
Philadelphus wilsonii = P. subcanus 毛柱

山梅花
Phoebe nanmu 楠木
Photinia davidsoniae = P. bodinieri 贵州石楠
Phyllostachys heteroclada 水竹
Phyllostachys pubescens = P. edulis 毛竹
Picea ascendens = P. brachytyla 油麦吊云杉
Picea asperata 云杉
Picea aurantiaca = P. asperata var. aurantiaca 白皮云杉
Picea brachytyla 麦吊云杉
Picea ascendens = P. brachytyla var. complanata 油麦吊云杉
Picea wilsonii 青杆
Picrasma quassioides 苦木
Pinus armandii 华山松
Pinus densata 高山松
Pinus henryi = P. tabuliformis var. henryi 巴山松
Pinus koraiensis 红松
Pinus massoniana 马尾松
Pinus prominens = P. densata 高山松
Pinus sinensis auct. = P. tabuliformis var. henryi 巴山松
Pinus wilsonii = P. densata 高山松
Pistacia chinensis 黄连木
Pisum sativum 豌豆
Plantago major 大车前
Platycarya strobilacea 化香树
Platycodon grandiflorum 桔梗
Pleione henryi = P. bulboecodioides 独蒜兰
Pleione pogonioides = P. bulboecodioides 独蒜兰
Podophyllum emodi = Sinopodphyllum hexandrum 桃儿七
Polygala mariesii = P. wattersii 长毛籽远志
Polygonum tinctorium 蓼蓝
Populus adenopoda 响叶杨
Populus lasiocarpa 大叶杨
Populus simonii 小叶杨
Populus szechuanica 川杨
Populus wilsonii 椅杨
Porphyra vulgaris 紫菜
Potentilla anserina 蕨麻
Potentilla chinensis 委陵菜
Potentilla discolor 翻白草
Potentilla fruticosa 金露梅
Potentilla multifida 多裂委陵菜
Potentilla veitchii = P. glabra var. veitchii 伏毛金银露梅
Poterium officinale = Sanguisorba officinale 地榆
Primula calciphila = P. rupestris 巴蜀报春
Primula cockburniana 鹅黄灯台报春
Primula davidii 大叶宝兴报春
Primula involucrata = P. munroi subsp. yargongensis 雅江报春
Primula japonica 日本报春
Primula obconica 鄂报春
Primula ovalifolia 卵叶报春
Primula prattii 雅砻黄报春
Primula pulverulenta 粉被灯台报春
Primula sibirica = P. nutans 天山报春
Primula sikkimensis 钟花报春
Primula sinensis 报春花
Primula sino-nivalis = P. limbbata 匙叶雪山报春
Primula veitchii = P. polyneura 多脉报春
Primula vincaeflora = Omphalogramma vinciflora 独花报春
Primula violodora = P. cinerascens 灰绿报春
Primula vittata = P. secundiflora 偏花报春
Prunus armeniaca = Armeniaca vulgaris 杏
Prunus davidiana = Amygdalus davidiana 山桃

Prunus dehiscens = Amygdallus tangutica 西康扁桃
Prunus mira = Amygdalus mira 光核桃
Prunus mume = Armeniaca mume 梅
Prunus padus = Padus avium 稠李
Prunus persica = Amygdalus persica 桃
Prunus pseudocerasus = Cerasus pseudocerasus 樱桃
Prunus salicina 李
Prunus serrula var. *tibetica* =Cerasus serrula 细齿樱桃
Prunus triloba = Amygdalus triloba 榆叶梅
Pteridium aquilinum = P. aquilinum var. latusculum 蕨
Pteris longifolia = P. vittata 蜈蚣草
Pteris serrulata = P. multifida 井栏边草
Pterocarya delavayi = P. macroptera var. delavayi 云南枫杨
Pterocarya hupehensis 湖北枫杨
Pterocarya stenoptera 枫杨
Pteroceltis tatarinowii 青檀
Pterostyrax hispidus = P. psilophyllus 白辛树
Pueraria thunbergiana = P. lobata 葛
Punica granatum 石榴
Pyracantha crenulata 细圆齿火棘
Pyrola rotundifolia 圆叶鹿蹄草
Pyrus serotina = P. pyrifolia 沙梨
Pyrus serrulata 麻梨
Pyrus ussuriensis 秋子梨

Q

Quercus aliena 槲栎
Quercus aquifolioides 川滇高山栎
Quercus fabri 白栎
Quercus aquifolioides var. *rufesscens* = Q. guajavifolia 帽斗栎
Quercus serrata 枹栎
Quercus variabilis 栓皮栎

R

Ranunculus acris 毛茛*
Ranunculus repens 匍枝毛茛
Ranunculus sceleratus 石龙芮
Raphanus sativus 萝卜
Rehmannia angulata = R. piasezkii 裂叶地黄
Rehmannia henryi 湖北地黄
Rhamnus davarica 鼠李
Rhamnus tinctorius 圆叶鼠李
Rhamnus utilis 冻绿
Rheum alexandrae 苞叶大黄
Rheum officinale 药用大黄
Rheum palmatum var. *tanguticum* = R. tanguticum 鸡爪大黄
Rhododendron adenopodum 弯尖杜鹃
Rhododendron augustinii 毛肋杜鹃
Rhododendron calophytum 美容杜鹃
Rhododendron discolor 喇叭杜鹃
Rhododendron fargesii = R. oreodoxa var. fargesii 粉红杜鹃
Rhododendron fortunei 云锦杜鹃
Rhododendron hanceanum 疏叶杜鹃
Rhododendron kialense = R. przewalskii 陇蜀杜鹃
Rhododendron maculiferum 麻花杜鹃
Rhododendron mariesii 满山红
Rhododendron openshawianum = R. calophytum var. openshawianum 尖叶美容杜鹃
Rhododendron simsii 映山红
Rhododendron sutchuenense 四川杜鹃
Rhododendron yanthinum = R. concinnum 秀雅杜鹃
Rhus cotinus = Cotinus coggygria 黄栌
Rhus javanica = R. chinensis 盐肤木
Rhus potaninii 青麸杨
Rhus semialata = R. chinensis 盐肤木
Rhus toxicodendron = Toxicodendron radi-

cans subsp. hispidum 毒漆藤

Rhus verniciflua = Toxicodendron vernici-flua 漆树

Ribes alpestre 长刺茶藨子

Ribes alpestre var. giganteum 大刺茶藨子

Ribes laurifolium 桂叶茶藨子

Ribes longiracemosum 长序茶藨子

Ribes longiracemosum var. davidii 腺毛茶藨子

Ribes longiracemosum var. *wilsonii* = R. longiracemosum 长序茶藨子

Rodgersia aesculifolia 七叶鬼灯檠

Rodgersia pinnata alba = R. pinnata 羽叶鬼灯檠

Rosa banksiae 木香花

Rosa chinensis 月季花

Rosa gentiliana = R. henryi 软条七蔷薇

Rosa helenae 卵果蔷薇

Rosa hugonis 黄蔷薇

Rosa laevigata 金樱子

Rosa microcarpa = R. cymosa 小果蔷薇

Rosa microphylla = R. roxburghii 缫丝花

Rosa multibracteata 多苞蔷薇

Rosa multiflora 野蔷薇

Rosa odorata 香水月季

Rosa omeiensis 峨眉蔷薇

Rosa rubus 悬钩子蔷薇

Rosa sericea 绢毛蔷薇

Rosa soulieana 川滇蔷薇

Rosa willmottiae 小叶蔷薇

Rubus amabilis 秀丽莓

Rubus biflorus var. *quinqueflorus* = R. biflorus 粉枝莓

Rubus corchorifolius 山莓

Rubus flosculosus 弓茎悬钩子

Rubus fockeanus 凉山悬钩子

Rubus ichangensis 宜昌悬钩子

Rubus innominatus 白叶莓

Rubus omeiensis = R. setchuenensis 川莓

Rubus parvifolius 茅莓

Rubus pileatus 菰帽悬钩子

Rubus xanthocarpus 黄果悬钩子

Rubus tricolor 三色莓

S

Saccharum officinarum 甘蔗

Saccharum officinarum var. rubricaule 红蔗

Saccharum officinarum var. *sinense* = S. sinense 竹蔗

Sagittaria sagittifolia = Sagittaria trifolia var. sinensis 慈姑

Salix babylonica 垂柳

Salix fargesii 川鄂柳

Salix magnifica 大叶柳

Salix variegata 秋华柳

Salvia przewalskii 甘西鼠尾草

Salvinia natans 槐叶萍

Sambucus adnata 血满草

Sambucus schweriniana = S. adnata 血满草

Sapindus mukorossi = S. saponaria 无患子

Sapium sebiferum 乌桕

Sargentodoxa cuneata 大血藤

Sassafras tzumu 檫木

Saxifraga sarmentosa = S. stolonifera 虎耳草

Schizophragma integrifolium 钻地枫

Scirpus lacustris = S. validus 蒲齐草

Scirpus tuberosus = Heleocharis dulcis 荸荠

Secale fragile = S. sylvestre 野黑麦

Sedum sarmentosum 垂盆草

Senecio clivorum = Ligularis dentata 齿叶橐吾

Senecio japonicus = Gynura japonica 菊三七

Sesamum indicum 芝麻

Setaria italica 粱（小米、秀谷）

Sibiraea laevigata 鲜卑花

Sinofranchetia sinensis 串果藤

Sinowilsonia henryi 山白树
Solanum lycopersicum = Lycopersicum esculentum 西红柿
Solanum melongena 茄子
Solanum tuberosum 洋芋（马铃薯）
Sophora japonica 槐
Sophora moorcroftianum = S. davidii 白刺花
Sophora viciifolia = S. davidii 白刺花
Sorbaria arborea 高丛珍珠梅
Sorbus munda = S. prattii 西康花楸
Sorghum vulgare = S. bicolor 高粱
Spinacia oleracea 菠菜
Spiraea alpina 高山绣线菊
Spiraea aruncus = Aruncus sylvester 假升麻
Spiraea blumei 绣球绣线菊
Spiraea chinensis 中华绣线菊
Spiraea henryi 翠蓝绣线菊
Spiraea hirsuta 疏毛绣线菊
Spiraea mollifolia 毛叶绣线菊
Spiraea myrtilloides 细枝绣线菊
Spiraea prunifolia 笑靥花
Spondias axillaris = Choerospondias axillaris 南酸枣
Spondias axillaris var. *pubinervis* = C. axillaris var. pubinervis 毛脉酸枣
Staphylea holocarpa 膀胱果
Sterculia platanifolia = Firmiana simplex 梧桐
Strobilanthes flaccidifolius = Baphicacanthus cusia 板蓝
Stylophorum japonicum = Holomecon japonica 荷青花
Styrax hemsleyanus 老鸹铃
Styrax perkinsiae 瓦山安息香
Styrax roseus 粉花安息香
Styrax veitchiorum = S. ordoratissimus 芬芳安息香
Symplocos paniculata 白檀
Syringa julianae = S. pubescens subsp. julianae 光萼巧铃花
Syringa komarowii 西蜀丁香
Syringa potaninii = S. pubescens subsp. microphylla 小叶巧玲花
Syringa tomentella 毛丁香

T

Tapiscia sinensis 瘿椒树
Taraxacum officinale 药用蒲公英（苦菜）
Taxus chinensis = T. wallichiana var. chinensis 红豆杉
Taxus cuspidata 东北红豆杉
Tetracentron sinense 水青树
Tetrapanax papyrifera 通脱木
Thalictrum dipterocarpum = T. delavayi 偏翅唐松草
Thalictrum minus 欧亚唐松草
Thalictrum petaloideum 瓣蕊唐松草
Thea cuspidata = Camellia cuspidata 尖连蕊茶
Thea oleifera = Camellia oleifera 油茶
Thea sinensis = Camellia sinensis 茶
Thea sinensis var. *assamica* = Camellia assamica 普洱茶
Tilia henryana 毛糯米椴
Toddalia asiatica 飞龙掌血
Torricellia angulata 角叶鞘柄木
Trachelospermum jasminoides 络石
Trachycarpus excelsus = T. fortunei 棕榈
Trapa natans 欧菱
Trapella sinensis 茶菱
Tricholoma gambosa 口蘑
Triticum sativum = T. aestivum 普通小麦
Tsuga chinensis 铁杉
Tsuga yunnanensis = T. dumosa 云南铁杉

U

Ulmus parvifolia 榔榆
Ulmus pumila 榆树
Usnea longissima 长松萝

V

Verbascum thapsus 毛蕊花
Verbena officinalis 马鞭草
Viburnum brachybotryum 短序荚蒾
Viburnum coriaceum = V. cylindricum 水红木
Viburnum erubescens var. *prattii* = V. erubescens 红荚蒾
Viburnum ichangense = V. erosum 宜昌荚蒾
Viburnum propinquum 球核荚蒾
Viburnum rhytidophyllum 皱叶荚蒾
Viburnum theiferum = V. setigerum 茶荚蒾
Viburnum tomentosum = V. plictum var. tomentosum 蝴蝶戏珠花
Viburnum utile 烟管荚蒾
Vicia faba 蚕豆
Vigna catiang = V. unguicula subsp. cylindrical 短豇豆
Viola patrinii 白花地丁
Vitex negundo 黄荆
Vitis davidii 刺葡萄
Vitis flexuosa 葛藟葡萄
Vitis vinifera 葡萄

W

Wisteria sinensis 紫藤
Woodwardia radicans = W. unigemmata 顶芽狗脊

X

Xylosma racemosa var. *pubescens* = X. congesta 柞木

Z

Zanthoxylum bungei = Z. bungeanum 花椒
Zea mays 苞谷
Zingiber officinale 生姜
Zizania latifolia 茭笋
Ziziphus vulgaris = Z. jujuba 枣子

人名译名对照表

按该人名在正文中首次出现的先后顺序

肯宁汉　J. Cunningham
林奈　Carl Linnaeus
奥斯贝克　J. Osbeck
福琼　Robert Fortune
林德利　Lindley
戴维　Pere Armand David
弗朗谢　A. R. Franchet
亨利　Augustine Henry
德拉维　Pere J. M. Delavay
法格斯　Pere P. Farges
李希霍芬　Richthofen
萨金特　C. S. Sargent
马里斯　Charles Maries
维尔莫兰　M. Mauricede Vilmorin
缪丽尔　Muriel
马尼福尔德　Manifold
马洪　Mahon
吉尔　W. J. Gill
汉尼斯 - 沃森　Haines-Watson
埃德加　J. Hutson Edgar
霍西　Alexander Hosie
库珀　T. T. Cooper
安蒂　Bond’Anty
巴伯　E. Colborne Baber
费伯　Ernst Faber
普拉特　A. E. Pratt
奥彭肖　Harry Openshaw
德凯纳　Decaisne
阿萨 · 格雷　Asa Gray
科恩　Koehne
布雷特施奈德　E. Bretschneider
马里斯　Charles Maries
马克西莫维奇　C. J. Maximowicz
阿斯米　Asmy
帕拉塞尔苏斯　Bombastus Paracelsus
罗伯特 · 霍特　Robert Hort
班克斯　Joseph Banks
米勒　Philip Miller
奥斯贝克　Osbeck
帕尔默　Thomas Palmer
里夫斯　John Reeves
金尼阁　Nicolas Trigault
洛克哈特　Willian Lockhart
韦斯特伍德　Westwood
贝克　E. C. Baker
约翰斯特　Johnstone
克里斯特　Christ
阿墨斯　Ames
威尔莫特　Willmott
迈耶尔　Frank Meyer
哲培　R. Zappey
瓦维诺夫　Vavilov
雷德　A. Rehder
贝利　L. H. Bailey

附录六

地名译名对照表

部分地名在正文脚注中已更新。

A

Amdo 安多藏区

An Hsien 安县

An-lan chiao 安澜桥

Anluh Hsien 安陆县，今湖北安陆市

A’n niu 汗牛

B

Badi 巴底乡（丹巴县）

Bawang 巴旺乡（丹巴县）

Batang 巴塘

Black Stone River 黑石河

Bokhara 布哈拉，今乌兹别克斯坦境内

C

Cedar Stem River 柏条河

Chamdo 昌都（西藏）

Chang-ho-pa 长河坝（洪雅县）

Chango 章谷，今丹巴县

Chantui 瞻对，今四川新龙县境内

Chao-chia-tu 赵家渡（今金堂县赵镇）

Chefoo 芝罘，今山东烟台市

Che-ho-kai 止戈镇（洪雅县）

Che-kou-tzu 窄口子，今云阳县农坝镇

Che-lung 宅垄（小金县）

Cheshan 曲山（北川县）

Che shan 漆山（汶川县）

Che-tou-pa 鸡头坝，今巫溪县凤凰镇

Chengkou Ting 城口厅，今重庆市城口县

Chengtu Fu 成都府，今成都市

Chen-lung Ch’ang 青龙场（平昌县）

Chiangkou 江口，今平昌县城

Chiangkou 江口（彭山县）

Chiang-ling-che 江陵溪

Chiao-yang-tung 朝阳洞村（巫溪县）

Chiench’ang valley 建昌河谷，即安宁河谷

Chienshih Hsien 建始县（湖北省）

Chienwei Hsien 犍为县（四川省）

Chikou 溪口（巫溪县）

Chint’ang Hsien 金堂县（四川省）

Chin-tien-po 青天袍村（神农架林区）

Chin-yach’ang 金垭场（阆中市）

Chiuting shan 九顶山

Chiu-lung shan 赤龙山

Ch’u Hsien 渠县（四川省）

Chuan-ching-lou 转经楼（汶川县）

Chu-ku-ping 九湖坪，即大九湖

Chungching Chou 崇庆州，今崇州市

Chun-ping-kuan 镇坪关（松潘县）

Chungpa 中坝，今江油市

D

Derge 德格（四川省）
Drechu River 则曲，即金沙江

E

Eeh-taochiao 二道桥（汶川县）

F

Fang Hsien 房县（湖北省）
Fou River 涪江
Fu-che-kou 富溪口（宣汉县）
Fu Chou 涪州，今重庆市涪陵区
Fu-erh-tang 佛二堂（四川平昌县）
Fulin 富林，今汉源县
Fu-ling ch'ang 福临场（仪陇县）
Fung-hoa-tsze 凤浩泽（洪雅县）
Fupien 抚边（小金县）

G

Golden Summit 金顶（峨眉山）
Great Gold River 大金河

H

Han Chou 汉州，今广汉市
Hanchung Fu 汉中府，今陕西汉中市
Hangyang 汉阳（湖北省）
Hankow 汉口（湖北省）
Hao-tzu-ping 豪竹坪（汶川县）
Hei-shihch'ang 黑石场（汶川县）
Hei-tou-k'an 核桃坎村（平昌县）
Ho-che-kuan 河溪关，今阆中市河溪镇
Ho Chou 合州，今重庆市合川区
Hokou 河口镇，今雅江县城
Hong-shih-kou 红石沟
Hongya-Hsien 洪雅县
Horba 霍尔地方，在今甘孜、炉霍和道孚县一带
Hot-water pont 热水塘（康定县）
Hsan-lungshan 香龙山
Hsaochin Ho 小金河
Hsao-ho-ying 小河营，今松潘县小河乡
Hsao-kou 小沟村（平武县）
Hsao-kuan-chai 小关寨村（小金县）
Hsao-lung-tang 小龙潭（神农架林区）
Hsao-pa-ti 小坝乡（北川县）
Hsao-ping-tsze 小平池（巫溪县）
Hsao-shui Ho 秀水河（安县）
Hsia-kou 下垭口（巫溪县）
Hsiah-hsiang-chuh 洗象池（峨眉山）
Hsiang-che 香溪（湖北兴山县）
Hsiang-t'an 响滩（湖北兴山县）
Hsiang-yang-ping 向阳坪（汶川县）
Hsiao-ch'ang 萧庄（重庆市开县）
Hsin-chia-pa 辛家坝（宣汉县）
Hsin-kai-tsze 新街子（小金县）
Hsingshan Hsien 兴山县（湖北省）
Hsinhsin Hsien 新津县（四川省）
Hsin-tan 青滩（湖北宜昌）
Hsin-tien-tsze 新店子（湖北兴山）
Hsin-tientsze 新店子（四川康定）
Hsuan-kou 漩口（汶川县）
Hsueh-po 原地名不详，在今平武县木树坝一带
Hsueh-po-ting 雪宝顶（松潘县）
Huang-much'ang 黄木场（汉源县）
Hung-shih-kou 红石沟（神农架林区）
Hungya Hsien 洪雅县
Hwa-kuo-ling 瓦口岭（巫溪县）
Hwangling Miao 黄陵庙（湖北宜昌）
Hwa-taze-ling 桦子岭（松潘县）

I

Ichang Hsien 宜昌县，今宜昌市
Ichang Gorge 宜昌峡，即西陵峡东段

K

Kai Hsien 开县（重庆市）
Kai-ping-tsen 开坪镇（北川县）
Kao-chiao 高桥村（开县）
Kao-tien-tzu 高店子（小金县）
Khoten 和田（新疆）
Kiakiang Hsien 夹江县
Kiangan Hsien 江安县
Kiating Fu 嘉定府，今乐山市
Kienkiang 黔江，即乌江
Kikiang Hsien 綦江县（重庆市）
Kiung Chou 邛州，今邛崃市
Kuan-chai 官寨，今小金县沃日乡
Kuan-chin-pa 关金坝（小金县）
Kuan Hsien 灌县，今都江堰市
Kuang-yin-pu 观音铺今洪雅县柳新乡
Kuangyuan Hsien 广元县，今广元市
Kuei-yung 奎拥（丹巴县）
Kuichou Fu 夔州府，今重庆市奉节县
K'ung chiao 孔桥（平武县）
Kwanyin-ping 观音坪（洪雅县）

L

Lao-mu-chia 老母峡（湖北宜昌）
Lao-shih-che 老石溪村（巫溪县）
Lao-tang-fang 老堂房（松潘县）
Lao-ying 老营（小金县）
Lei-kang-k'eng 雷鼓坑村（达县）
Lei-kang tan 雷坑塘（达县）
Lei-ku-ping 雷鼓坪（北川县）
Liang-cha Ho 两岔河（洪雅县）
Liang-ho-kou 两河口（峨眉山）
Li-erh-kou 女儿沟村（神农架林区）
Lifan Ting 理番厅，今理县
Litang 理塘县
Lo-wu-wei 勒乌围（金川县）
Liuch'ang 柳江镇（洪雅县）
Lu Chou 泸州
Lu River 雅拉河
Lungan Fu 龙安府，今平武县
Lung-peh Ch'ang 龙背场（巴中市）
Lung-pu 龙铺（康定县）
Lung-wang-tung 龙王洞（重庆市）
Luyang-ho 鲁阳河

M

Ma-chiao-kou 麻榨沟（雅安市雨城区）
Ma-hsien-ping 麻线坪（神农架林区）
Ma-jia-kou 马家沟（开县）
Mali 马烈乡（汉源县）
Ma-lun-chia 原地名不详，在小金县麻子桥附近
Mao Chou 茂州，今茂县
Mao-fu-lien 茅岵岭（神农架林区）
Mao-niu 牦牛村（丹巴县）
Mei Chou 眉州，今眉山市
Mien Chou 绵州，今绵阳市
Mienchu Hsien 绵竹县
Mien-yueh ch'ang 明月场（宣汉县）
Mitan Gorge 米仓峡，即西陵峡西段
Monkong Ting 懋功厅，今小金县
Moshi-mien 磨西面，今泸定县磨西镇
Mo-ya-ch'a 木垭村（小金县）
Mupin Hsien 穆坪县，今宝兴县

N

Nan-pa ch'ang 南坝场（宣汉县）
Nan-ching-kuan 南津关（阆中市）
Nan-to 莲沱（湖北宜昌市）
Nanping 南坪，今九寨沟县
Nanpu Hsien 南部县
Nei-chu Ho 沃日河
Newchwang 牛庄（辽宁营口附近）
Ngan Chang 宴场镇（雅安市雨城区）
Niach 尼雅曲，即雅砻江
Niangtsze-ling 娘子岭（汶川县）

Ningching shan 宁静山
Ningyuan Fu 宁远府，今西昌市
Niukan 牛肝马肺峡
Niu-ping 牛坪（湖北宜昌）
Niu tou shan 牛头山

O

Omei Hsien 峨眉县
Omei shan 峨眉山

P

Pa Chou 巴州，今巴中市
Pai-miao ch'ang 板庙场（平昌县）
Pai-shih-pu 白石铺（江油市）
Pai-yen-ching 白盐井（在安宁河谷）
Pan-ku chiao 盘古桥（丹巴县）
Pan-lan shan 巴郎山
Paoning Fu 保宁府，今阆中市
Paoning Ho 保宁河
Pao-tien-pa 宝田坝（雅安市雨城区）
P'ao-tsze 破池村（宣汉县）
Patung Hsien 巴东县（湖北）
Peaceful River 江安河（成都市）
Peh-mu chiao 柏木桥（平武县）
Peh-pai ch'ang 碑牌场（达县）
Peh-pai-ho 碑排河，今碑庙镇（达县）
Peh-sha-ho 白沙河（洪雅县）
Peh-shan ch'ang 北山场（达县）
Peh-yang ch'ang 白羊场（松潘县）
Peh-yang-tsai 白羊寨（湖北兴山县）
Pengch'i Hsien 蓬溪县
Pen-kuo-yuen 苹果园（巫溪县）
Peng Hsien 彭县，今彭州市
Pengshan Hsien 彭山县
P'i Hsien 郫县
Pien-chin 坪阡村（神农架林区）
Pi-tao Ho 皮条河（汶川县）
Pien kou 片口乡（北川县）
Pikou 碧口（甘肃省）
Ping-ling-shih 炳灵祠（洪雅县）
Pingshan Hsien 屏山县
P'uerh Fu 普洱府，今云南普洱县

R

Reh-lung-kuan 日隆关（小金县）
Romi Chango 诺米章谷（今丹巴县）

S

Sanai 三崖（四川白玉县一带）
San-chia-taze 三岔子（松潘县）
San-che-miao 三溪庙村（达县）
Sanhui River 三汇河
San-tsze-yeh 三舍驿（松潘县）
San-yu-tung 三游洞（湖北宜昌）
Sand Ditch 沙沟河（成都市）
Sha-kou-ping 下谷坪乡（神农架林区）
Sha-mu-jen 杉木尖
Sha-lao-che 下牢溪（湖北宜昌）
Sha-mu-jen 杉木尖（神农架林区）
Shan-chia-kou 三岔沟（巫溪县）
Shasi 沙市（湖北）
Sha-to-tzu 沙沱子，今云阳县沙市镇
Sheng-neng-chia 神农架
Sheep Horse River 羊马河（成都市）
Sheng-ko-chung 僧格宗，今小金县新格乡
Shihch'uan Hsien 石泉县，今北川县
Shihfang Hsien 什邡县，今什邡市
Shih-tsao-che 石槽溪（湖北兴山县）
Shih-ya ch'ang 石垭场（巴中市）
Shih-ya-tzu 石垭村（开县）
Shuang-ho ch'ang 双河场（宣汉县）
Shuangliu Hsien 双流县
Shuang-miaoch'ang 双庙场（宣汉县）
Shuh-chia-pu 施家堡（松潘县）
Shui-ching-pu 水晶堡（平武县）

Shui-kuan-ying 水观镇（阆中市）
Shui-mo-kou 水磨沟（汶川县）
Shui-ting-liangtsze 水田梁子（神农架林区）
Shui-yueh-tsze 水月寺镇（湖北兴山县）
Sintu Hsien 新都县，今成都市新都区
South Rush River 蒲阳河（成都市）
Sui Fu 叙州府，今宜宾市
Suicide's cliff 舍身崖（峨眉山）
Suiting Fu 绥定府，今四川达州市
Suiting River 绥定河
Sungpan Ting 松潘厅，今松潘县
Szenan Fu 思南府，今贵州省思南县

T

Ta-chen-chai 大陈寨（达县）
Ta-chu-hu 大九湖（神农架林区）
Ta-lung-tang 大龙潭（神农架林区）
Ta-ngai-tung 大岩洞（汶川县）
Ta-p'ao shan 大炮山（康定县）
Ta-pingshan 太平山（巫溪县）
Ta-t'ien-ch'ih 大天池（乐山市金口河区）
Ta-wei 达维乡（小金县）
Tachin Ho 大金河
Tachienlu 打箭炉，今康定县
Tai-lu ch'ang 大罗场（巴中市）
Taiping Hsien 太平县，今万源市境内
Taliang shan 大凉山
Tan-chia-tien 谭家墩村（巫溪县）
T'an-shu-ya 椴树垭（湖北兴山县）
Tan-yao-tsze 炭窑嘴（洪雅县）
Taning Ho 大宁河
Taning Hsien 大宁县，今巫溪县
Tashih Ho 大石河
Tayi Hsien 大邑县
Teng-sheng-t'ang 邓生（汶川县）
Teyang Hsien 德阳县，今德阳市
Thai-ling 泰宁，今道孚县协德乡街村
Tientsuan Chou 天全州，今天全县
Ting shan ch'ang 鼎山场（巴中市）
To-chia-pa 田家坝村（三台县）
To River 沱江
Tsa-ka-lau 杂谷脑（理县）
Tsangpo River 雅鲁藏布江
Tsao shan 柴山（雅安市雨城区）
Tsu-liu-ching 自流井
Tsung-hua 崇化，今金川县安宁乡
Tsung-lu 中路乡（丹巴县）
Tsung-tung-che 双洞溪（洪雅县）
Tu-men 土门（绵竹县）
Tu-men-pu 土门铺（巴中市）
Tung-ch'ang Ho 铜厂河（洪雅县）
Tung-che-kou 东溪口（宣汉县）
Tungchiang Hsien 通江县
Tungchuan Fu 潼川府，今三台县
Tunghsiang Hsien 东乡县，今宣汉县
Tung Ku 东谷乡（丹巴县）
Tung-ling 崆岭（湖北宜昌）
Tung-ling shan 涂禹山（汶川县）
T'ung-lu-fang 铜炉房村（丹巴县）
Tung-to-chang 东岳镇（洪雅县）
Tung River 铜河，即大渡河
Tu-tien tsze 土店子，今平武县土城乡
Tu-ti-liang 土地梁（平武县）

W

Wa shan 瓦山
Walking Horse River 走马河（成都市）
Wan Hsien 万县
Wan-tung 万峒（泸定县）
Wang-chia ch'ang 王家场（宣汉县）
Wang Lung-ssu 黄龙寺（松潘县）
Wan-nien-ssu 万年寺（峨眉山）
Wang-tung tsao 黄桶槽村（开县）
Wan-jen-fen 万尖峰（小金县）
Wan-tiao shan 万朝山（神农架林区）

Wapeng 瓦棚（神农架林区）
Wassu 瓦寺（汶川县）
Wassu-kou 瓦斯沟（康定县）
Wa-wu shan 瓦屋山（洪雅县）
Wen-chiang Hsien 温江县，今成都市温江区
Wen Hsien 文县（甘肃省）
Wen-tang-ching 温泉镇（开县）
Wen-tsao 温槽（神农架林区）
Wokje 沃日（小金县）
Wu-lung-kuan 卧龙关（汶川县）
Wu-ting-chiao 无定桥（乐山市）

Y

Ya Chou 雅州，今雅安市
Ya-River 雅江，即青衣江
Yang-tien-tsze 仰天池（洪雅县）
Yao-chia-tu 姚家渡（成都市）
Yao-tsze shan 鹞子山（汶川县）
Yeh-tang 叶塘村（平武县）
Yi-chiao-tsao 意家槽（开县）
Yilung Hsien 仪陇县
Yo-tsa 岳扎村（丹巴县）
Yu-cha-ping 余家坪（洪雅县）
Yuen-fang ch'ang 青风场（平昌县）
Yungching Hsien 荥经县
Yunyang Hsien 云阳县
Yü-yü-tien 驴驴店（汶川县）

附录七

英制、市制与公制度量衡对照表

1 英里 = 1609.35 米 ≈ 1.61 千米

1 华里 = 500 米 ≈ 0.5 千米

1 呏 = 2 码 ≈ 1.829 米

1 码 = 3 英尺 ≈ 0.914 米

1 英尺 = 12 英寸 ≈ 30.48 厘米

1 英寸 ≈ 2.54 厘米

1 磅 = 16 盎司 ≈ 0.454 千克

1 盎司 ≈ 28.35 克

1 斤 = 0.5 千克

1 担 ≈ 100 斤 = 50 千克

译后记

每当论及我国地大物博、植物资源丰富时，人们多引“中国乃世界园林之母”为证。至于此语之出处，知道的人却不多，读过 *China—Mother of Gardens* 这本书的人可能就更少了。

大约是 1954 年我还在庐山植物园当练习生时，第一次进京，工作后再见到叔祖父胡先骕，老人家即以他在哈佛大学求学时收藏的威尔逊的 *China—Mother of Gardens* 一书见赠，并嘱：“抽时间把它翻译出来。”可当时我的英文不过初中水平，何谈翻译！但叔祖父的教诲始终未敢忘怀。

我的英语学习受益于恩师陈封怀先生的夫人张梦庄女士。师母早年以优异成绩毕业于清华大学西语系，曾在多所学校教授英语。后因身患严重肺病，在家休养，但为了提高庐山植物园青年人的外语水平，不辞辛苦坚持利用周日和晚上给我们授课，前后半年余。一同参加学习的有邹垣、王名金、袁葆诚诸君。自此稍有基础，继续自学，即使在下放劳动、落户干校、前途无望之日，亦不曾完全放弃。

“文化大革命”结束后，华南植物研究所头两轮出国考试与我无缘。我自知出身不好，亦不敢有此奢求。及至 1978 年夏天的某日，我上午去看病，中午赶回家，突然接到人事处通知，令我下午到中科院广州分院参加英语考试。我仓皇上阵，不期考分竟居科学院广州地区第一，得以参加科学院委托浙江大学在杭州举办的出国人员进修班。1979 年顺利前往英国皇家爱丁堡植物园和皇家植物园（邱园）学习和工作两年有余。

回国后，我一直忙于《中国植物志》及其英文版、《泰国植物志》

《柬埔寨、老挝、越南植物志》和《香港植物志》的编研工作，无暇顾及其他事情。直到最后在 *Flora of China* 的总结篇中承担了“中国植物采集史”一章的编写，迫使我静下心来做一些深入的阅读。

威尔逊著作精彩的内容给我许多启迪。作者不畏艰险，坚韧不拔的精神更令人钦佩，也使我进一步领悟到当年叔祖父赠书的良苦用心。彼时老人家已去世 50 余年，他的遗愿尚未实现，我也步入耄耋之年，能工作的时间已所剩无多，终于下决心翻译此书。翻译工作于 2012 年 4 月开始，每天伏案工作 3 ～ 4 小时，于 2013 年 4 月完成初稿，再用了一年多时间查证、修改和补充。

原著由美国斯特拉特福德公司（The Stratford Company）于 1929 年出版，至今已有 90 余年。书中所涉及的植物学名许多已有变动，中译本均按《中国植物志》和有关书籍一一订正。在中译本中，正确学名用正体，异名一律用斜体，学名前加有星号（*）者，表示为错误鉴定，异名的正确学名可通过本书附录“植物学名译名对照表”查对。

要将原著中用英文拼写的小地名和旧地名还原为中文，并与现在的名称一一对照落实，存在很多困难。所幸印开蒲教授在其《百年追寻：见证中国西部环境变迁》一书中已落实了一部分，译者又查证出一部分，但还有少数未能落实。除旧地名在书中第一次出现处有注释外，所有原著中的地名和与之相对应的中文名及现在使用的名称均按字母顺序排列于本书附录“地名译名对照表”，供读者参考。

作为历史资料，译者在哈佛大学图书馆收集到清政府发给威尔逊的两份护照影印件亦附于书后。

本书的中译本于 2015 年首次出版，适逢中央电视台首次播放纪录片《中国威尔逊》，其中故事多基于本书。纪录片画面异彩纷呈，美不胜收，给人以直观享受，而本书文字翔实全面，引人入胜，两相对照，更为有趣，以致有“驴友”组织“跟着书本重走威尔逊之路”。

承蒙北京大学出版社陈静编辑的厚爱，时隔七年本书得以再版。译者和编辑团队借机对全书进行多轮审校，修改了前版的笔误和疏漏之处。同时，对部分行文进行了润色，使之更加通俗易懂，或更符合中文读者的阅读习惯。特别值得一提的是，编辑们在多次审校之余，不仅核对了书中提到的诸多地名，还不惜花费巨大时间和精力，参考《中国植物志》和网站 www.iplant.cn 对书中众多的植物名称逐一进行核查，并将发现的问题和修改建议列成表格交给译者审核。译者在敬佩编辑们的认真和细致之余，也积极查阅权威资料，做到有据可查，进一步理顺植物学名的变迁，使原著中使用的名称与我们现在使用的正确名称能够对接。

本次再版，在陈静编辑的建议下，译者特别撰写了“导读”，主要介绍西方列强来我国猎取植物资源的过程和历史背景，特别是威尔逊所取得的成就，以及中国植物对世界文明发展的贡献。另外还增加了三个附录：一是英国伦敦园艺学会秘书林德利写给福琼来华工作的指示；二是美国哈佛大学阿诺德树木园主任萨金特写给威尔逊的信；三是威尔逊历次来华采集的时间、行程和地点。这些资料全面记录了他们当时对植物引种驯化工作的构想、理念和一些具体方法，至今仍不失其参考价值。

原著涉及面很广，除植物外，还记述有地质、地貌、矿产、历史、地理、民族、宗教、风俗、社会制度、重要农副产品的生产和加工方法、贸易等，无所不有。译文忠实于原著，但囿于译者知识面欠广，译文中如有表达不妥甚至错误之处，望读者批评指正。

胡启明
2022 年 5 月于华南植物园

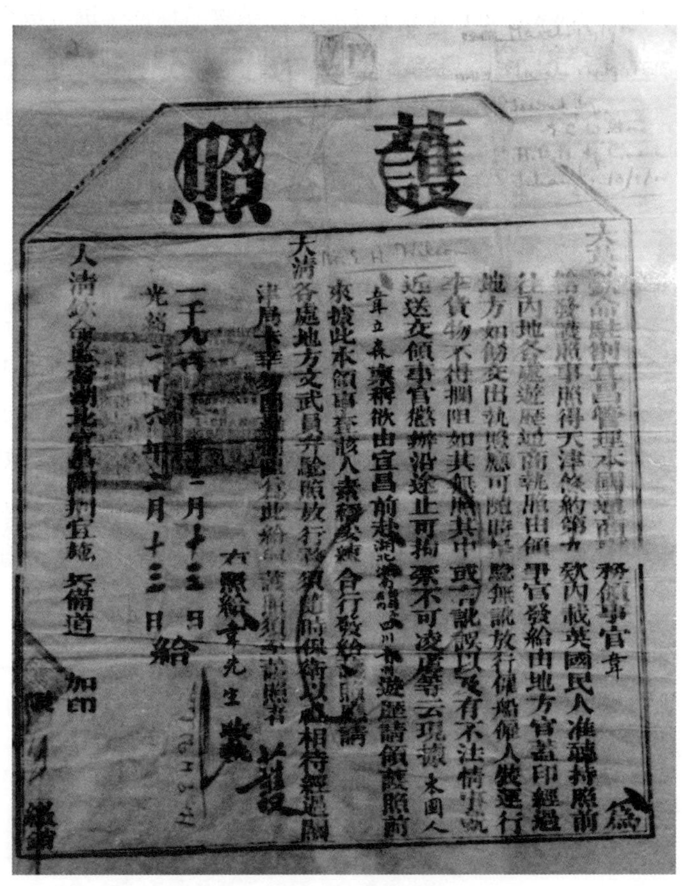

護照

大英欽命駐劄宜昌管理本國通商事務領事官 韋
為發護照事照得天津條約第九款內載英國民人准聽持照前
往內地各處遊歷通商執照由領事官發給由地方官蓋印經過
地方如飭交出執照應可隨時呈驗無訛放行僱船僱人裝運行
李貨物不得攔阻如其無照其中或有訛誤以及有不法情事就
近送交領事官懲辦沿途止可拘禁不可凌虐等云現據 本國人
韋立森 稟稱欲由宜昌前赴湖北湖南四川等省遊歷請領護照前
來據此本領事查該人素稱[illegible]合行發給護照為此請
大清各處地方文武員弁驗照放行務須隨時保衛以禮相待經過關
津局卡[illegible]留難阻滯為此給與護照須至護照者
右照給韋先生收執
一千九百年[illegible]月十三日
光緒二十六年[illegible]月十三日 給
大清欽命監督湖北宜昌荆州宜施兵備道 加印

清政府发给威尔逊（韦立森）的护照（一）

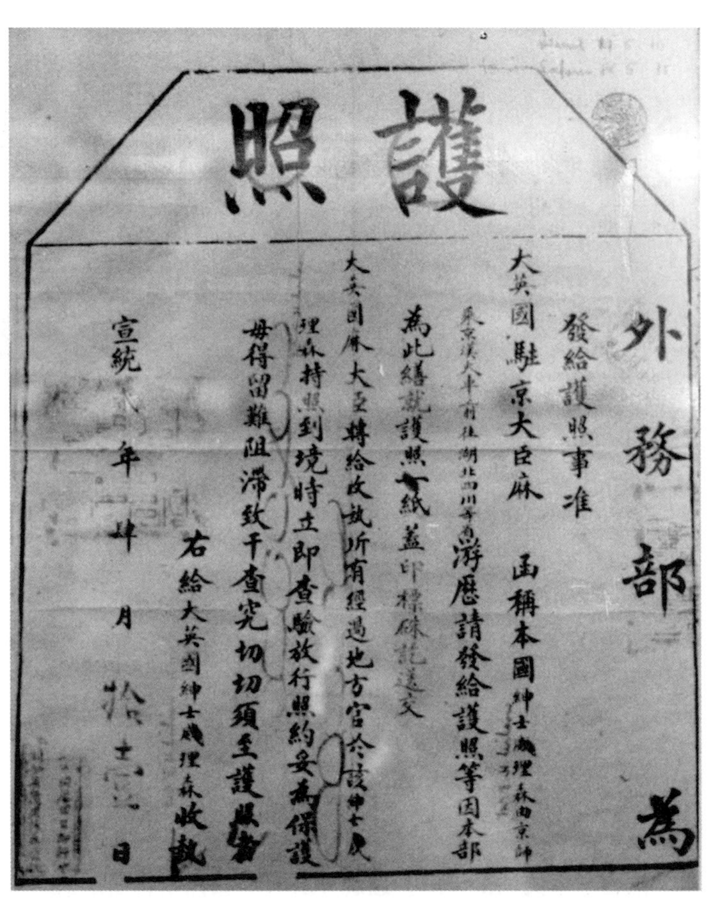

護照

外務部 為

發給護照事准

大英國駐京大臣麻 函稱本國紳士威理森由京師

乘京漢火車前往湖北四川等省游歷請發給護照等因本部

為此繕就護照壹紙蓋印標硃訖送交

大英國麻大臣轉給收執所有經過地方官於該紳士威

理森持照到境時立即查驗放行照約妥為保護

毋得留難阻滯致干查究切切須至護照者

右給大英國紳士威理森收執

宣統貳年肆月拾[illegible]日

清政府发给威尔逊（威理森）的护照（二）

园丁手册：花园里的奇趣问答

〔英〕盖伊 · 巴特 著；莫海波、阎勇 译

中国：世界园林之母

一位博物学家在华西的旅行笔记

〔英〕E. H. 威尔逊 著；胡启明 译

植物学家的词汇手册：图解 1300 条常用植物学术语

〔美〕苏珊 · 佩尔，波比 · 安吉尔 著；顾垒（顾有容）译

达尔文经典著作系列

已出版：

物种起源	〔英〕达尔文 著　舒德干 等译
人类的由来及性选择	〔英〕达尔文 著　叶笃庄 译
人类和动物的表情	〔英〕达尔文 著　周邦立 译
动物和植物在家养下的变异	〔英〕达尔文 著　叶笃庄、方宗熙 译
攀援植物的运动和习性	〔英〕达尔文 著　张肇骞 译
食虫植物	〔英〕达尔文 著　石声汉 译　祝宗岭 校
植物的运动本领	〔英〕达尔文 著　娄昌后、周邦立、祝宗岭 译　祝宗岭 校
兰科植物的受精	〔英〕达尔文 著　唐　进、汪发缵、陈心启、胡昌序 译　叶笃庄 校，陈心启 重校
同种植物的不同花型	〔英〕达尔文 著　叶笃庄 译

即将出版：

植物界异花和自花受精的效果	〔英〕达尔文 著　萧辅、季道藩、刘祖洞 译　季道藩 一校，陈心启 二校
腐殖土的形成与蚯蚓的作用	〔英〕达尔文 著　舒立福 译

科学元典丛书

1	天体运行论	[波兰]哥白尼
2	关于托勒密和哥白尼两大世界体系的对话	[意]伽利略
3	心血运动论	[英]威廉·哈维
4	薛定谔讲演录	[奥地利]薛定谔
5	自然哲学之数学原理	[英]牛顿
6	牛顿光学	[英]牛顿
7	惠更斯光论(附《惠更斯评传》)	[荷兰]惠更斯
8	怀疑的化学家	[英]波义耳
9	化学哲学新体系	[英]道尔顿
10	控制论	[美]维纳
11	海陆的起源	[德]魏格纳
12	物种起源(增订版)	[英]达尔文
13	热的解析理论	[法]傅立叶
14	化学基础论	[法]拉瓦锡
15	笛卡儿几何	[法]笛卡儿
16	狭义与广义相对论浅说	[美]爱因斯坦
17	人类在自然界的位置(全译本)	[英]赫胥黎
18	基因论	[美]摩尔根
19	进化论与伦理学(全译本)(附《天演论》)	[英]赫胥黎
20	从存在到演化	[比利时]普里戈金
21	地质学原理	[英]莱伊尔
22	人类的由来及性选择	[英]达尔文
23	希尔伯特几何基础	[德]希尔伯特
24	人类和动物的表情	[英]达尔文
25	条件反射:动物高级神经活动	[俄]巴甫洛夫
26	电磁通论	[英]麦克斯韦
27	居里夫人文选	[法]玛丽·居里
28	计算机与人脑	[美]冯·诺伊曼
29	人有人的用处——控制论与社会	[美]维纳

30 李比希文选 [德] 李比希
31 世界的和谐 [德] 开普勒
32 遗传学经典文选 [奥地利] 孟德尔 等
33 德布罗意文选 [法] 德布罗意
34 行为主义 [美] 华生
35 人类与动物心理学讲义 [德] 冯特
36 心理学原理 [美] 詹姆斯
37 大脑两半球机能讲义 [俄] 巴甫洛夫
38 相对论的意义：爱因斯坦在普林斯顿大学的演讲 [美] 爱因斯坦
39 关于两门新科学的对谈 [意] 伽利略
40 玻尔讲演录 [丹麦] 玻尔
41 动物和植物在家养下的变异 [英] 达尔文
42 攀援植物的运动和习性 [英] 达尔文
43 食虫植物 [英] 达尔文
44 宇宙发展史概论 [德] 康德
45 兰科植物的受精 [英] 达尔文
46 星云世界 [美] 哈勃
47 费米讲演录 [美] 费米
48 宇宙体系 [英] 牛顿
49 对称 [德] 外尔
50 植物的运动本领 [英] 达尔文
51 博弈论与经济行为（60周年纪念版） [美] 冯·诺伊曼 摩根斯坦
52 生命是什么（附《我的世界观》） [奥地利] 薛定谔
53 同种植物的不同花型 [英] 达尔文
54 生命的奇迹 [德] 海克尔
55 阿基米德经典著作集 [古希腊] 阿基米德
56 性心理学 [英] 霭理士
57 宇宙之谜 [德] 海克尔
58 植物界异花和自花受精的效果 [英] 达尔文
圆锥曲线论 [古希腊] 阿波罗尼奥斯
化学键的本质 [美] 鲍林
九章算术（白话译讲） [汉] 张苍 耿寿昌

科学元典丛书（彩图珍藏版）

自然哲学之数学原理（彩图珍藏版） [英] 牛顿
物种起源（彩图珍藏版）（附《进化论的十大猜想》） [英] 达尔文
狭义与广义相对论浅说（彩图珍藏版） [美] 爱因斯坦
关于两门新科学的对话（彩图珍藏版） [意] 伽利略

科学元典丛书（学生版）

1 天体运行论（学生版） [波兰] 哥白尼
2 关于两门新科学的对话（学生版） [意] 伽利略
3 笛卡儿几何（学生版） [法] 笛卡儿
4 自然哲学之数学原理（学生版） [英] 牛顿
5 化学基础论（学生版） [法] 拉瓦锡
6 物种起源（学生版） [英] 达尔文
7 基因论（学生版） [美] 摩尔根
8 居里夫人文选（学生版） [法] 玛丽·居里
9 狭义与广义相对论浅说（学生版） [美] 爱因斯坦
10 海陆的起源（学生版） [德] 魏格纳
11 生命是什么（学生版） [奥地利] 薛定谔
12 化学键的本质（学生版） [美] 鲍林
13 计算机与人脑（学生版） [美] 冯·诺伊曼
14 从存在到演化（学生版） [比利时] 普里戈金
15 九章算术（学生版） （汉）张苍 耿寿昌